(사) 한국원예치료복지협회

* 가나다 순

집필위원

김수연 건국대학교 미래지식교육원
박신애 건국대학교 시스템생명공학과, 일반대학원 바이오힐링융합학과
박은지 원예치료센터 그린케어
송종은 상지대학교 스마트생명과학과
윤숙영 대구가톨릭대학교 원예학과
이손선 SL원예치료임상연구소
이아영 건국대학교 식물환경보건연구실
조문경 해븐리병원 인지중재치료실
조원근 건국대학교 미래지식교육원

감수위원

박천호 고려대학교 생명과학대학
임은애 원예치료재활교육연구소
한동휴 前제주농업기술원장

HORTICULTURAL THERAPY

01

원예치료사를 위한

원예치료와 복지원예

(사)한국원예치료복지협회

부민문화사

발간사

우리나라 대부분의 원예학자들은 1990년 전후까지만 해도 원예의 발전은 곧 재배 생산기술의 혁신에 있다고 하여 이 부분에 많은 노력을 기울여 왔으며, 아쉽게도 원예가 갖고 있는 또 다른 신비로운 영역에 대해서는 아무도 신경쓰지 않았습니다. 1984년 한국원예학회에서 원예의 새로운 영역인 원예치료가 포함된 사회원예가 처음 소개되었을 때 대부분 먼 나라의 얘기로만 생각하였습니다. 이후 1997년이 되어서야 원예치료의 중요성을 깨닫고 한국원예치료연구회로 시작하여 전국에 원예치료를 소개 보급한 지 21년이 되었습니다. 그간 원예치료의 효과에 대해서 원예학자들조차 반신반의해가며 효과의 검증에 의문과 호기심 어린 눈으로 보아온 것이 사실입니다. 이것은 비단 우리나라뿐만 아니라 원예치료를 처음 시작한 미국이나 일본에서도 도입 초기에 어려움을 겪었습니다. 초기 원예치료 후 효과 검증은 대부분 설문지법을 이용하였으며, 과학적 실험 연구방법에 익숙한 일반 원예학자들이 받아들이기에 어려웠던 부분이 많았기 때문이기도 합니다.

그러나 오늘에 이르기까지 원예치료 학자들의 과학적인 연구가 수행되었고 다양한 임상학적 연구결과가 발표됨과 함께 전문적인 원예치료사들에 의해 효과가 입증되어 점차 관심을 모으게 되었습니다. 최근에는 원예치료 임상연구가 매년 발표되고 있으며, 발표자 전공도 원예학 전공자 외에 다양한 영역에서 관심을 갖고 있다는 점은 주목할 부분입니다. 이와 같은 지속적인 노력으로 원예치료가 2017년에 인지중재치료 신의료기술로 안정성 및 유효성을 인정받았다는 것은 원예치료가 우리 삶에 얼마나 효과적이고 유용한 것인지 밝혀졌다는 점에서 무척 다행스러운 일입니다.

최근에는 한국원예치료복지협회에서 시행하는 프로그램이 정부기관과 각 지자체 및 기관에서 인정을 받고 매년 지속적인 예산지원을 받아 다양한 원예치료 프로그램을 진행할 수 있게 된 것은 원예치료 발전에 무척 고무적인 일입니다. 이에 협회에서는 전국 지회의 활발한 활동을 지원하고 있으며, 다양한 내용의 워크숍을 통해 새로운 정보를 제공하고 있습니다.

그러나 협회가 설립된 지 20년이 되었으나 아쉽게도 전국 교육기관의 교과과정은 통일되지 않은 채 자체교재로 지역의 특성에 따라 운영되어 왔습니다. 이에 협회에서는 설립 20주년을 맞아 그간의 숙원사업인 전국 평생교육기관 공통교재를 발간하기로 하였습니다. 아쉬운 것은 좀 더 충분한 준비 기간을 갖고 충실한 내용으로 구성하려 하였으나 처음부터 완전을 기하는 데에는 한계가 있어, 아쉬운 점을 감수하고 집필위원회를 구성하여 초판을 발간하였습니다. 2019년 발행한 초판은 부족한 부분이 있었음에도 전국 원예치료 교육과정에서 교재로 채택하여 원예치료의 보급과 교육 향상에 큰 도움이 되었습니다.

그간 전국 각 기관에서 초판에 보여준 많은 성원에 힘입어 제한된 준비에 따른 미진한 부분을 수정 보완하여, 첫 단계로 '원예치료와 복지원예' 수정 증보판을 펴내게 되었습니다. 이번 교재에는 초판에 부족한 '대상자별 원예치료 프로그램'을 추가하여 프로그램을 구성하는 데 도움이 되도록 하였으며, 차후에도 좋은 교재가 되도록 최선을 다해 보완해 나가도록 하겠습니다.

이면을 빌어 '원예치료와 복지원예' 수정 증보판 집필진의 성의 있는 저술과 감수를 맡아 주신 모든 분들께 진심으로 감사드립니다. 그리고 책 출간에서 수정 증보판의 출판을 위해 수고를 아끼지 않으신 부민문화사 정민영 사장님께 이면을 빌어 진심으로 감사드립니다. 아울러 수정 증보판이 나올 수 있도록 세세한 부분에 이르기까지 애써주신 본 협회 유나연 국장님과 홍주현 주임님, 장소윤 간사님에게 진심으로 감사드립니다.

2020년 2월　저자 일동

감사의 글

이번 (사)한국원예치료복지협회에서 출간하는 '원예치료사를 위한 원예치료와 복지원예'는 초대 회장이신 손기철 교수님의 조언이 많은 도움이 되었습니다. 이 면을 빌어 특별히 감사드립니다. 또한 초기 우리나라의 원예치료 보급에 크게 기여한 도서 쿠북의 '전문적 원예치료의 실제'의 표와 그림 등에 많은 도움이 있었음을 밝히며, 공저자이신 손기철, 조문경, 송종은, 김수연, 이손선 님에게 감사드립니다.

차례

I

원예치료의 정의와 역사

1. 새로운 원예, 원예치료
2. 원예치료의 정의와 특성
3. 원예치료의 역사와 현황
4. 원예치료사
5. 보완 대체의학의 개념
6. 도시농업과 치유농업

원예치료는 원예에 바탕을 두고 있지만 과거의 원예와는 다른 새로운 원예라고 할 수 있는데 원예와 치료가 융합하여 새로운 학문이 탄생한 것이다. 이 장에서는 원예치료가 어떻게 탄생하게 되었고 어떻게 정의하며 어떠한 독특성이 있는지 알아보았다. 또한 우리나라 원예치료의 태동과 발전과정 및 그동안의 실적을 정리하면서 원예치료의 중심에 있는 원예치료사[복지원예사]의 역할을 자세히 다루었다. 아울러 원예치료의 배경이 되는 보완 대체의학 개념과 근래에 관심이 높아지고 있는 도시농업 및 치유농업과 원예치료의 관련성에 대해서도 살펴보았다.

1 새로운 원예, 원예치료

1 생산원예와 사회원예

원예는 인류의 역사와 더불어 발달해 왔다. 이러한 원예는 심미적인 가치와 경제적인 가치를 동시에 추구해 왔으나 산업혁명 이후에는 경제성 추구에 역점을 두고 발전해 왔다. 그러나 20세기 말부터는 사회적, 문화적 발달에 따른 욕구의 다양성과 삶의 질에 대한 관심이 높아지면서 원예의 정의를 새롭게 할 필요성이 대두되었다.

원예 'Horticulture'라는 단어에서 'culture'의 사전적인 의미를 살펴보면 단순히 '땅을 경작한다'는 뜻 이외에도 여러 가지 의미가 담겨 있음을 알 수 있다. 마음, 감정, 흥미, 예절, 취향뿐만 아니라 사람들의 아이디어, 관습, 기술, 예술, 문명의 개발, 개선, 세련 등 다양한 의미가 포함되어 있다.

하지만 과거의 원예는 단순히 '둘러싸인 곳에서 땅을 경작한다'는 의미로 식물을 중심으로 어떻게 생산을 증가시킬 것인가 하는 매우 제한적인 의미로 사용되어 왔다. 그러나 식물이 인간의 식량문제 해결의 수단만이 아님을 깨닫고 있는 현대인들에게 고전적인 정의만으로는 원예의 본질을 설명할 수 없게 되었다. 즉, 인간의 삶의 질 향상을 위한 원예의 역할이 추가되어야 하는데 이러한 새로운 차원의 원예를 이해하기 위해서는 인간–식물–환경의 상호 관계를 주목해야 할 것이다.

새롭게 정의되는 원예는 식량생산을 목적으로 하는 전통적인 원예를 포함하여 개인과 지역사회 그리고 복지와 건강 및 환경회복을 위하여 꽃과 과수, 채소, 관상수 등을 재배하는 기술과 과학이라고 정의할 수 있을 것이다. 다시 말해서 새로운 원예란 기존의 생산과 경제적인 목적에 입각한 생산원예와 그 나머지 부분에 해당하는 사회원예의 개념으로 설명할 수 있다.

표 1-1 | 생산원예와 사회원예의 특징

구분	특징	예시
생산원예	대상[식물] 지향적인 원예	과수원예 채소원예 화훼원예 등
	고품질, 다수확, 저비용에 초점을 둔 원예	
	재배자 중심의 원예	
	생리적 삶[먹을거리] 해결에 목적을 둔 원예	
사회원예	관계[식물-인간-환경] 지향적인 원예	원예치료 원예복지 소비자원예 등
	기능성, 활용성, 예술에 초점을 둔 원예	
	소비자 중심의 원예	
	사회적 삶[삶의 질]에 초점을 둔 원예	

전통적인 원예는 인간의 식용, 약용 또는 미적 만족을 위하여 집약적으로 재배되는 식물에 관한 농업이라고 정의할 수 있다. 이러한 원예를 생산원예라고 하는데 경제성 추구를 목적으로 고품질, 다수확, 저비용에 초점을 맞추고 있다. 다시 말해서 식물 지향적이며 재배자 중심으로 생리적 삶[먹거리] 해결에 목적을 두고 있는데 여기에는 과수원예, 채소원예, 화훼원예 등이 있다.

이에 반하여 사회원예[sociohorticulture]는 인간과의 관계에 초점을 맞추고 있어서 식물-인간-환경의 관계 지향적 원예라고 할 수 있다. 식물의 기능성, 활용성, 예술에 초점을 맞추어 소비자 중심으로 사회적 삶[삶의 질] 향상을 목적으로 하고 있는데 사회원예의 종류에는 원예치료, 원예복지, 소비자원예, 취미원예, 생활원예 등이 있다.

과거에는 생산원예가 주를 이루고 사회원예는 극히 일부분이었으나 지금은 생산원예보다 사회원예가 크게 부상하여 우리의 생활과 사회, 문화 전반에 큰 영향을 미치고 있다. 사회원예는 원예의 생산물 자체보다는 재배환경, 생산을 위한 행동이나 활동, 생산물의 이용, 그러한 활동이나 산물이 인간에게 주는 직접적 또는 간접적인 효과, 식물을 매개로 하는 인간과의 관계가 주체가 된다. 즉, 사회원예는 문화, 교육, 환경, 경제, 심신건강, 역사의 측면에서 원예가 인간과 어떻게 관계하는가를 주로 다루고 있다.

표 1-2 | 사회원예학이 포함하는 여러 분야 (손 등, 2009)

분야	내용
소비자원예학	생산된 원예산물의 이용이나 소비를 주로 취급
원예복지학	심신건강이나 생활의 질적 향상, 사회생활과 삶의 보람 등에 관계
원예치료	원예복지 중에서 의료적 관계를 요하는 사람을 대상으로 한 분야
교육원예	원예의 교육적 의의에 중점을 둠
환경원예학	환경문제에서 원예적인 관계를 모색
도시원예학	도시생활을 원예적 관점에서 추구
생활원예학	일상생활 속에서 원예를 다룸
원예사	원예생산이나 소비에 관한 사상이나 기술의 변천을 밝힘
원예문화론	원예를 문화의 하나로 보고 특징이나 차이, 시대에 따른 변화를 탐구
민속원예학	원예적 측면에서 민속을 탐구하는 원예를 다룸
원예사회학	원예를 통한 교류, 마을 만들기, 커뮤니티 형성, 지역사회 발전을 다룸
가정원예	가정에서의 원예를 취급
아마추어원예	경제생산을 목적으로 하지 않는 아마추어 원예를 행함
경관원예학	원예적 관점에서 경관의 조성과 유지, 관리에 관계
원예물류학	원예생산물의 유통에 관계되는 인간의 역할을 다룸
원예심리학	원예와 생산물에 관계할 때 어떠한 심리적 영향을 받는가를 해명
회복원예학	파괴된 자연을 회복하는 데 인간이 어떻게 관여해야 하는가를 해명

2 사회원예의 본질

사회원예의 본질은 식물-인간-환경의 관계 측면에서 접근할 때 명확하게 규정할 수 있다. 우선 식물과 인간과의 관계를 살펴보면 식물은 무생물과는 달리 시간의 흐름 속에서 인간처럼 생명체의 특징적 변화를 나타낸다. 생명체의 특징은 발육을 통하여 각자 고유의 형태를 변화시키며 삶을 영위하고 있는데 이런 의미에서 원예활동은 생명과의 교제라고 말할 수 있다.

인간과 식물과의 관계는 오감을 통해서 자연스럽게 인식되는 수동적인 경험에서부터 직접 식물을 재배 관리하는 능동적인 경험까지 다양하다. 일본 마쓰오의 이론에 따르면 사회원예활동 즉, 식물과 교제한다는 것은 감각체험과 동작체험의 피드백 속에서 인간의 본능적 반응과 창조적 반응의 균형을 유지하는 것이라고 하였다.

우리가 식물과 교제할 때 오감을 통하여 보고, 냄새를 맡고, 피부로 느끼고, 듣고, 맛보는 감각체험과 식물을 재배하고 관리하는 동작체험을 하게 된다. 예를 들면 화단의 꽃을 감상하거나, 단풍구경을 가거나, 식물원 나들이를 하는 것은 감각체험이며, 식물을 기르기 위해서 물을 주고, 잡초를 제거하며, 수확을 하거나 공예품을 만드는 것은 동작체험이다.

결국 원예활동이란 살아있는 식물과 오감을 통하여 교제하면서 식물이 요구하는 정보를 파악하는 감각체험과 그것에 대하여 생각하고 몸을 움직이는 동작체험이 통합되어 있다. 즉, 원예는 감각체험과 동작체험의 상호작용을 동원하여 발육하는 식물과 지속적으로 교제하는 활동이라고 할 수 있을 것이다.

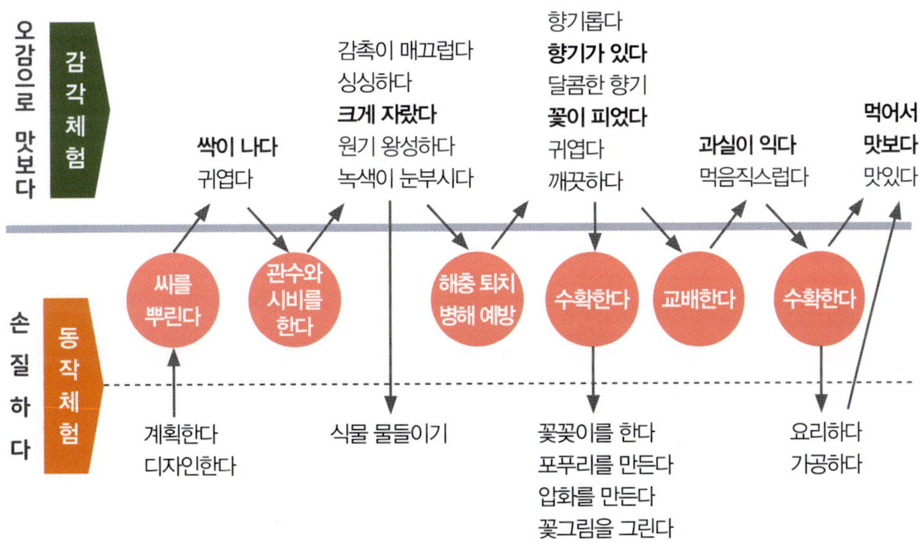

그림 1-1 | 원예에서 식물과 관계하는 방식: 감각체험과 동작체험 (마쓰오, 2005)

사람들은 꽃이나 녹색식물을 눈으로 보고, 손으로 만지고, 향기를 맡고, 소리를 듣고, 맛을 느끼면서 기분이 가라앉기도 하고 흥분되거나 엄숙해지기도 한다. 이러한 다양한 반응은 인간의 기본적이며 생리적인 욕구인데, 여기에 동반되는 심리적인 변화는 무의식에서 일어나는 본능적인 반응이다. 이와 같은 본능적인 욕구가 충족될 때 인간은 심리적인 안정을 얻게 되고 스트레스가 해소된다.

한편으로 인간은 무언가 새로운 것을 창조하면서 기쁨과 즐거움을 느끼게 되는데 이러한 욕구는 창조적인 욕구라고 할 수 있다. 즉, 식물을 길러서 꽃을 피우고, 열매를 따고, 작품을 만들면서 성취감, 자신감이 향상되는데 이러한 창조적 욕구가 충족될 때 즐거움과 기쁨을 느끼게 되는 것이다.

3 식물·인간·환경

원예치료의 도구인 식물이 인류의 역사와 더불어 우리 인간의 삶 또는 공동체에 경제적, 사회적, 역사적으로 지대한 영향을 미쳐왔음은 더 말할 필요가 없다. 뿐만 아니라 생활수준의 향상과 더불어 앞으로 식물과 인간 그리고 환경과의 상호작용에 대한 관심은 더욱 증대될 것이다. 원예치료라는 개념이 탄생하게 된 배경이라고 할 수 있는 식물이 인간과 환경에 미치는 긍정적인 효과를 살펴보고자 한다.

1) 실내식물이 실내 온·습도 조절에 미치는 영향

실내식물이 실내에 발생시키는 수분, 산소, 이산화탄소량을 측정하여 실내 환경 조절 방법을 알아보았다. 실험 결과 여름철에 식물을 실내에 두면 약 2~3℃ 정도의 실내온도를 떨어뜨릴 수 있는 반면, 겨울철에는 그 정도로 온도를 높일 수 있다. 식물을 창 측에 일렬로 배치하거나 혹은 실내의 여러 곳에 점재배치 함에 따라 실내 환경에 미치는 영향이 약간씩 달랐다.

잎이 많은 식물과 적은 식물, 증산량이 많은 식물과 적은 식물에 따라서도 반응이 달라진다는 것이 밝혀졌다. 겨울철 습도조절을 목적으로 할 때 실내볼륨의 10% 정도의 식물을 두면 실내습도를 20~30% 정도 증가시킬 수 있다.

2) 실내식물이 실내공기오염 조절에 미치는 영향

오늘날 현대인들은 하루 중 대부분의 시간을 실내에서 보내게 된다. 이에 따라 실내공기의 질은 현대인이 직면하는 가장 중요한 건강문제 중의 하나가 되었다. 실내공기의 오염은 '병든 건물 증후군'을 유발시키고 이러한 물질에 노출된 사람들은 집중력이 떨어지고 심장병이나 암과 같은 심각한 질병으로 초래되는 경우도 있다. NASA의 연구에 따르면, 단순히 실내식물을 배치하고 적절히 관리하는 것만으로 경제적이면서도 효율적으로 실내오염을 제거할 수 있다고 한다.

식물은 광합성을 하는데 이 과정에서 이산화탄소뿐만 아니라 각종 오염물질을 함께 흡수하는 것으로 밝혀졌다. 현대인들은 포름알데하이드라는 화학물질에 노출되기 쉬운데 NASA의 보고에 의하면 접란은 밀폐된 챔버 내에서 단지 6시간 만에 포름알데하이드의 농도를 37ppm에서 8ppm까지 감소시키는 능력이 있었다.

3) 실내 관엽식물이 뇌파에 미치는 영향

실내식물이 사람의 뇌파에 어떠한 영향을 미치는지 알아보고자 식물이 없는 상태와 벤자민고무나무를 보았을 상태를 비교하였다. 그 결과 벤자민고무나무를 보았을 때 유의한 δ파 감소와 전반적으로 α파 상승이 나타났다. 이는 뇌의 좌반구와 전측두부와 측두부의 활동력이 보다 높아진 상태로 사고와 기억력을 관장하는 부위에서 활동력이 증가된 것을 의미했다.

연구에 의하면 실내식물에 의한 녹색의 자극은 언어, 기억, 그리고 정서 기능을 담당하는 측두엽의 일부 기능, 그리고 각종 감각정보의 통합과 인상을 주관하는 두정엽의 일부 기능의 활성도 향상에 영향을 미치는 것으로 나타났다.

4) 실내 관엽식물의 모양, 크기, 수형이 뇌파에 미치는 영향

잎 모양이 비교가 되는 아라우카리아와 벤자민고무나무, 잎 크기가 대비되는 네프롤레피스와 스킨답서스, 그리고 수형이 다른 관음죽과 아레카야자를 이용하여 남녀 대학생을 대상으로 뇌파검사, 혈압, 맥박, 시각이미지 평가를 시행하였다. 그 결과 식물의 유무에 따라 명확한 차이를 보였지만, 식물의 종류에 따라서는 큰 차이를 보이지 않았다. 혈압과 맥박에서도 식물이 없는 상태에 비해 식물이 있는 상태에서 모두 유의한 감소를 보였으나 식물 간에 유의한 차이는 없었다.
이러한 사실은 식물의 녹색에 대한 정신 생리적 반응과 녹색의 면적에 의한 뇌파변화는 인정되었지만 식물 종류에 따른 반응은 중요하게 작용하지 않는 것으로 보인다. 관엽식물 종류의 잎 크기나 모양보다는 그 자체의 아름다움을 감상함으로 얻는 심리적인 효과가 인정된 것이다.

5) 실내식물이 영상표시 단말기 증후군 증상완화에 미치는 영향

실내식물이 영상표시 단말기 증후군VDT : visual display terminal syndrome 증상 완화에 미치는 영향을 알아보기 위하여 VDT 화면을 장기적으로 주시하면서 생활하는 직장인들을 대상으로 실험하였다. 실험 결과에 따르면, VDT 자극 시에 비해서 실내식물을 배치했을 때 눈의 각막 보호에 필수적인 눈물막 형성시간이 연장되어 안구건조증을 예방할 수 있을 것으로 판단된다. 눈 깜박임 회수와 시각 피로도의 감소는 눈과 연관된 증상을 완화시키는 데 기여하는 것으로 생각된다.
또한 실내식물이 배치되어 있을 때 상안검거근 같은 눈 주위 근육이나 상승모근의 수축 빈도와 전위가 낮아진 것은 눈 주위의 근육과 경완부 근육의 피로도나 긴장도가 낮아져 VDT 증후군을 예방하거나 증상을 완화시키는 데 많은 기여를 하는 것으로 판단된다.
우리나라는 급격한 산업화, 도시화, 현대화로 인하여 생활수준은 몰라보게 향상되었지만 각종 공해와 수질오염, 녹지의 감소, 범죄의 증가, 정신과 육체의 불균형 등은 삶의 질을 위협하고 있다. 이러한 문제들을 해결하는 데 원예치료가 크게 기여할 수 있을 것이다. 다시 말해서 의 · 식 · 주 해결이 전부가 아닌 현대인에게 식물을 대상으로 하는 원예활동에 보다 넓게 참여하게 함으로써 녹색과 함께하는 삶을 살도록 하고, 정신적 · 육체적 질병을 치료하며, 가정과 직장 그리고 도시 내에서 녹색의 쾌적성green amenity을 통한 삶의 질을 높이는 데 원예치료가 유용하게 활용될 것이다.

2 원예치료의 정의와 특성

1 원예치료의 정의

원예치료horticultural therapy는 문자 그대로 'horticulture'의 '원예'와 'therapy'의 '치료' 또는 '요법'의 합성어로서, 우리나라 도입 초기에는 '원예치료' 또는 '원예요법'으로 혼용되었다. 그런데 '치료'는 보다 적극적이면서 직접적인 뜻이 내포되어 있는 반면에 '요법'은 수동적이고 간접적인 도움까지 포함한다는 이유로 '원예치료園藝治療'라는 단어로 정착되었다.

일반적으로 원예치료란 '식물 또는 식물을 이용한 여러 가지 활동원예활동을 통하여 사람의 정신과 신체의 작용을 개선 혹은 유지시키는 활동'이라 할 수 있는데 여기서 '식물'이란 반드시 원예식물만이 아니라 다양한 식물을 의미한다.

정신과 신체의 작용을 개선한다는 의미에는 고령자의 경우 노화로 인하여 쇠퇴해지는 기능 저하를 늦추고 현 상태를 지속적으로 유지시키는 것도 치료의 한 방법일 것이다.

우리나라에서는 미국 원예치료의 정의에 기초하여 '식물을 이용한 원예활동을 통하여 사회적 · 교육적 · 심리적 혹은 신체적 적응력을 기르고, 이로 말미암아 육체적 재활과 정신적 회복을 추구하는 전반적인 활동'으로 정의해 왔다. 그러나 여기에는 활동의 주체나 치료 목표 및 과정 등이 명확하지 않으므로 이를 보완하여 아래와 같이 정의하고 있다.

전문적 원예치료란 원예복지를 제외한 치료적 의미를 지닌 분야와 대상자에 초점을 두고 '원예치료사복지원예사가 식물과 다양한 원예활동을 통하여 설정된 치료목표를 의

도된 프로그램을 통해 달성함으로써, 대상자의 심신의 회복과 재활을 추구하는 전문적인 치료활동'을 의미한다. 다시 정리하면 원예치료는 ①원예뿐만 아니라 의학적인 훈련을 받은 치료사가, ②대상자의 질병이나 장애를 파악하고, ③의도적이고 치료적인 목표를 정하여, ④식물과 원예활동을 이용하여, ⑤치료하며, ⑥그 결과를 기록 · 발표하는 과정을 포함하고 있다.

즉, 과학적인 수단과 방법에 따라 치료를 실시하고, 그 결과를 관련된 학회에 발표함으로써 효과성을 인정받고자 하는 의도된 치료과정이다. 따라서 전문적인 원예치료를 위해서는 대상자 및 치료과정에 대한 전문적인 분석과 구체적인 목표 설정, 이에 따른 체계적인 치료활동, 그리고 객관적인 평가가 수행되어야 하며, 기록을 통해 치료적 효과가 검토되어야 한다. 결국, 원예치료의 효과적인 목표달성을 위해서는 프로그램이 의도성을 가지고 계획되어야 하며, 이를 위해 다양한 요인들이 고려되어야 한다.

2 원예치료의 독특성

원예치료는 음악치료, 미술치료 등 다른 대체치료 방법들과 구별되는 다음과 같은 몇 가지 독특한 특성을 지니고 있다.

1) 생명을 매개체로 한다.

원예치료는 식물, 즉 살아있는 생명을 매개체로 하는 치료법이다. 대상자는 식물의 생장, 개화, 결실 등의 변화하는 모습을 통해 무생물과는 다른 교감을 가지게 되는데 이것은 동물을 다루는 것보다 손쉽고 자연스러울 수 있다. 그리고 다양한 식물을 통해 시각, 청각, 미각, 촉각, 후각의 오감을 자극할 수 있는 특징이 있다. 또한 살아있는 생명체를 대하면서 생명의 소중함을 느끼고 계절의 변화를 인식하게 된다.

2) 상호 역동적이다.

원예치료는 대상자가 단순히 어떤 작업과정을 수행하는 것으로 끝나는 것이 아니라 대상자와 식물 간의 상호작용으로 이루어진다. 대상자가 씨앗을 파종하고 물을 주면서 정성껏 관리한다면 새싹이 나오고 꽃이 피고 열매가 맺게 되지만 무관심하게 방치해 둔다면 아무런 결과도 얻을 수 없을 것이다. 즉, 대상자의 행동과 관심에 따라 식물 상태가 달라지기 때문에 대상자는 그런 식물의 반응을 보면서 자부심이나 책임감을 느낄 수 있다.

3) 창조적 파괴가 가능하다.

원예치료를 통해 식물을 키워 수확물을 생산하고, 그것을 이용하여 만든 장식품으로 주위 환경을 개선하거나 다른 사람에게 선물을 주기도 한다. 이렇게 장식품을 만드는 과정에서 식물을 자르고, 꽃과 잎을 따서 눌러 말리며, 열매를 따는 등 생명을 파괴하는 행위를 하게 된다. 하지만 이러한 행위가 단순한 생명 파괴로 끝나는 것이 아니라 다양한 창작품으로 만들어지면서 파괴를 예술로 승화시키는 것이 가능하다.

4) 본능적 그리움에 바탕을 둔다.

식물의 잎이 가진 녹색은 사람들이 생각하고 있는 낙원의 이미지와 가장 가까울 뿐만 아니라 심리적 안정과 유연성을 준다. 특히 현대인들은 자연보다는 철근과 콘크리트로 둘러싸인 회색 환경에서 생활하는 경우가 대부분이므로 많은 사람들이 자연에 대한 본능적인 그리움을 가지고 있다. 원예치료는 인간 본연의 기호색인 녹색을 가까이에서 느끼고, 소홀했던 자연과 접촉할 수 있는 효과적인 방법이라 할 수 있다.

5) 생명을 직접 돌본다.

장애인들은 오랫동안 가족이나 주위 사람들의 보호를 받아왔기 때문에, 자신이 보호받는 존재라고 생각하며 남들에게 의존하려는 경향이 크다. 그러나 원예치료는 대상자가 직접 식물을 돌보고 키워 수확물을 얻는 경험을 함으로써 자신도 다른 누군가를 돌볼 수 있다는 자신감을 갖게 한다.

6) 전인적 · 전문적 접근이 가능하다.

흔히 원예치료는 의학적인 측면에서 전문적인 치료방법이 아니라고 생각한다. 그러나 의학적 토대 위에서 보다 전문적으로 행해질 때 전인적이고 전문적인 치료방법으로서 다른 대체의학에서 줄 수 없는 효과를 얻을 수 있다.

3 원예치료의 3요소

원예치료를 가능하게 하는 3요소는 원예치료사, 식물과 원예활동, 그리고 대상자인데 이 중에 어느 것 하나라도 빠진다면 원예치료는 성립되지 않는다. 특히 원예치료사의 개입 없이 대상자에게 식물과 원예활동이 주어진다면 그것은 단지 즐거움이나 흥미꺼리는 될지언정 치료는 아니다. 원예치료사가 대상자와 원예활동에 개입함으로써 원예활동은 의도된 치료목적을 가진 치료가 되는 것이다. 이렇듯 원예치료에서 원예치료사의 역할은 아무리 강조해도 지나치지 않은데 이후의 '원예치료사' 편에서 자세히 다루겠다.

식물과 원예활동은 원예치료사가 치료 목적을 달성하기 위한 수단이자 매개체이다. 여기에서 '식물'이라고 하지 않고 '식물과 원예활동'이라고 한 것은 매우 중요한 의미가 있는데 단순히 '식물'이라고 규정한다면 원예치료의 범위가 지나치게 확대되기 때문이다. 예를 들어 산림, 약용이나 관상식물 또는 조경까지 포함하는 모든 활동이라고 한다면 원예치료의 범위가 모호해지고 전문성이 결여될 우려가 있다.

따라서 원예치료에는 어떠한 식물도 사용이 가능하지만 그 범위는 활동에 국한되어야 한다. 즉, 오감을 통해서 받아들여지는 간접적이며 수동적인 활동과 몸을 움직여서 식물에 반응하는 직접적이며 능동적인 활동이 여기에 속한다. 반면에 식물체로부터 어떤 물질을 추출하여 그 약효를 이용한다면 이는 한의학이나 약학에 속하는 것으로 원예활동의 범주를 벗어난다. 대상자가 방울토마토나 고추를 길러서 그 수확물을 섭취했을 때 영양분을 섭취하게 되지만 이는 부가적인 효과일 뿐 영양분 섭취가 목적이 아니므로 명백한 원예활동이 되는 것이며, 앞에서 말한 약용과도 구별되어야 한다.

원예치료의 초창기에는 정신질환자나 신체장애인이 주 대상자였으나 최근에는 특별한 장애가 없더라도 정신적, 신체적, 사회적으로 안녕하지 못한 사람들을 모두 대상자로 수용하고 있다. 실제로 과도한 스트레스에 시달리는 직장인이나 예기치 않은 일로 어려움을 겪고 있는 실직자, 고령자, 주부, 수험생 등에게도 원예치료는 매우 유익한 건강증진법이 되고 있다. 이러한 추세는 원예치료의 저변 확대에는 기여했지만 원예치료의 전문성을 훼손시킴에 따라 이들을 대상으로 하는 활동을 원예복지로 구분하기도 하였으나 다시 복지원예로 통합하게 되었다.

따라서 앞으로의 원예치료 대상자는 장애인이나 정상인 여부가 중요한 것이 아니라 치료를 필요로 하는 대상인지 복지를 필요로 하는 대상인지가 중요하며, 접근 방법도 원예치료인지 원예복지인지가 고려사항이 될 것이다.

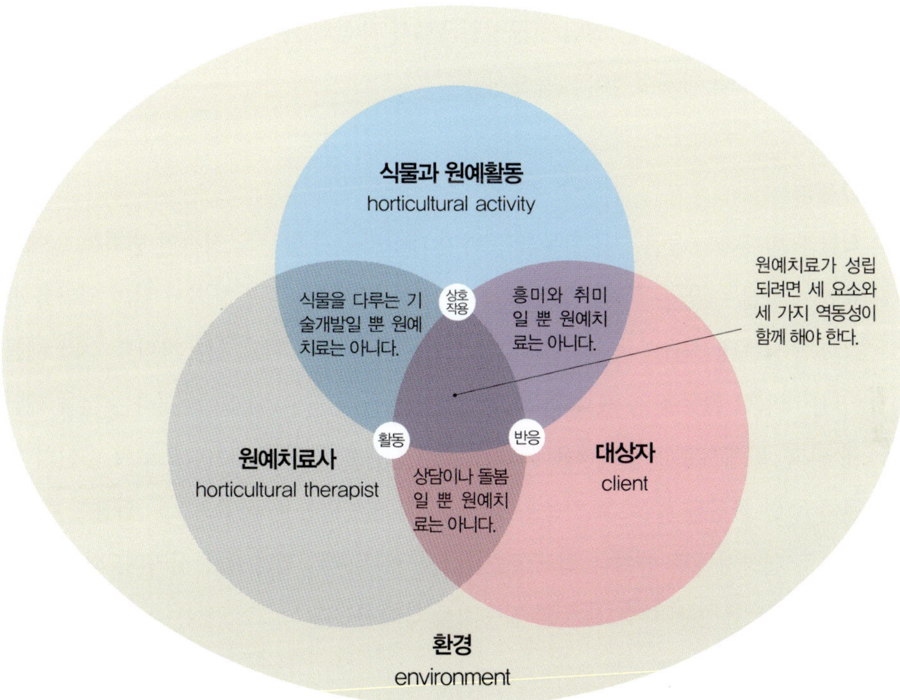

그림 1-2 | 원예치료의 3요소와 역동성 모델 (손, 2006)

4 원예치료의 작용 기전

원예치료 프로그램을 효율적으로 진행하기 위해서는 치료의 이론이나 원리, 원예활동이 주는 긍정적인 변화의 메커니즘에 대한 이해와 올바른 해석이 필요하다. 원예치료의 작용 기전은 상호작용interaction, 활동activity, 반응response으로 설명할 수 있다.

1) 상호작용

원예활동은 식물을 매개체로 하기 때문에 누구나 쉽게 참여할 수 있을 뿐만 아니라 비차별적이고 비위협적인 자연환경 속에서 이루어지며, 이를 통하여 자연스럽게 비언어적인 교류가 일어난다. 원예치료는 개별적인 치료보다 집단 활동을 통하여 그 효과가 극대화되는데 이러한 과정에서 자연스럽게 대상자–치료사, 대상자–대상자, 대상자–비대상자 간에 상호작용이 일어나게 된다. 상호작용으로 인하여 프로그램에 참여하는 대상자는 집단의 구성원으로서 자신의 존재를 깨닫게 되고 원예활동을 통해 타인과 관계형성이 가능해진다.

2) 활동

식물과 함께하는 돌봄caring 활동을 통하여 대상자들이 얻는 긍정적인 변화는 원예치료만이 가질 수 있는 효과이다. 대상자는 식물과 더불어 활동하면서 삶의 의미를 생각하게 되는데 식물의 생활주기와 사람의 삶의 주기를 비교하는 기회를 갖기 때문이다. 다양한 활동을 통해 대상자들은 점차 자기 자신이 유용한 존재라는 것을 깨닫게 되고, 원예치료 프로그램을 통하여 만든 작품을 주변에 배치함으로써 자신의 활동이 주변 환경을 바꿀 수 있음을 알게 된다. 원예활동은 작업으로도 활용할 수 있으므로 대상자들로 하여금 정체성을 확립시키고, 책임감을 증진시키며, 좌절을 극복하는 방법을 가르쳐주고, 주의 집중력을 강화시킨다.

3) 반응

식물은 직접적이면서도 긍정적인 반응을 촉진시키고 심미적으로 기쁨과 즐거움을 주며, 식물의 성장과 변화를 관찰하면서 삶을 배우거나 삶의 다른 모습을 이해하게 된다. 원예활동의 반응은 신체적, 심리적, 사회적으로 구분할 수 있는데 신체적으로는 스트레스가 해소되고, 혈압, 맥박, 호흡이 안정되며, 면역력이 증가하는 긍정적인 반응이 나타난다. 심리적인 반응으로는 우울, 불안이 감소하고 화난 감정이 누그러지는데 이러한 긍정적인 반응은 피드백으로 이어져 정서적 경험의 질을 높이고, 행동처리 과정에도 영향을 미쳐서 직업적, 사회적, 치료적 형태로 활용될 수 있다.

3 원예치료의 역사와 현황

1 국내 원예치료의 발전 과정

1) 국내 원예치료의 태동

우리나라에 원예치료가 처음 소개된 것은 1984년 강원대학교에서 열린 한국원예학회 춘계학술발표회에서 고려대학교 곽병화 교수의 '새로 전개되는 분야의 원예와 원예학'이라는 제목의 특강을 통해서였다. 그러나 일반인들에게는 거의 알려지지 못하다가 1988년 장애인 올림픽 이후로 장애인의 시설과 특수학교 등에서 원예가 직업교육의 목적으로 이용되면서 관심을 갖게 되었다. 일부 병원에서 치료 · 재활의 목적으로 이용되기 시작한 것은 1990년대에 들어와서부터이다.

1991년에는 우리나라 최초로 효성여자대학교에 학부 학생을 대상으로 원예치료학 과목이 개설되었다. 1992년에는 건국대학교 손기철 교수가 원예치료에 관심을 갖고 식물과 인간의 관계지향적인 연구의 필요성을 강조하였으며, 1993년에는 고려대학교 원예과학과와 대학원 과정에서 '사회원예방법론' 과목이 설강되었다. 이후 원예치료에 대한 소개와 연구가 꾸준히 진행되었으며 1994년에는 국내 최초로 고려대학교에서 원예치료 관련 박사학위 논문이 발간되었다.

1997년 4월에는 건국대학교 손기철 교수를 중심으로 공동 집필한 '원예치료' 책자가 출간되었고, 5월에는 고려대학교 심우경 교수를 중심으로 '원예요법'이라는 번역서가 발간되었다. 이러한 원예치료에 대한 학문적 열기는 마침내 1997년 11월 15일에 '원예치료연구회'를 결성하기에 이르렀다.

2) 한국원예치료연구회

1997년 11월에 발족된 '원예치료연구회'는 다음해에 '한국원예치료연구회Korean Research Society for Horticultural Therapy'로 명칭을 바꾸었다. 이후 매월 정기적으로 워크숍을 개최하였고, 1998년 9월부터는 원예치료에 관한 새로운 소식들을 모아 소식지를 발행하였다. 또한 1998년부터 2001년까지 매년 원예치료 학술심포지엄을 개최하고 책자를 발간함으로써 원예치료를 일반인들에게 알리는 데 큰 역할을 하였다. 원예치료 연구기능을 학회로 이관하기까지 4년 동안 심포지엄을 통하여 63편의 논문이 발표되었다.

원예치료가 활성화되기 위해서는 원예치료전문가를 양성해야 할 필요성을 인식하여 1999년 3월에 국내 최초로 건국대학교 사회교육원에 원예치료사 교육과정을 개설하고 수강생을 모집하기 시작하였다. 한편 1998년 2월에는 고려대학교 심우경 교수가 중심이 되어 '한국인간식물환경학회Korean Society for People, Plants, and Environment'가 발족되었다. 학회에서는 원예치료 분과를 통해서 원예치료에 관련된 연구논문들이 발표되어 학문적으로도 기반을 잡는 계기가 되었다.

이렇게 연구회와 학회의 명칭으로 나누어 독자적으로 운영해오던 두 단체는 우리나라 원예치료의 지속적인 발전을 위해서는 상호협력과 업무분담이 필요하다는 인식하에 2000년 5월에 업무협약을 맺기에 이르렀다.

3) 한국원예치료협회

'한국원예치료협회Korean Horticultural Therapy Association'는 2001년 6월 9일 창립총회를 개최하면서 학회와 상호협력을 바탕으로 업무를 분담할 것을 공식 선언하였다. 즉, 학회는 학회의 특성에 맞게 학술대회와 학회지 발간과 같은 고유 업무를 주관하는 반면, 협회에서는 원예치료 이론 정립 및 효과 규명, 원예치료 프로그램 개발 및 보급, 원예치료 전문가 양성을 위

그림 1-3 | 한국원예치료협회 창립총회2001. 6. 9

한 교육, 원예치료사복지원예사 자격 수여, 원예치료를 위한 환경 조성, 원예치료 활성화를 위한 홍보 및 출판, 회원 연수 및 보수교육 등을 담당하게 되었다.

협회 창립총회에서는 초대 회장으로 건국대학교 손기철 교수를 선출하였다. 2006년 8월에는 원예치료 국제심포지엄을 개최하여 '국내외 원예치료 현황과 새로운 전망'이라는 주제로 각 나라의 원예치료 현황과 지속적인 발전 방안에 대하여 논의하였다.

2 한국원예치료복지협회 소개

한국원예치료협회는 2007년에 정관 개정을 통하여 '한국원예치료복지협회Korean Horticultural Therapy & Wellbeing Association'로 개칭하였다. 원예치료 초창기에는 원예치료의 대상자를 심신장애인으로 국한한 측면이 있었으나 경제 · 사회 발전에 따라 건강 증진 , 스트레스 해소, 인간관계 증진 등 복지 영역에 대한 관심이 높아짐에 따라 원예치료의 영역을 전문적인 치료뿐만 아니라 복지 분야까지 확대할 필요성이 대두되었기 때문이다.

한편, 2010년 10월에 농촌진흥청을 주무부서로 사단법인 설립을 신청하여 허가를 받았는데 이를 통하여 협회의 위상을 공고히 하는 계기가 되었으며, 2015년에는 공익법인으로 선정되기도 하였다.

2023년 현재 협회의 정회원 및 등록회원은 약 15,000여 명에 이르고 있는데 회원수가 점차 늘어나고 활동영역이 전국적으로 넓어지다 보니 지회 설립의 필요성이 대두되어 2005년 정관개정을 통하여 지회 개설에 관한 조항을 신설하였다. 이후 매년 한 두 개씩 설립되어 2023년 현재 전국 16개 특별시 및 광역시 · 도에 지회가 결성되었다.

한국원예치료복지협회에서는 원예치료 홍보 및 회원들 간의 정보교환을 목적으로 1998년 9월부터 매월 소식지news letter를 발간하여 회원들에게 우편으로 발송하였다. 10여 년간 4쪽 분량으로 발행되던 소식지는 2009년 여름호부터 계간지로 전환하여 약 16쪽 분량의 잡지 형태로 전환되었다. 이후 2015년 여름호통권 149호부터는 다시 지면을 32쪽으로 늘리면서 인터넷잡지[webzine] 형태로 발행하여 메일을 통하여 회원들에게 보내주고 있다. 이렇게 발행되는 협회 소식지는 국립중앙도서관에서 운영하는 서지정보유통시스템에 정기간행물[ISSN]로 등록하였으며 지금까지 발행된 소식지는 통권 178호에 이르고 있다.

한국원예치료복지협회[www.khta.or.kr] 연혁

1997. 11. 15	한국원예치료연구회 발족 [손기철 교수 결성]
1997. 12 ~ 현재	매월 원예치료 Work shop 개최
1998. 2. 28	제1회 원예치료 학술심포지엄 개최
1998. 9. ~ 현재	협회 소식지[news letter] 발간
1999. 3.	건국대학교 사회교육원에 원예치료 과정 개설
2000. 5. 20	국내 최초 원예치료사 자격 수여
2001. 5.	한국식물 · 인간 · 환경학회와 상호교류 협약
2001. 6. 9	한국원예치료협회 창립총회
	손기철 교수 초대~3대 회장 취임
2002. 5. 22	협회 창립 1주년 기념특강 [캔사스 주립대학 매슨 교수]
2006. 8. 12	원예치료 국제심포지엄 개최
2007. 2. 24	한국원예치료복지협회로 명칭 변경
2008. 3. 1	서정근 교수 4대 회장 취임
2008. 9. 1	한국원예치료연합회와 통합
2009. 8.	원예치료 학술축제 및 심포지엄 재개
2010. 2. 18	사단법인 한국원예치료복지협회 설립 허가 [농촌진흥청]
2011. 3. 1	한동휴 박사 5대 회장 취임
2011. 9.	건국대학교 농축대학원 원예치료 심화과정 개설
2014. 3. 1	조원근 박사 6대 회장 취임
2014. 3.	원예치료 수퍼비전 제도 시행
2016. 10.	원예치료 국제심포지엄 개최 [전남 장흥]
2017. 3. 1	박천호 교수 7대 회장 취임
2017. 7.	원예치료 인지중재치료
	신의료기술 안정성 및 유효성 인정 [보건복지부 고시 제 2017-130]
2017. 10.	통계청 한국표준직업분류 [KSCO] "원예치료사" 색인어 등록
2018. 4. 30	사단법인 한국화훼단체협의회 가입

2018. 11.	제1회 발달장애인 화훼장식경진대회 개최 나도그린가드너
2019. 2. 28	복지원예사 기본교재 3개 영역 발간
2019. 3. 1	박천호 박사 회장 연임
2021. 3. 1	이손선 박사 9대 회장 취임
2021. 10. 30	2021 국제농업박람회 공동주관 개최 전남농업기술원
2021. 12.	2021 국제농업박람회 농림부장관상 표창 농림수산식품부 제 120037호
2022. 1.	농촌진흥청 '치유농업사' 교재 개정판 개발 위탁사업
2022. 1.	복지원예사 교재 개정증보판 2쇄 발행
2022. 6. 3.	화훼문화진흥을 위한 원예치료프로그램 경연대회 제13회 대구꽃박람회
2023. 3. 1	이손선 박사 회장 연임
2023. 9.	복지원예사 교재 '원예치료와 복지원예' 개정증보판 3쇄 발행

3 국내 원예치료 연구 동향

협회에서는 원예치료연구회 설립 초창기인 1998년부터 회원들의 자질향상을 목적으로 매월 워크숍을 개최하고 있는데 2023년 현재까지 총 285회가 넘는 워크숍을 개최하였다. 협회뿐만 아니라 협회 인정 원예치료사 양성교육기관에서도 워크숍을 개최할 수 있도록 허용하여 전국적으로 매년 평균 90회 이상의 워크숍이 개최되고 있다.

초창기에 중단되었던 협회 학술행사는 2009년 8월에 '원예치료 학술축제 및 심포지엄'이라는 명칭으로 재개되어 매년 행사를 개최하고 있다. 2017년부터는 2월 정기총회에서도 논문을 발표할 수 있도록 하여 연간 2회의 발표 기회를 제공하고 있다.

그림 1-4 | 원예치료 국제심포지엄 참석자들
(2016. 10. 전남 장흥)

2016년 9월 29일부터 10월 31일까지 전남 장흥에서 국제통합의학박람회가 열렸는데 협회에서 홍보부스를 운영하고 원예치료 국제 심포지엄 및 세미나를 개최하였다. 심포지엄에는 우리나라를 비롯하여 미국, 영국, 독일, 네덜란드, 스웨덴, 핀란드, 일본, 홍콩, 대만 등 10개국에서 16명의 원예치료 전문가들이 참여하여 원예치료의 지속적인 발전방향을 논의하였다.

협회에서 주관하는 연구 활동이나 학술행사가 활발해지면서 일반인들의 원예치료에 대한 관심도 지속적으로 높아지고 있다. 2023년까지 전국의 대학교에서 발행된 원예치료 관련 석 · 박사 학위논문이 730여 편이 되며, 한국원예학회나 인간식물학회 등에서 발표된 원예치료 관련 논문이 2,000여 편에 이르고 있다.

4 원예치료 국제 동향

원예나 농경활동이 치료적으로 이용된 최초의 역사는 고대 이집트에서 환자를 정원에서 산책하게 하였다는 문헌의 기록에서 찾아 볼 수 있다. 하지만 원예치료가 현대화되기 시작한 것은 1789년 미국의 한 정신병환자 수용소에서 벤자민 러쉬Benjamin Rush 교수가 들에서 일하는 환자 중에서 병세가 호전되는 것을 발견하고 흙을 만지며 농사를 짓는 것이 치료 효과가 있다고 발표하면서부터이다. 그 후 1878년 미시간 주립병원에서는 원예를 이용한 치료가 정신치료의 중요한 과목으로서 비중 있게 다루어졌으며, 펜실베이니아의 정신병원에서는 그늘진 산책로나 공원 같은 시설을 만들어 치료에 이용하였다.

원예치료는 제2차 세계대전 이후에 상이군인의 심리 · 정신의 치료도구로 사용되면서 심리학자와 의사들에 의해서 관심이 집중되기 시작하였다. 하지만 원예치료의 실질적인 사용은 1955년에 미시간 주립대학에서 원예치료학 학사학위를 주었을 때부터이다. 대학원 과정은 1975년에 캔사스 주립대학에서 처음 시작되었다. 1973년에는 '원예를 통한 치료와 재활을 위한 전국 협의회'가 조직되었는데 1987년에는 미국원예치료협회AHTA : American Horticultural Therapy Association로 바뀌어 오늘에 이르고 있다.

유럽에서의 원예치료 역사는 1699년 영국의 레오나드 매거Leonard Maeger가 "여가시간이 있다면 정원에 나가 땅을 파거나 풀을 베어라. 이것처럼 건강을 유지하는 데 좋은 방법은 없다"고 말한 것이 최초이다. 1800년 초에 북스코틀랜드 의사 그레고리Gregory가 농장일이 정신병 치유에 현저한 효과가 있다고 보고하였으며, 1806년 스페인에서는 정신질환자에 대한 농경활동의 효과를 인정한 기록이 있다.

1960년 옥스퍼드 너필드Nuffield 정형외과센터에서는 신체장애자를 위한 정원치료 프로그램을 실시하였고, 1968년에는 정신장애아동을 위한 국민협회가 지방자치단체의 후원으로 장애아동을 실습농장에서 생활하게 하여 사회적응 과정을 이수시켰다. 1978년에는 원예치료 및 농업훈련협회가 탄생하여 정신박약자, 운동기능 장애자, 고령자 등에게 광범위하게 원예치료를 활용하고 있으며, 원예치료사 자격도 부여하고 있다.

일본에서는 1970년대 후반에서 1980년대 초반에 이르는 기간에 원예에 대한 붐이 일어나기 시작하였다. 하지만 원예학계에서는 이러한 현상을 원예학의 한 분야로 인정하지 않고 있다가 1980년대 후반에 들어서야 인간생활과 사회발전에서 원예의 역할을 인정하기 시작하였으며, 1997년도에는 농림수산성에서 처음으로 '사회원예'라는 용어를 채택하였다.

일본에서는 원예복지에 대한 관심이 증대되면서 2001년 '일본원예복지보급협회'가 결성되어 매년 전국대회를 개최하고 있으며, 농림수산성에서 원예치료 보급을 위한 예산을 책정하였다.

오늘날 원예치료에 관한 국제모임으로 '식물 · 인간위원회PPC : People Plant Council'가 있는데 식물을 통한 인간의 건강과 행복, 나아가 삶의 질 향상을 추구하는 연구자들의 모임이다. 1990년 미국 버지니아텍대학 렐프 교수가 중심이 되어 시작되었는데 홈페이지를 통하여 정보를 교환하고 매 2년마다 국제학회인 IPPSInternational People Plant Symposium를 개최하고 있다. 2016년 제 13회 IPPS에서 '식물 · 인간위원회PPC'의 명칭을 '국제식물 · 인간위원회IPPC : International People Plant Council'로 변경하였으며, 건국대학교 박신애 교수가 3대 위원장으로 선출되었다. IPPS에서는 원예치료뿐만 아니라 도시농업, 인간과 환경, 산림복지 등 다양한 주제에 대한 연구결과 발표 및 토론시간을 갖는다.

5 우리나라 원예치료의 전망

우리나라에 원예치료가 본격적으로 소개된 지 어느덧 40여 년이 되었고, 협회가 창립된 지 25년이 지남에 따라 우리나라 원예치료는 세계적으로 관심을 받을 정도로 빠르게 발전하고 있으며 중장기 전망도 매우 밝을 것으로 예상된다.

그 이유는 첫째, 원예치료가 식물을 매개체로 하는 생명 중심적인 치료방법으로서 독특성과 장점이 있기 때문이다. 사람은 본능적으로 자연에 대한 그리움을 갖고 있으며 원예치료에 참여함으로써 자연을 가까이 할 수 있는 기회를 갖게 된다. 즉, 자연과의 교감을 통하여 정서적인 안정을 도모하고 원예활동을 통하여 신체적 기능을 향상시킴으로써 궁극적으로 삶의 질을 향상시킬 수 있기 때문이다.

둘째, 원예치료를 필요로 하는 대상자가 크게 증가할 것으로 예상되기 때문이다. 급격한 산업화, 도시화의 부작용으로 인한 정신적, 신체적인 장애를 겪고 있는 사람들이 빠르게 증가하고 있다. 세상이 복잡해지고 스트레스가 쌓이게 됨에 따라 정신질환자도 늘어나고 있으며 교통사고나 뇌졸중 등으로 인한 재활환자 역시 증가할 것으로 예상된다. 또한 평균수명의 연장으로 노인인구가 크게 늘어나고 있으며 이에 비례하여 치매환자도 빠르게 증가하고 있는데 이들의 치료 및 재활방법의 하나로 원예치료에 대한 관심이 높아지고 있다.

셋째, 식물과 녹색에 대한 관심 증가와 자연으로의 회귀 현상이다. 소득이 늘어나고 노동시간 단축으로 여가시간이 많아짐에 따라 건강과 취미생활에 대한 관심이 점차 높아지고 있다. 최근에 도시 주말농장이나 텃밭이 인기를 끌고 있고 귀농, 귀촌 인구가 크게 늘어나는 것도 같은 맥락으로 이해할 수 있을 것이다. 또한 환경오염이 심각해질수록 식물의 가치를 인식하게 되고, 식물을 이용한 원예활동을 통하여 건강을 증진시킬 수 있는 원예치료에 관심이 높아지는 이유이다.

넷째, 도시농업에 대한 행정기관의 관심이 크게 높아지고 있는 것이다. 2012년에 도시농업에 관한 법률이 제정되어 정부 및 자치단체에서 적극 장려하고 있는데 도시농업의 핵심은 도시의 다양한 공간을 활용하여 삭막한 도시환경을 쾌적하게 가꾸고 이웃과 소통하는 것이다. 농업이라고 하지만 원예작물이 주를 이룰 것이며 생산 자체가 목적이 아니라 생산하는 과정과 생산물의 이용에 관한 것으로 원예치료의 원리와 크게 다르지 않다.

다섯째, 농촌진흥청에서는 2020년에 「치유농업 연구개발 및 육성에 관한 법률」을 제정하여 시행하고 있다. 치유농업은 농업 · 농촌자원 또는 이와 관련된 활동 및 산출물을 활용한 치유서비스를 통해 국민의 심리적, 사회적, 인지적, 신체적 건강을 도모하는 산업 및 활동이라고 정의할 수 있다. 치유농업의 핵심은 농촌의 자원과 생산물을 이용하여 국민의 정신 건강을 회복하고 지속가능한 삶을 영위하기 위함인데 원예치료의 목적과 거의 일치한다. 치유농업의 소재로는 식물, 동물, 농촌환경, 농작업 등 다양하지만 식물이 압도적으로 다수를 차지하고 있다.

이와 같은 원예치료만의 독특성과 원예치료를 둘러싸고 있는 여건을 종합해 볼 때 원예치료에 대한 관심과 수요는 지속적으로 증가할 것으로 예상한다. 또한 장애인의 재활과 치료는 물론 일반인의 여가선용과 삶의 질 향상을 위한 원예치료의 역할은 크게 증대될 전망이다. 이에 따라 원예치료와 원예치료사의 직업 전망도 밝을 것으로 본다.

4 원예치료사

1 원예치료사의 자질과 능력

1) 원예치료사의 자질

원예치료사[복지원예사]는 한마디로 원예치료를 수행할 수 있는 자격을 갖춘 사람으로 원예치료의 도구라고 할 수 있는 식물의 재배 및 관리에 관한 원예학적 지식뿐만 아니라 인간의 심리적, 신체적 특성을 바탕으로 원활한 프로그램을 진행할 수 있어야 한다. 이를 위해서 원예치료사는 정신의학, 재활의학, 사회학, 간호학, 심리상담학, 사회복지학 등 다양한 분야를 이해하고, 이를 적용할 수 있는 능력이 있어야 한다.

원예치료사는 외면적으로는 대상자의 자율성을 최대한 보장하면서도 내면적으로는 치료사의 의도대로 이끌고 가야 하기 때문에 자질과 능력이 무엇보다도 중요하다. 대상자가 원예치료에 관심을 갖고 쉽게 접근할 수 있도록 하여 의도한 치료적, 재활적, 교육적 목적을 달성할 수 있어야 한다. 그러기 위해서는 다음과 같은 자질이 있어야 한다.

① 원예학, 의학, 심리학 등 관련 학문에 대한 깊은 조예와 인격 함양

② 대상자에 대한 진취적이고 긍정적인 자세

③ 남을 도울 수 있는 봉사정신과 인내심

④ 원예에 대한 이론적 지식과 기술, 그것을 사람들에게 전달할 수 있는 능력

⑤ 원예식물과 사람의 관계를 인식하여 새로운 아이디어를 창출할 수 있는 지혜

⑥ 자신의 일에 대한 자신감과 확신

⑦ 일에 대한 전문성과 대상자에 대한 따뜻함을 유지하는 태도
⑧ 대상자의 회복이라는 공통된 목표를 향해 다른 직원들과 함께 일하는 협동심

(사)한국원예치료복지협회에서는 그동안 원예치료사와 원예복지사라는 명칭으로 구분하여 수여하던 자격을 2013년부터는 '복지원예사'로 개칭하여 통합 운영하고 있다.

2) 원예치료 팀워크 및 자원봉사자 보조진행자

원예치료사는 다양한 전문가들과의 상호교류와 협력을 통하여 질 높은 서비스를 제공할 수 있으므로 팀워크가 매우 중요하다. 병원이나 전문기관에서 원예치료사는 치료팀의 일원으로 참여하게 되는데 재활치료팀에는 의사, 간호사, 사회복지사, 운동치료사, 작업치료사, 임상심리사, 직업상담사, 언어치료사 등이 포함될 수 있다. 여기에서 원예치료사의 역할은 의학적 치료와 심리 · 사회적 치료의 중간쯤에 위치한다고 할 수 있다.

팀워크는 각자의 전문영역을 인정하고 존중하며, 다른 치료과정과 방법을 주시하고, 계획된 치료과정의 수정과 필요성에 대해서 의견을 교환하며, 최상의 서비스를 제공하기 위해 서로 협력한다. 여기에 불필요한 치료의 중복을 막기 위하여 구체적이며 적절한 의사소통이 필요하다.

원예치료는 대상자 최우선 원칙에 입각하여 원예치료사 혼자만으로는 대상자가 원하는 작업을 모두 수행할 수 없으므로 자원봉사자나 보조진행자의 필요성이 점차 증가하고 있다. 자원봉사자는 가능한 시간을 지정하여 원예치료 프로그램이 진행되는 동안 지속적으로 참여하며, 대상자가 할 수 없는 일을 돕는 역할을 한다. 자원봉사자는 자신이 가지고 있는 기술이나 지식을 활용하여 대상자들과의 라포 형성을 도와서 대상자들이 프로그램에 적극적이며 긍정적으로 참여할 수 있도록 돕는다. 그밖에 프로그램의 준비나 재료의 이동 및 정리, 식물의 유지 관리 등을 돕는다.

자원봉사자는 원예치료에 대한 지식이 풍부하지 않기 때문에 원예치료사는 프로그램을 시작하기 전에 사전 모임을 통해서 시설이나 기관에서 원예치료를 행하는 목

적이나 자원봉사자의 역할이나 주의사항을 교육할 필요가 있다.

자원봉사자가 기본적으로 가져야 할 자세와 고려할 사항을 정리하면 다음과 같다.

① 자원봉사자의 전문적이고 긍정적인 태도는 대상자의 책임감을 증가시킨다.
② 대상자가 주어진 작업을 최대한 독립적으로 수행하고 잠재능력을 발휘하게 한다.
③ 그룹 활동에서 자신이 돌보는 대상자를 다른 대상자와 비교하지 않는다.
④ 대상자의 개인적인 문제나 사생활을 파악하려고 하지 않는다.
⑤ 대상자에게 조언하기보다는 스스로 결정하고 행동하도록 돕는다.
⑥ 대상자에게 완벽한 작업수행을 강요하기 보다는 치료 과정을 중요시 한다.
⑦ 행동을 조심하여 대상자를 긴장시키거나 두려움을 느끼지 않게 한다.
⑧ 프로그램 진행 중에는 잡담을 하지 않으며, 자신이 돕는 대상자가 그룹의 진행속도에 뒤처지지 않게 한다.
⑨ 자원봉사자의 대상자에 대한 관찰과 평가는 대상자의 상태나 변화를 알아내는데 매우 중요하다.
⑩ 능숙한 자원봉사는 원예치료의 성공을 이끌게 되므로 치료사는 그들의 주체성을 존중하고 제안을 받아들인다.
⑪ 자원봉사자에게 여유시간이 있다면 다른 대상자도 돌보는 기회를 갖게 하여 다양한 경험을 쌓도록 한다.
⑫ 자원봉사자는 치료사를 돕는 스태프이므로 지속적으로 교육훈련을 시켜서 앞으로 일어날 수 있는 상황에 대처할 수 있는 자신감과 기술을 익히도록 한다.

2 원예치료사 양성과정

우리나라에서 처음으로 원예치료사를 양성하기 시작한 것은 1999년도 1학기에 한국원예치료연구회 위탁과정으로 건국대학교 사회교육원에 교육과정이 개설되면서부터이다. 다음 해인 2000년도에는 고려대학교에서도 동일한 과정이 개설되었는데 2001년 6월 한국원예치료협회가 창립되면서 지방대학에서도 원예치료사 양성교육이 시작되었다. 2008년에는 원예치료연합회가 협회에 통합되면서 연합회 산하에 있던 대학도 협회 인정 교육기관으로 합류하였다. 이후에도 몇 개 대학에서 과정을 개설하여 협회에서는 총 28개 대학 평생교육원 등에 원예치료사 양성과정 개설을 승인하였다. 하지만 개설이 승인된 교육기관 중에 나중에 승인이 취소되었거나, 최근 5년간 운영 실적이 없는 대학을 제외하면 2023년 현재 23개 대학에서 원예치료사[복지원예사] 양성과정을 운영하고 있다.

그동안 원예치료사 양성교육은 주로 대학교 평생교육원에서 운영되어 왔는데 2011년 안양 YWCA를 시작으로 정부기관 및 민간교육기관으로 점차 확대되기 시작하였다. 지금까지 협회에서는 총 35개 기관으로부터 원예치료사 양성과정을 위탁받아 운영하였다.

대학이나 대학원에서도 원예치료 전공이 개설되어 운영되고 있는데 2000년에 국내 최초로 단국대학교 대학원에 원예치료 통합과정이 개설되었다. 2001년에는 건국대학교 대학원에 원예치료 전공이 개설되었고, 단국대학교 학부에도 원예치료 연계전공이 만들어졌다. 2004년에 건국대학교 농축대학원, 2006년에 고려대학교와 원광대학교 특수대학원 등에 원예치료 전공이 개설되었다. 2009년에는 대구가톨릭대학교 특수대학원에 원예치료학과가 개설되었고, 2015년에는 전북대학교 특수대학원에도 원예치료학 전공이 개설되었다.

한편, 농촌진흥청에서는 2003년부터 몇 년 동안 산하 지도직 및 연구직 공무원을 협회 인정 평생교육원 원예치료사 과정에 위탁교육을 실시한 바 있다. 2004년에는 농림식품부연수원에 원예치료 전문가 육성을 위해 '원예치료 전문교육과정'을 개설하여 2009년까지 운영하였다.

3 원예치료사 자격 제도 및 활동실태

1) 원예치료사 자격제도 변천 및 취득현황

우리나라의 원예치료사 자격제도는 법률에 근거한 국가자격이 없으며 (사)한국원예치료복지협회에서 수여하는 민간자격이 있는데 2000년도 5월에 처음으로 자격을 수여하였다. 자격기본법에는 국가 외에 법인, 단체 또는 개인은 누구나 민간자격을 신설하여 운영할 수 있도록 되어 있다.

한국원예치료복지협회는 2008년도에 국내에서 처음으로 원예치료 관련 민간자격 등록을 완료하였다[등록번호 제2008-0243호]. 원예치료사의 자격 명칭은 수 차례 변화가 있었는데 최초에 '원예치료사'로 출발하였으나 중간에 '원예치료사'와 '원예복지사'로 구분되었다가 2013년부터는 '복지원예사'로 통합하여 운영하고 있다. 현재 한국원예치료복지협회의 원예치료사 자격등급은 복지원예 슈퍼바이저, 복지원예사 1급, 복지원예사 2급, 복지원예사 3급으로 구분하고 있다.

표 1-3 | 한국원예치료복지협회 원예치료사 자격 명칭 변천 과정

구분	2000~2005년	2006~2012년	2013~2023년 현재
고급	고등원예치료사	고등원예치료사	복지원예 슈퍼바이저
1급	원예치료사 1급	원예치료사 1급	복지원예사 1급
2급	원예치료사 2급	원예치료사 2급	복지원예사 2급
3급	준 원예치료사	원예복지사	복지원예사 3급

우리나라 복지원예사[원예치료사] 자격취득 현황을 보면, 2000년 5월 처음 자격을 수여한 이래 2023년 9월까지 총 6,596명이 자격을 취득하였다. 이를 등급별로 구분하면 복지원예 슈퍼바이저 41명, 복지원예사 1급 193명, 복지원예사 2급 5,061명, 복지원예사 3급 1,301명 등이다. 2020년 현재 직업능력개발원에 등록된 민간자격 정보를 살펴보면 복지원예사와 유사한 자격증이 무려 280여 개에 이르는 것으로 파악되고 있다. (사)한국원예치료복지협회에서는 남발되고 있는 유사자격과 차별화를 시도하고, 복지원예사 자격의 공신력을 높이기 위하여 민간자격 국가공인을 위하여 노력하고 있다.

2) 원예치료 실시기관 및 원예치료사 활동 실태

원예치료의 적용대상자가 정신적, 신체적 장애인은 물론 노인, 치매환자, 청소년, 사회이탈자, 일반인에 이르기까지 다양한 것처럼 원예치료를 실시하는 기관도 다양해지고 있다. 협회 창립 이래 현재까지 한번이라도 원예치료를 실시했거나 실시하고 있는 기관은 약 9,000여 곳에 이르는데 기관별 주요 대상자와 활동내용을 정리하면 다음과 같다.

---

① 사회복지시설 및 직업재활원 : 정신적, 신체적 장애인을 대상으로 재활치료나 직업교육을 목적으로 원예활동을 한다.

② 병원정신과, 재활의학과 : 정신적, 신체적 장애인을 대상으로 전문적인 치료 프로그램을 계획하고 실시한다.

③ 보건소 및 정신보건센터 : 지역주민의 정신보건 및 관내 정신 장애인을 대상으로 원예치료를 실시한다.

④ 복지관 및 주간보호센터 : 낮 시간에 돌보아 드릴 사람이 없는 노인이나 가족들의 여가를 위하여 노인들을 대상으로 원예활동을 한다.

⑤ 요양원 : 사회적 소외감을 느끼고 정서적으로 불안한 노인들의 정서적인 안정을 위해 원예활동을 한다.

⑥ 일반학교 : 정상적인 학생들을 대상으로 원예교육 및 실습을 통하여 정서 순화를 돕고, 자연 학습의 기회를 제공한다.

⑦ 특수학교 : 신체적, 정신적 장애아동을 대상으로 전문적인 원예치료 프로그램을 실시하여 신체적, 정서적 발달을 돕는다.

⑧ 농업기술센터 : 지역 주민을 대상으로 원예생활화 교육 및 정서함양을 위한 프로그램을 실시한다.

⑨ 교정기관 : 원예활동을 통한 정서적인 순화는 물론 출소 후 사회구성원으로 정착할 수 있도록 적응훈련 및 취업기술 교육을 한다.

(사)한국원예치료복지협회에서 자격을 취득한 원예치료사들의 근무 형태를 살펴보면 약 77%가 계약직으로 근무하고 있으며 정규직은 16%에 지나지 않았다. 계약직은 시간제 근무가 74.4%로 압도적인 다수를 차지하고 있는데, 프로그램 회기별 또는 일정 기간별로 원예치료 실시기관과 단기계약을 통하여 활동하고 있어 고용이 매우 불안한 상태인 것으로 파악되었다.

한편, 원예치료사가 현재 하고 있는 업무에 대한 만족도를 조사한 바에 의하면 43.9%가 '매우 보람을 느낀다'고 하였고 48.2%는 '대체로 보람을 느낀다'고 응답하여 전체의 92.1%가 보람을 느끼고 있는 것으로 나타났다.

5 보완 대체의학의 개념

1 보완 대체의학의 탄생과 정의

오늘날 현대의학의 발달로 많은 질병을 예방하게 되었고, 질병이 발생되었다고 하더라도 효과적으로 치료하게 되어 평균수명이 과거와 비교하여 크게 늘어났다. 그러나 평균수명이 늘어났다고 해서 과거보다 건강하다고 말할 수는 없다. 왜냐하면 평균수명이 늘어남에 따라서 암, 당뇨병, 고혈압 등 만성질환이나 정신질환도 함께 늘어나고 있기 때문이다. 이러한 배경에서 무언가 새로운 형태의 의료방법을 갈망하게 되었고 이에 따라 보완 대체의학이 출현하게 되었다.

대체의학이란 기존 서양의학의 부작용, 오류, 한계 등을 극복하고 보완하기 위한 비통상적 의학적 철학이나 접근 방법이라고 할 수 있다. 그러나 대체의학은 현대의학에 맞서거나 부정한다기보다는 보완한다는 의미로서 보완적 치료법이라고도 한다. 보완 대체의학complementary alternative medicine이라는 말은 미국에서 사용되는 학술용어인데 현대의학의 문제점에 대한 대안으로 제시된 자연치료적인 의학을 총칭하고 있다. 유럽 등지에서는 서양의학과 자연치료의학의 장점을 취한다는 의미로 통합의학이라고 부르기도 한다.

대체의학의 역사는 인류의 역사와 함께 할 정도로 유구해서 기원전 이집트에서도 약용식물이나 물리적인 치료방법을 사용한 기록이 있다. 그러나 1980년대까지도 증명되지 않은 의학 또는 의심스러운 요법으로 취급하였다. 1990년 초에 이르러서야 비주류의학으로 정의되며, 정통의학에서 제외한 나머지 부분의 의료행위로 인정하면서 대체의학이라는 용어가 사용되었다.

1992년 미국국립보건원National Institutes of Health에 대체의학실이 창설되면서 미국의 대체의학이 제도권으로 포함되기 시작하였고, 그 후 정통의학을 대체하거나 보완하는 다양한 의학체계를 포괄하기 위해 보완 대체의학이라는 용어의 정립이 이루어졌다. 미국의학협회는 '건강 개선을 목적으로 질병을 극복하고 수명을 연장하여 건강하고 의미있는 삶을 목적으로 하는 건강관리체계의 포괄적 개념'으로 보완 대체의학을 정의하고 있다.

보완 대체의학이란 한마디로 인간이 갖고 있는 온갖 질병이나 고통을 자연의 치유능력에 맞추어 조율하고 복원하자는 의학이라고 할 수 있다. 즉, 인체의 면역기능과 회복능력을 증강시켜 주는 여러 가지 자연적인 접근방식인 것이다. 환자를 전체성을 가진 인간으로 보고 병이 발생한 부위에 치중하여 치료하는 것이 아니라 개인의 성격이나 정서적 상황 또는 생활패턴이나 주위 환경까지 고려하여 정신적, 사회적, 환경적인 부분까지 조화롭게 치료하자는 것이다.

2 보완 대체의학의 특징과 전망

1) 보완 대체의학의 특징

보완 대체의학은 현대의학과 구분되는 몇 가지 특징이 있는데 정리하면 다음과 같다.

첫째, 대체의학은 통합주의 의학이다. 인간을 구성하는 3대 요소인 육체적 구조, 에너지 구조, 그리고 마음을 따로따로 생각하지 않고 통합적으로 다루는 전인적全人的 의학이다.

둘째, 대체의학은 4차원적이라고 할 수 있다. 대체의학은 3차원 이외에 4차원 이상을 다루는데 인간의 구성요소인 에너지 구조와 마음 등은 양자적 존재이며 4차원 이상의 존재이기 때문이다.

셋째, 대체의학은 홀로그램 모델이다. 대체의학은 전체 속에 부분이 들어 있고, 부분 속에 전체가 들어 있다는 홀로그램 모델을 이용한다.

넷째, 대체의학은 환자 중심 의학이다. 대체의학에서 질병을 진단할 때 인간과 환경과의 관계를 중요시하고, 환자를 치료할 때에도 환자가 갖고 있는 자연 치유력을 중요시하기 때문에 의학의 중심에 환자가 있다고 생각한다.

다섯째, 대체의학은 마음을 중시하는 유기체 의학이다. 대체의학에서는 인간을 기계처럼 생각하지 않고 마음의 존재를 인정하여 마음이 건강의 유지, 질병의 원인, 질병의 치료에 중요하게 작용한다고 생각한다.

2) 보완 대체의학의 장점

보완 대체의학은 현대의학의 한계점과 부작용을 보완 대체하기 위하여 탄생한 것으로 다음과 같은 장점이 있다.

첫째, 질병이나 증상이 발생한 부위만 치료하는 것이 아니라 정신과 신체의 전체적인 조화를 강조한다. 현대의학은 신체적인 병리와 심리적 병리를 분리하여 다루고 있으며, 눈에 보이는 증상을 제거하는 데 초점을 맞추고 있지만 보완 대체의학은 신체와 정신 상호관계를 바탕으로 전체적 조화를 목표로 한다.

둘째, 우리 몸에 인위적인 스트레스를 주는 일을 최대한 줄이며, 침투적이고 공격적인 치료방법을 사용하지 않는다. 인공합성 약물의 사용을 줄이고 자연산물에서 추출한 활성물질로 치료하여 부작용을 줄이는 것을 원칙으로 한다. 대체의학에서는 마음의 존재를 인정하여 사람을 기계처럼 생각하지 않고 유기체로 생각한다.

셋째, 인간이 가지고 있는 자연적인 치유능력을 강화하고 면역력을 보강하여 전체적인 조화를 이루게 한다. 체내의 독성물질이나 노폐물을 배출시켜 몸이 정화된 상태를 유지하게 한다. 증상을 무조건 억제시키는 것이 아니라 시간이 걸리더라도 근본적인 면역력을 강화하는 데 역점을 두기 때문에 대상자는 치료 과정에 주체적으로 참여하게 된다.

넷째, 환자 중심적이고 예방적이며 교육적이다. 질병을 진단할 때 인간과 환경과의 관계를 중요시하며, 식사, 운동, 명상 등 스스로 건강을 지키는 생활습관을 교육하여 평상시에 건강을 관리하게 한다. 보완 대체의학은 두 가지 이상의 조합을 통해서 이용될 수 있으며 이는 단일 치료에 비하여 효과적이고 질병 예방적 차원으로 효율적이다.

다섯째, 인간을 전인적으로 접근함으로써 질병을 치료한다는 개념보다는 환자의 전체적인 상태를 개선하는 데 중점을 둔다. 전인적이라 함은 환자의 성격, 환경, 유전, 감정상태 등 개인적인 속성뿐만 아니라 개인을 둘러싼 가정, 직장과 같은 사회적 환경적 요소를 파악하여 병의 원인을 밝히고 치료하는 것이다.

3) 보완 대체의학의 전망

이러한 대체의학의 특징과 장점을 바탕으로 앞으로의 발전 전망을 살펴보고자 한다.

미국에서는 암이나 고혈압, 당뇨병, 우울증 등의 질병에 지출되는 의료비가 전체의 70%를 차지하고 있는데 의료보험회사들이 대체요법에 대한 치료비를 지불하고 있으며, 정부에서도 의료비 절감을 위하여 대체의학에 관심을 갖고 있다.

영국에서는 찰스 황태자가 대체의학에 대해서 긍정적인 언급을 한 이후로 영국의학회에서 대체의학에 대한 본격적인 연구와 수용을 검토하고 있다.

독일에서는 동종요법[同種療法]을 비롯한 자신들의 고유한 대체요법을 연구 발전시켜 임상에 활용하고 있으며, 동양의 침술 등과 같은 동양의학에도 과학적인 접근을 시도하고 있다.

한편, 우리나라에서는 한의학이 대체의학의 전부인 것처럼 인식하고 동서의학의 접목에 초점을 맞춘 행사들이 개최되고 있을 뿐 다양한 대체요법들을 현실적으로 접목시키지 못하고 있는 실정이었다. 1997년에 들어서서 한국자연치료의학회가 창립되어 대체의학에 대한 본격적인 연구를 시작하였는데 1998년부터는 한국대체의학회로 명칭을 바꾸어 매달 세미나를 개최하고 있다.

대체의학은 현대의학에서 적절한 진단과 치료방법이 정립되지 않은 기능성 질환과 만성 · 퇴행성 질환, 말기 암 환자의 관리에 효율적이라는 인식이 확산되고 있다. 현대의학에서 더 이상 희망을 주지 못하고 효과를 보장하지 못하는 질병에 대해서 보조적인 치료법으로 대체의학을 선택하는 경향이 많아지고 있다. 인간에 대한 이해를 바탕으로 인간 중심적인 진료에 공감하고 있으며, 질병의 국소적인 부분에 집착한 공격적인 치료보다는 한 인간 전체의 삶의 질을 높이고 전인적으로 보살피는 것이기 때문이다.

또한 의료비용을 절감할 수 있는데 대체요법의 상당수가 민간요법이나 전통적인 치료법에서 비롯된 것이므로 일상생활 속에서 스스로 시행할 수 있는 편리성이 있다.

우리나라의 보완 대체의학이 발전하기 위해서는 세계적인 보완 대체의학적 방법에 대한 교육과 연구를 수행하면서 한국적 대체요법들을 발굴하고 이론화시켜야 할 것이다. 제도권 밖에 있는 보완 대체요법 중 임상적으로 가치 있는 치료법을 발굴해서 연구하고 검증을 거쳐서 새로운 과학적 의학으로 정립할 수 있을 것이다.

3 보완 대체의학으로서 원예치료

원예치료horticultural therapy란 식물을 대상으로 하는 인간의 다양한 원예활동을 통하여 사회적, 교육적, 심리적 혹은 신체적 적응력을 기르고 이로 말미암아 육체적 재활과 정신적 회복을 추구하는 전반적인 활동이며, 나아가 녹색의 쾌적성green amenity 및 환경회복을 얻고자 하는 방법이라고 할 수 있다.

현대 의학적 치료방법은 약물치료나 신체적인 접촉을 통한 수술요법이 가장 두드러지는 데 반하여 원예치료는 무엇을 먹어서 치료하는 것이 아니며, 신체적인 접촉을 통한 치료도 아니다. 우리가 원예작물을 재배해서 생산한 과일이나 채소를 먹지만 이것은 무엇을 먹어서 치료되는 게 아니라 씨를 뿌리고, 물을 주고, 잡초를 제거하며 땀 흘려 가꾼 결과물을 통하여 성취감이나 자신감이 생겨서 질병이 치료되는 것이다. 원예활동을 하다 보면 때로는 신체적인 접촉이 있을 수도 있으나 이것은 현대의학에서 말하는 신체적 접촉과는 차원이 다르다.

대체의학의 또 다른 특징은 인공화학 합성물 대신에 자연에서 얻어지는 물질 또는 생물체에서 발생되는 에너지를 치료에 이용하거나 빛, 색깔, 소리, 향 등 인체의 감각기관과 정신적 교감을 통한 치료방법이다. 원예치료의 도구인 식물은 살아있는 생명체로서 자신의 생명을 유지하기 위하여 여러 가지 대사물질이나 에너지를 발생하는데 이것은 인간에게 좋은 영향을 미치게 된다. 또한 식물은 시각적인 아름다움뿐만 아니라 향기를 맡을 수 있고, 촉감을 느낄 수 있으며, 소리를 듣고, 맛을 볼 수도 있으므로 자연스럽게 인간의 오감을 자극할 수 있다.

현대 의학적 치료가 병징 중심의 대증적 치료라면 원예치료는 활동을 통해 재활, 경감, 복원, 갱생 등을 목표로 하는 예방치료일 뿐만 아니라 대체치료인 것이다. 씨를 뿌리고 물을 주고 가꾸는 활동을 통하여 몸을 움직이게 되는데 이는 운동효과를 기대할 수 있고, 잘 자라는 식물을 보면서 정서적인 안정과 성취감을 맛보게 된다. 따라서 원예치료는 전인적 치유를 행하고 있으며 정신적 치유와 신체적 치유가 동시에 가능한 치료방법이다.

원예치료가 흙과 식물을 잃어버리고 사는 사람들에게 좋은 영향을 줄 것이라는 것은 이미 여러 연구를 통하여 잘 알려진 사실이다. 원예치료의 도구인 식물이 존재하므로 공기를 정화시켜 주고, 습도를 조절하여 사람이 살기 좋은 쾌적한 환경을 만들어 준다. 원예치료를 구성하는 요소인 노동, 흙, 식물에 대한 사랑 등은 사람들에게 적절한 운동을 유지시키고, 정서활동을 함양함으로써 질병에 대한 저항력을 길러주어 질병 예방과 재활에 좋은 역할을 할 수 있을 것이다.

대체의학 중에서 원예치료가 가지는 가장 중요한 의미 중의 하나는 생명 중심적 세계관에 바탕을 두고 있다는 점이다. 서양의 기계론적 세계관의 단점을 수정하고 인체의 자연적인 생명력을 보강하고 활성화하는 주요한 치료법 중의 하나라고 볼 수 있다.

6 도시농업과 치유농업

1 도시농업

1) 도시농업의 정의

도시농업은 도시민이 도시의 다양한 공간을 이용하여 식물을 재배하거나 동물을 기르는 농업활동이라고 할 수 있다. 우리나라에 도시농업이 처음 소개된 것은 2000년대 중반이지만 2012년 5월 「도시농업 육성 및 지원에 관한 법률」[2017. 3월 개정, 이하 도시농업법]이 제정됨에 따라 도시농업에 대한 법적인 근거가 마련되었다.

「도시농업법」에서 '도시농업은 도시지역에 있는 토지, 건축물 또는 다양한 생활공간을 활용하여 농작물을 경작 또는 재배하는 행위로 수목 또는 화초를 재배하는 행위, 곤충을 사육[양봉 등] 하는 행위를 포함한다'라고 정의하고 있다. 국내 문헌에서 나타난 도시농업 정의 및 개념은 매우 다양하며, 농업 관련 분야뿐만 아니라 산업경제, 조경학, 도시행정, 도시설계, 생활과학 등 많은 분야에서 도시농업을 주제로 다루고 있는 것으로 나타났다.

공통적인 개념을 정리하면, 도시의 다양한 유휴공간을 활용하여 여가와 문화 활동의 공간을 제공하며, 치유힐링, 소일거리 제공, 친환경 먹거리 생산, 농업 체험 및 교육의 효과 등 다양한 의미를 내재하고 있다. 한편, 농업인의 경영목적 중 하나인 이윤추구 등 상업적 목적과는 거리를 두고 있다는 점이다.

2) 도시농업의 유형

「도시농업법」 제8조 및 동법 시행령 제2조[도시농업의 유형별 세부분류]에 따르면 도시농업의 유형은 주택활용형 도시농업, 근린생활형 도시농업, 도심형 도시농업, 농장·공원형 도시농업, 학교교육형 도시농업의 5가지로 분류하고 있으며, 도시농업을 하고 있는 공간텃밭의 위치 및 운영형태를 고려하여 아래와 같이 세분하고 있다.

표 1-4 | 도시농업의 유형 및 분류 (「도시농업법」)

유형 및 분류	내용
주택활용형 도시농업 주택·공동주택 내부텃밭 주택·공동주택 외부텃밭 주택·공동주택 인접텃밭	주택·공동주택 등 건축물의 내·외부, 난간, 옥상 등을 활용하거나 주택·공동주택 등 건축물에 인접한 토지를 활용한 도시농업
근린생활권 도시농업 농장형 주말텃밭 공공목적형 주말텃밭	주택·공동주택 주변의 근린생활권에 위치한 토지 등을 활용한 도시농업
도심형 도시농업 고층건물 내부텃밭 고층건물 외부텃밭 고층건물 인접텃밭	도심에 있는 고층 건물의 내·외부, 옥상 등을 활용하거나 도심에 있는 고층건물에 인접한 토지를 활용한 도시농업
농장형·공원형 도시농업 [1,500㎡ 이상] 공영도시농업농장 텃밭 민영도시농업농장 텃밭 도시공원 텃밭	공영도시농업농장이나 민영도시농업농장 또는 도시공원을 활용한 도시농업
학교교육형 도시농업 [30㎡ 이상] 유치원 또는 유아원 텃밭 초등학교, 중학교, 고등학교 텃밭 기타 학교교육형 텃밭	학생들의 학습과 체험을 목적으로 학교의 토지나 건축물 등을 활용한 도시농업

또한 도시농업의 형태는 영리 여부에 따라 근교농업과 생활농업으로, 목적에 따라 생산형농업·취미여가형·교육형농업·경관농업으로, 관리운영 주체에 따라 민간주도형·지자체주도형·민관협력형으로, 공간에 따라 주택·주거지 인근·비주거 시설 등으로 분류할 수 있다.

표 1-5 | 유형별 도시농업의 형태 (여, 2012)

구분		내용
영리 여부	근교농업	도시에 출하하는 것을 목적으로 하는 농업으로, 고소득 작목을 중심으로 도시 가까운 장소에서 행하는 집약적인 농업활동
	생활농업	도시 내에서 존재하는 유휴지와 유휴동력을 이용하여 취미생활의 일환으로 소규모 경작을 하는 형태의 농업활동
목적	생산형농업	생산을 목적으로 행하는 집약적인 농업
	취미여가형	도시 생활농업을 통해 즐거움과 농업의 소중함을 이해
	교육형농업	생명의 가치를 깨닫고 자연과 호흡하는 감각을 키움
	경관농업	아름다운 경관을 만드는 것으로 볼거리 중심의 농업
관리운영 주체	민영시민단체	개인, 단체 운영 주말텃밭
	공영지자체	농업기술센터, 구청 등 기관 운영
	민관협력	공공기관이 업무를 민간에 위탁 운영
공간	주택주거지	주택, 옥상, 베란다, 화단 등 공간
	주거지 인근	주거지 자투리 공간유휴지 등
	근린생활권	주말텃밭, 체재형 주말텃밭
	비주거시설	상업건물, 공공기관, 학교 등 공간

우리나라의 도시텃밭과 유사한 해외 선진국의 도시농업 유형은 독일의 클라인가르텐, 미국 · 캐나다의 커뮤니티가든과 도시농장, 그리고 일본의 시민농원 등이 있다. 외국의 도시농업 역사가 우리보다 적게는 40년에서부터 많게는 100년이 앞서는데 관련법에 기반을 두고 발전을 이루고 있으며, 정부기관 외에 도시텃밭을 관리 운영하는 협회가 존재하고 있다.

3) 도시농업과 원예치료

도시민들은 도시농업을 통하여 생활권역에서 안전한 먹거리를 생산할 뿐만 아니라 건강을 증진시키고 정서를 순화하며, 이웃 간에 소통하고 나아가 도시생태환경을 보존할 수 있을 것이다. 또한 도시농업을 통해 도시민은 경제적, 사회적, 문화적 혜택을 얻고, 도시 생활환경의 질적 향상을 도모할 수 있으며, 도시와 농촌의 교류를 통하여 농업인과 도시민의 삶의 질을 동시에 향상시킬 수 있다.

이렇듯 도시농업의 목적은 생산 자체가 아니라 생산하는 과정과 생산물의 이용 그리고 부수적인 인간관계의 개선에 초점을 맞추고 있는데 이는 원예치료의 정서적인 효과, 신체적인 효과, 사회적인 효과와 크게 다르지 않다. 한편, 도시농업의 대상은 동물사육과 식량작물의 생산까지 다양할 수 있지만 도시지역에서 동물을 기르거나 쌀, 보리 같은 식량작물을 재배하기가 현실적으로 쉽지 않을 것이다. 따라서 도시농업에서 가장 큰 비중을 차지하는 것은 꽃이나 채소 등을 기르는 도시원예가 될 것으로 예상하고 있다.

도시원예는 공간적으로 도시민들이 살고 있는 생활 반경인 텃밭, 주택의 정원, 주변 공터, 아파트 베란다, 실내 공간, 건물 옥상, 사무실 등에서 이루어지고 있다. 이렇듯 도시농업에서 주로 활용되는 식물은 원예치료 프로그램에서 많이 사용하고 있는 화훼류, 채소류, 관엽식물 등이며, 도시농업의 공간 역시 원예치료 활동공간과 거의 일치하고 있으므로 도시농업과 원예치료는 매우 밀접한 관련성이 있다고 할 수 있다.

한편 도시농업의 활동 주체는 도시민 전체가 해당되지만 그 중에서도 비교적 시간적인 여유가 많은 노인층이 주류를 이루고 있는데 이는 원예치료를 실시하고 있는 복지관이나 요양시설 등에서 노인을 대상으로 한 프로그램이 증가하고 있는 것과 일맥상통하는 부분이다.

2 치유농업

1) 치유농업의 정의와 필요성

유럽의 네덜란드와 벨기에 등 농업 분야 선진국에서는 치유농업, 사회적 농업, 녹색치유농업, 건강을 위한 농업 등 다양한 용어로 치유농업에 대한 관심과 투자가 증가하고 있다. 치유농업의 본질은 '치유를 제공하기 위한 농업의 활용'이라고 할 수 있는데 이들 국가에서는 치유농업의 개념, 목적, 영역, 대상 등이 명확히 설정되어 있으며 치유농장에 대한 국가 차원의 정책적 지원이 활성화되어 농업의 주요 분야로 자리 잡고 있다. 치유농장은 학교나 지역사회, 병원 등과 공식적으로 연결되어 지역공동체에 새로운 치료자원을 제공하고 있으며 농장의 소득을 높이는 데 기여하고 있다.

치유농업은 '농업 · 농촌자원 또는 이와 관련된 활동 및 산출물을 활용한 치유서비스를 통해 국민의 심리적, 사회적, 인지적, 신체적 건강을 도모하는 산업 및 활동'이라고 정의할 수 있다. 최근에는 국내에서도 관광농업의 단계를 넘어 국민건강과 농업체험을 연결하는 치유농업에 대한 관심이 높아지고 있는데 그 이유는 아래와 같다.

첫째, 국가 산업구조에서 농업의 6차 산업화로 서비스산업을 촉진해야 할 필요가 있기 때문이다. 우리나라의 3차 산업 비중은 미국이나 일본의 2/3 수준이며, 생산성은 1/3에 지나지 않는데 청년실업, 은퇴 지식인, 노인 일자리 등의 문제를 서비스산업 촉진을 통하여 해결할 수 있을 것이다.

둘째, 농업을 지속적으로 유지하고 발전하기 위해서는 새로운 활로를 모색해야 하는데 치유농업을 통하여 신규 소득원을 발굴하고 농촌지역을 활력화 시킬 수 있을 것이다. 최근에는 농업의 공익적 가치를 점차 인정하는 추세이며, 건강과 자연회복에 대한 관심도 증대되고 있다. 실질적으로 텃밭, 체험교육, 휴양, 치유 등 농업기반을 활용한 체험활동이 크게 증가하고 있다.

셋째, 치유농업은 국민의 건강과 복지증진에 기여할 수 있을 것이다. 우리나라의 65세 이상 노인인구는 2019년 현재, 전체 인구의 약 14%를 초과하여 바야흐로 고령사회에 진입하였는데 이들이 사용하는 의료비는 전체의 35.5%에 달한다. 서구화된 식습관으로 4대 중증질환과 비만, 고혈압 등은 증가하고 있으며, 환경에 의한 건강문제도 심각한 상태에 이르고 있다. 치유농업은 이러한 문제를 해결할 수 있는 대안이 될 수 있을 뿐만 아니라 장애인, 수형자를 위한 직업재활과 사회복귀 모델로 활용될 수 있을 것이다.

넷째, 치유농업을 통하여 사회적 갈등해소와 삶의 질을 향상시킬 수 있을 것이다. 우리 국민은 소득 불균형에 유달리 민감하게 반응하고 있는데 치유농업을 통하여 사회적 갈등을 해소할 수 있을 것이다. 또한 다문화가정, 빈곤가정, 노숙인 등 다양한 사회구성원 간의 사회통합으로 삶의 만족도를 높일 수 있을 것이다.

다섯째, 치유농업에 대한 수요자와 공급자가 증가하고 있어 새로운 고용창출에 기여할 수 있을 것이다. 수요자 측면에는 개인, 기업, 단체, 정부부서 등을 들 수 있는데 단순한 농업체험을 넘어 학습, 휴양, 치유, 직업재활 등이 필요하다. 공급자 측면에는 농업인, 치료전문가, 보건의료, 복지, 교육기관 등을 들 수 있는데 농업체험교육, 관광, 음식체험, 농산물가공 등 6차 산업형 농가가 증가하고 있다. 뿐만 아니라 원예치료, 동물매개치료 등에서 민간자격을 통한 전문가들이 크게 늘어나고 있다.

치유농업의 목적은 교육과 치유 그리고 사회적 재활로 구분할 수 있다. 치유농업을 통하여 일반 학생이나 학습장애, 문제행동 등 특별한 조치가 필요한 학생들을 위한 교육서비스를 제공하고, 신체적 · 정신적 치유가 필요한 사람들에게 치유서비스를 제공할 수 있다. 사회적 재활이란 교정시설이나 재활시설에 수용되어 있는 대상자들에게 재활서비스를 제공하는 것을 목적으로 한다.

2) 치유농업의 유형과 자원

치유농업의 유형은 치유중심, 고용중심, 교육중심으로 구분할 수 있다. 치유중심 농업은 치유가 필요한 사람에게 치유서비스를 제공하는 유형으로 치유농장은 치유서비스 제공기관이 되는 것이다. 고용중심 치유농업은 고용과 노동시장을 연계하여 일반적으로 사회적 약자에게 전문적인 교육훈련을 제공하여 고용을 창출하는 유형이다. 교육중심의 치유농업은 정규학생을 위한 교육농장과 특별한 교육적 수요를

표 1-6 | 치유농업의 유형 (김 등, 2013)

구분	치유중심	고용중심	교육중심
목적	치유가 필요한 사람들에게 치유서비스 제공	사회적 약자에게 교육훈련 제공을 통하여 고용창출	정규 일반 학생과 특수아동을 위한 교육적 요구 충족
대상	치유가 필요한 사람	사회적 약자	정규학교 학생 학습장애, 법적, 사회적 문제를 지닌 학생
특징	건강기관, 복지기관, 농업기관으로부터 서비스 제공에 대한 재정지원 및 보상	사회 및 노동 관련 공공기관으로부터 일부 지원 농장의 주수입은 농업생산	농업활동이나 농촌경관에 대한 경험 제공

충족시키기 위한 교육농장으로 구분된다. 정규 교육농장은 일반 학생에게 농업활동이나 농촌경관에 대한 경험을 제공하며, 특별 교육농장은 학습장애, 법적문제, 사회적 조치에 따른 사람들의 요구에 의하여 프로그램을 운영한다.

치유농업은 운영 형태에 따라 농업생산중심 치유농업과 치유중심 치유농업으로 구분할 수 있다. 농업생산 측면에서는 작물재배, 원예, 가축 축산, 농기계, 산림경영 등 다양한 농업활동이 제공되며, 치유측면에서는 건강 증진, 사회적 재활, 교육활동이 포함된다.

치유농업은 영역에 따라 다른 특징을 보이는데 농업생산 중심의 치유농업은 농장주의 주도로 전원 농장에서 농업활동을 통해 치유가 이루어지는 반면에 치유중심 치유농업은 외부기관이나 자선단체와 연계된 농장에서 치료사 주도로 치유활동이 이루어진다.

표 1-7 | 치유농업의 운영형태

구분	농업생산중심 치유농업	치유중심 치유농업
농장 형태	독립적인 개인농장	외부기관, 교도소, 치료기관, 학교, 병원, 치유기관, 자선단체 등과 연계된 농장
참여자	농업 시스템의 일부로서 참여자 소규모	농업과 독립적인 참여자 대규모
요구	농업 및 치유 관련 체험 요구 긴장 완화, 스트레스 해소 등	완벽한 육체적 재활 요구 – 치료 치유와 관련된 일정수준의 지원에 대한 요구
기능	농장이 필요한 다기능	농장이 반드시 필요하지는 않은 다양상
주수입원	농업생산	치유
지역	전원 중심	전원+도시
주도자	농장주	치료사

치유농업의 활용자원은 식물, 농작업장, 농촌 환경 및 경관, 농산가공물, 동물 등이 모두 해당된다. 즉, 농업, 농촌자원, 식물, 동물이 모두 치유농업의 자원이 될 수 있는데 농촌진흥청에서 조사한 바에 의하면 식물$^{100\%}$, 농작업장$^{59.6\%}$, 농촌 환경 및 경관$^{53.2\%}$ 순으로 활용도가 높은 것으로 나타났다.

우리나라에서는 아직 치유농업이 정착되지 않아서 유아, 초등생, 중고생, 성인, 노인 등 일반적인 치유서비스가 필요한 사람을 우선으로 하고, 문제 청소년, 신체적 재활환자, 알코올 중독자, 수감자 등 특별한 치유서비스가 필요한 사람을 이차대상으로 하고 있는 것으로 분석되었다.

3) 치유농업과 원예치료

치유농업의 목적은 교육과 치유 그리고 사회적 재활로 구분할 수 있는데 원예치료의 목적과 크게 다르지 않다. 치유농업의 활용자원은 식물, 농작업장, 농촌 환경 및 경관, 농산가공물, 동물 등 농업이나 농촌자원과 관련된 모든 것이 치유농업의 자원인 것이다. 농촌진흥청에서 조사한 바에 의하면 치유자원 중 식물은 100% 활용될 수 있을 것으로 분석되었는데 식물을 매개로 하는 원예치료가 그만큼 활용도가 높을 것으로 기대된다.

치유서비스의 소재로도 식물[26.9%]이 가장 많았고 다음이 농촌경관 및 환경[22.4%], 농작업장[20.6%], 동물[11.2%] 순으로 나타났다. 관련 논문의 비중을 보면 식물[원예]이 75%로 다른 소재들에 비하여 압도적으로 많았다

치유농업 프로그램을 통한 효과로는 혈압이나 맥박이 안정되는 등 임상학적인 변화, 정서안정 등 심리적인 변화, 행동이나 태도 등 사회적인 변화, 인지 및 인식의 개선 등을 들 수 있는데 원예치료의 신체적, 심리적, 사회적, 인지적인 효과와 거의 일치하고 있다.

이와 같은 치유농업의 목적과 치유농업 프로그램의 효과 및 소재 등을 고려할 때 앞으로 치유농업에서 원예치료가 주도적인 역할을 수행할 수 있을 것으로 기대된다.

농촌진흥청에서는 치유농업의 중장기 발전을 위하여 「치유농업 연구개발 및 육성에 관한 법률(2020.3.)」을 제정하여 치유농업 관련 재정지원과 관련 부처 간의 업무협조 등에 관한 사항을 명시하였다. 또한 치유농업사 국가자격제도를 신설하고 치유서비스 시설 인증 제도를 실시하며, 치유농업 환경조성을 위하여 국가 및 지자체는 기본계획 수립과 실태조사를 하고 관련 기관에 대한 지원 근거를 마련하였다.

쉬어가기

원예치료 분야 국제모임

People Plant Council (PPC)

2015년 겨울호 Vol 151

박신애
건국대학교 보건환경과학과
일반대학원 바이오힐링융합학과

People Plant Council(PPC)는 식물을 통한 인간의 건강과 웰빙, 삶의 질 향상을 추구하는 연구자 및 실무자들의 모임입니다. 1990년 미국 버지니아텍대학의 랠프교수를 중심으로 이 모임이 시작되었으며, 국제적 관심이 증가됨에 따라 1994년에는 국제모임으로 그 규모를 키우게 되었습니다. PPC의 1대 의장으로는 미국 버지니아텍대학의 랠프교수, 2대 의장으로는 미국 캔사스주립대학의 슈메이커 교수, 3대 의장으로는 건국대학교 박신애 교수가 그 역할을 수행하고 있습니다. PPC는 홈페이지(http://peopleplantcouncil.org/)를 통해 관련 분야의 연구자와 임상전문가들이 교류할 수 있는 공간을 열어두고 있으며, 매 2년 마다 국제학회인 International People Plant Symposium(IPPS)를 개최해 오고 있습니다.

매 회 IPPS에서는 원예치료를 포함하여 원예복지, 도시농업, 인간과 환경, 산림복지 등폭 넓은 주제로 각 나라의 연구 현황 및 사례에 대한 소개와 토론의 시간을 갖습니다. 한국을 비롯하여 미국, 캐나다, 호주, 영국, 네덜란드, 폴란드, 영국, 독일, 핀란드, 스웨덴, 일본, 타이완, 홍콩, 중국 등의 전세계 원예치료 분야 연구자와 임상전문가들이 학회에 참여하여 정보를 나누며 교류하고 있습니다. 또한 학회에서 발표된 내용들은 국제원예학회의 지원으로 Acta Horticulturae라는 저널에 논문으로 발행되고 있습니다.

최근 2014년 호주에서 개최된 제 12회 IPPS에서는 원예치료의 국제 표준화 정의모델 및 실행방법

오른쪽부터 Diane Relf 교수(버니지아텍대학교, PPC 1대 의장), Candice Shoemaker 교수(캔사스주립대학교, PPC 2대 의장),
박신애 교수(건국대학교, PPC 3대 의장)

2014년 제 12회 IPPS. 호주 브리즈번

정립의 필요에 대한 의견이 모아져 이를 위한 국제적 공동작업을 시작할 수 있는 시발점이 되었습니다. 이러한 국제적 차원의 협력을 통해 원예치료의 이론적 정립과 학문의 성장 및 발전이 기대됩니다. 또한 지속적인 국제 모임을 통하여 각 나라의 원예치료 현황을 이해하고 발전을 위한 정보를 공유함으로써 전 세계 원예치료가 전문적 영역으로 한층 성장하며 자리매김 할 수 있기를 기대합니다.

2014년 개최된 제 12회 IPPS에서 발표된 논문들은 최근 Acta Horticulturae 1093(http://www.actahort.org/books/1093/)로 출판되었으며, 제 13회 IPPS는 2016년에 개최될 예정이며, 그 일시와 장소는 곧 PPC를 통해 공지될 예정입니다. 홈페이지를 통해 회원가입을 하시면 이메일로 정기적인 뉴스레터와 학회에 대한 정보를 제공받을 수 있습니다. 한국의 원예치료를 국제적으로 알리고, 협력하기 위해서 많은 원예치료사와 연구자분들의 관심과 참여가 필요합니다.

쉬어가기

치료와 복지를 위한 도시농업

2017년 가을호 Vol 158

이상미
국립원예특작과학원
도시농업과

안녕하세요. 저는 국립원예특작과학원 도시농업과에 근무하고 있는 농업연구사 이상미입니다.

얼마 전 "도시농업을 왜 하나요?" 라는 아주 원론적인 질문을 받은 적이 있습니다. "도시농업의 육성 및 지원에 관한 법률(약칭: 도시농업법)에 따르면", 이라고 시작하는 정답 같은 문장을 읊으면 될 줄 알았는데....그 질문이 너무나도 철학적으로 다가와서 감히 입을 열지 못했습니다. 내가 속해 있는 이곳! 내가 하고 있는 일! 내가 만나는 사람!

내가 믿고 있는 것은 무엇이며, 어디에 가치를 두고 있는가에 대한 진지한 대답을 나직이 그러나 힘 있게 준비해야겠다고 반성하게 되었습니다. 자! 그럼 여러분들에게 몇 가지 질문을 던져 보겠습니다.

'원예치료, 원예복지'는 무엇인가요?

누가 원예치료와 원예복지의 대상인가요?

원예치료와 원예복지는 주로 어디에서 이루어지죠?

원예치료와 원예복지는 무엇을 매개로 활용하나요?

원예치료와 원예복지의 영역 안에서 대상자의 변화와 적응을 촉진하고 이끄는 사람은 누구인가요? 진지하고 힘 있게 질문에 대한 답을 찾아 볼 때입니다.

저는 도시농업 안에서 치료와 복지를 만납니다. '도시농업'은 공간에 초점을 맞추고 있는 용어이며, '원예치료, 원예복지'는 목적에 초점을 맞춘 용어입니다. 그래서 두 용어는 상호 보완적이지요. 도시농업을 통하여 치료와 복지를 실현할 수 있으며, 원예치료와 원예복지가 이루어지는 주된 공간이 도시이기 때문입니다. 그러나 도시농업과 원예치료/원예복지가 온전히 상호보완적이려면 원예치료에서 해결해야 하는 숙제가 있습니다. 그것은 바로 원예치료의 주된 양상인 살아 있는 식물을 양육하고 그 결과물을 활용하는 재배에 기반 한 활동이 이루어져야 한다는 것입니다. 원예치료와 원예복지는 단순히 소재들을 이용한 만들기 활동에 그쳐서는 안된다는 것입니다. 도시농업에서 지향하는 밭을 일구고, 씨를 뿌리고 가꾸어 수확하여 이용하는 식물의 생과 그 속에서 발견하는 인간의 삶이 통합되어 질 때 그것이 바로 원예치료이며 원예복지가 될 것입니다. 뿐만 아니라 도시농업이 치료와 복지를 지향한다면 도시농업에서도 해결해야 하는 과제가 있습니다. 그것은 도시농업에서 주로 활용하는 식물의 다양성을 확보하는 것입니다. 상추 일색의 먹거리 텃밭에서 벗어나, 보면서 즐겁고, 향과 촉감을 만끽하며, 그늘도 즐기고, 문화와 예술도 담아 낼 수 있는 도시농업을 실천할 때 치료와 복지의 텃밭이 탄생합니다. 그러나 원예치료의 활동양상과 도시농업 작물의 다양화보다도 더 중요하게 확보되어야 할 것은, '내가 무엇을 하고 있는지, 무엇이 목적인지? 나는 누구인지? 나의 대상은 누구인지? 무엇을 매개로 할 것인지? 나는 무엇을 믿고, 무엇에 가치를 두는지? 그래서 어떻게 할 것인지?' 등과 같은 심오한 대답을 찾아 치료와 복지가 있는 도시농업의 실천과 확산을 담당할 역량 있는 전문가입니다.

역량있는 전문가와 도시농업은 언제나 함께 할 것입니다.

"역량있는 전문가가 중심을 잡고 있을 때 도시농업, 원예치료, 원예복지는 함께 성장할 것입니다

문화적 차원으로 다양한 원예치료의 확대

2016년 가을호 Vol 154

송종은
건국대학교 농축대학원
원예치료학과

최근 현대인들은 가중되는 환경오염과 스트레스를 어찌 할 수 없어 정신 심리적, 신체적 질병유발로 고통을 받고 있으며, 이를 해결하기 위해 개인뿐만 아니라 국가에서도 많은 노력을 기울이고 있다. 스트레스를 해소하기 위해 도시민들이 가장 선호하는 방법은 자연에서 의 휴식과 여행이라고 하였다. 국내외 여러 연구들도 자연 환경속에서 또는 식물과 함께 할 때 건강회복에 큰 도움이 된다는 것이 첨단 의학적 측정도구를 통해서 입증되고 있다. 필자도 약 20여년 전 부터 손기철 교수님(건국대학교 보건환경과학과)의 제자로 입문하면서 원예식물이 인간의 건강증진과 스트레스 해소에 좋은 영향을 주는 다양한 연구들을 꽤 오랫동안 수행해왔다. 이를 통해 원예치료의 의학적, 과학적 타당성과 신뢰성을 높이는데 많은 기여를 했다고 본다.

사회적, 교육적, 의학적인 전문 원예치료 프로그램이 발전됨에 따라 협회도 다각도로 노력하고 있는 실정이다. 향후 원예치료는 학문적 발전과 더불어 협회 회원들의 열정적인 활동을 통해 다양한 분야로 확대해 나감으로써 원예치료의 수요증가와 전문화를 이룰 것이라고 본다. 이러한 점에서 볼 때 문화적 차원으로의 원예치료 확대는 필수적이라고 판단된다. 농경사회를 기반으로 했던 우리나라도 예부터 원예식물과 정원을 아름답게 가꾸고 정신수양의 미덕으로 삼았으며, 궁중의례, 꽃예술, 분재, 꽃차, 의복염색, 생활가구, 장신구 제작 등 원예식물의 문화적 이용에 대한 무수한 역사적 사료가 있다. 이처럼 문화적 차원에서 원예활동은 자연스럽게 의식주 생활과 연계될 수 있으며, 원예식물의 문화적 이용은 인간의 다양한 희노애락을 담아내는 창작활동으로 융합하여 예술적 가치로 승화될 수 장점을 지니고 있다. 또한 원예활동과 관련된 창작을 통해 재미와 보람을 느낄 수 있을 뿐만 아니라 감동을 지속적으로 선사해줄 수 있기 때문에 원예치료의 창조적

독특성과도 맥을 같이 한다고 볼 수 있다.

요즘 도시민의 힐링 욕구가 증가함에 따라 지역자치구별로 도시농업관련 지원이 많아졌다. 자투리 텃밭원예활동, 옥상텃밭, 농촌체험활동, 베란다원예, 등과 결합한 원예치료 프로그램이 도시민의 스트레스 해소에 문화적 차원으로 발전하고 있다. 교육 문화적으로는 어린이, 청소년 원예활동체험 프로그램을 친환경교육으로까지 확대하여 유아보육기관, 학교 방과 후 활동과 청소년기관, 전국 환경연수원 등에서 교육체험으로 행해지고 있다. 또한 국공립 식물원의 휴양서비스 기능 확대에도 문화적 콘텐츠와 관련된 원예활동 프로그램을 시, 군, 도별로 진행하고 있는 실정이다. 그렇지만 아직까지 시작 초기단계의 원예 프로그램이거나 단편적인 지원으로 지역축제, 이벤트성이 강하고, 먹거리 위주의 원예활동, 꽃 예술 분야의 집중 등 때문에 다양한 문화적 콘텐츠와 결합하고 융합할 수 있는 통합적 원예치료 접근과 확대가 절실히 필요하다.

몇가지 가능성 있는 분야를 제안하면, 친환경 원예 상품 디자인(인테리어 기능성이 뛰어나고 예술적 가치가 높은 디자인과 원예식물을 융합한 친환경적 원예생활용품과 가공품, 이를 조화롭게 디자인 할 수 있는 전문가가 활동하는 분야이다. 예를 들면, 기능성 식물용기, 캐릭터 화분, 벽면녹화, 식물 향기 상품, 자연주의 조명상품, 압화 생활 장식용품, 친환경적 원예소품디자인 등)분야, 정원디자인에서 원예치료적 접근 분야, 관광경관 원예분야, 스토리텔링과 원예활동 프로그램 분야, 업무에 창의성과 영감을 촉진해주는 원예 프로그램 분야, 컴퓨터와 첨단기술을 활용한 건축디자인에 원예치료적 적용분야 등 다양한 분야를 들 수 있을 것이다. 앞으로는 현대인들의 스트레스 해소와 정신, 신체적, 압박감, 불안감을 감소시키고, 존재감, 행복감을 줄 수 있는 문화적 콘텐츠를 적용한 다양한 원예치료가 많이 확대 발전하기를 기대한다.

우리나라 민간자격 제도와 복지원예사 국가공인

2018년 봄호 Vol 160

조원근
건국대학교
미래지식교육원

사랑하고 존경하는 회원 여러분께 오랜만에 안부를 전합니다.

저는 지난 해 협회 회장직에서 퇴임하고 고향인 양평으로 내려와서 200여 평의 텃밭을 가꾸면서 몸으로 원예치료를 체험하고 있습니다. 그동안 책을 통해서 알고 있던 농사지식을 현장에 적용해보았지만 결실은 초라하기 짝이 없었습니다. 그래도 다음에는 나아질 거라는 기대를 걸고 있으니 농부의 마음이 바로 이런 게 아닌가 싶습니다.

제가 현직에서는 물러났지만 우리나라 원예치료가 발전하기를 바라는 마음은 변함이 없습니다. 또한 협회 복지원예사들이 전문 직업인으로서 자긍심을 가지고 일할 수 있는 여건이 조성되었으면 하는 마음 간절합니다. 이를 위해서 협회에서 많은 사업을 추진하고 있지만 빼놓을 수 없이 중요한 것이 복지원예사 자격을 국가 공인받는 일이라고 생각합니다.

우리나라 자격제도는 크게 국가자격과 민간자격으로 구분할 수 있습니다. 국가자격은 국가에서 수여하는 자격으로 관련법에 근거한 의사, 변호사 등과 산업현장에서 필요한 기능 인력에게 수여하는 기사, 기능사 등이 있습니다. 이에 반하여 민간자격은 국가 외에 개인, 법인 단체가 신설하여 운영하는 자격인데 협회 복지원예사 자격이 여기에 해당됩니다. 산업사회발전에 따른 다양한 자격 수요에 부응하고 국민의 직업능력개발 촉진과 경제사회적 지위 향상을 목적으로 만들어진 자격제도입니다. 자격기본법에는 국민에게 정확한 자격정보를 제공하고 결격사유가 있는 자격관리자의 양산을 방지한다는 이유로 모든 민간자격은 직업능력개발원에 등록하도록 규정하고 있습니다. 또한 국민의 생명, 건강, 안전 및 국방에 직결되는 금지분야를 제외한 어떤 자격이든 등록이 가능하도록 되어있습니다. 그러다보니 입법 취지와는 달리 민간자격이 무분별하게 양산되어 국민에게 혼란을 주고 있습니다. 예를 들면 2008년에 500여개에 불과하던 우리나라 민간자격 개수가 2018년에는 30,000개가 넘었습니다. 원예치료와 관련된 자격만 보더라도 2008년에 협회에서 복지원예사를

등록하여 우리나라 유일의 자격이었으나 금년도에는 100개가 넘을 정도로 남발되고 있는 게 현실입니다.

다행스러운 것은 민간자격 국가공인제도가 있는데 정부가 민간자격에 대한 신뢰를 확보하고 사회적 통용성을 높이기 위하여 우수한 자격을 국가가 공인해주는 제도입니다. 협회에서는 복지원예사 자격이 유사 자격과 차별화하는 길은 국가공인을 받는 일이라고 판단하여 그동안 여러 차례에 공인신청을 한 바 있습니다. 안타깝게도 최종 선정되지는 못했지만 비교적 좋은 평가를 받아 가능성을 확인할 수 있었으며 금년에 또 준비하고 있는 것으로 알고 있는데 부디 좋은 결과가 있기를 간절히 소망합니다.

한편, 자격증에 대한 권위나 위상은 법적. 제도적 장치에 의해서 부여되기도 하지만 그 업종에 종사하는 사람들의 인식이 매우 중요하다고 생각합니다. 비록 민간자격이라 할지라도 그 업종에 종사하는 대다수가 그 자격의 권위를 인정하고 이러한 분위기는 사회적으로 확산된다면 그 자격의 위상은 자연히 높아질 것입니다. 우리 협회 복지원예사 자격증은 20여년 가까이 자격을 수여해온 역사성과 전통이 있으며 자격운영의 공정성과 엄격함이 담보된 자격이라고 확신합니다. 따라서 회원 여러분께서는 비록 민간자격이지만 협회 복지원예사로서 자부심을 갖고 활동하시기 바랍니다. 아울러 협회에서는 결코 쉬운 일이 아니겠지만 복지원예사 국가공인을 위하여 최선을 다해주실 것을 당부 드립니다.

실내공간의 녹시율에 따른 심리생리적 반응

Psychophysiological response according to the index of greenness of interior space

2016년 봄호 Vol 152

최지영
건국대학교 대학원
환경과학과

1. 실내공간의 녹시율에 따른 심리생리적 반응 연구의 필요성

현대사회의 도시인들은 하루 중 80%이상의 시간을 실내공간에서 보내고 있다. 따라서 자연환경을 접할 기회가 제한된 도시인들은 녹색에 대한 욕구가 점점 증가하고 있으며, 이를 해결하기 위해 실내에 녹색식물을 도입하여, 녹시율(Index of Streetscape Greenness: ISG)을 증진시키고, 자연요소와 접촉함으로 스트레스의 완화, 기억력 및 주의집중력 향상, 인체의 면역기능 증진, 혈압 및 맥박의 안정 등 다양한 신체, 심리적 효과를 얻기 위한 시도를 해오고 있다.

Ulrich(1983)은 자연환경을 통해 스트레스에 의한 부정적 감정과 교감신경계의 활성을 억제 할 수 있다고 하였으며, Kaplan and Kaplan(1989)은 자연환경이 주의력 회복효과가 있음을 주장하였다. 또한 Wilson(1984)는 'Biophilia'라는 용어를 제시하면서 인간의 자연환경에 대한 선천적 선호를 강조하였다. 이처럼 자연환경은 스트레스를 감소시키며 인간의 전반적인 건강 증진에 기여하는 정서적 안정감을 주는 효과가 있다.

또한 최근에는 자연환경의 생리적 안정효과 구명이 중요한 연구로 대두되고 있으며, 현대인의 실내생활에 따라, 실내공간에서 식물응시에 의한 긍정적인 생리적 효과가 보고되고 있다. Ikei et al.(2014a)은 실내공간에서 식물의 유무에 따른 심박변이도 변화를 측정한 결과, 부교감신경이 활성화되어 결국 자율신경계의 안정효과를 이끈 것으로 나타났다. 또한 이와 유사한 연구로 Son et al.(1998)은 식물 유무에 따른 뇌파를 측정한 결과, 식물이 있는 상태에서 뇌의 활성도가 높아지는 것을 보고하였다. 그 외에 Igarashi et al.(2015), Ikei et al.(2014b), Song(2004)등 많은 연구에서 식물의 응시에 의한 정서의 안정 및 이완 효과를 보고하였다.

녹시율(Index of Streetscape Greenness: ISG)이란 일정 지점에 서 있는 사람의 시계(visibility) 내에서 식물의 잎이 점하고 있는 비율을 뜻한다. 녹시율은 기존에 사용되었던 평면적이고 수평적인 개념인 녹지율(Ratio of Greenness)의 한계를 보완하여 인간의 체감을 보다 직접적으로 나타내는 새로운 지표로서, 경관의 선호 및 만족도에 중요한 영향을 미친다. 특히, 실내공간의 녹시율은 공간 이용자의 만족도 및 시각선호도에 중요한 영향을 미치는데, 이는 실내녹색식물이 쾌적한 실내 공간 연출과 심리적 안정감 등에 긍정적 역할을 하는 것으로 나타났기 때문이다.

이에 Lee(2007b)는 녹시율을 증가시켜 자연적 요소를 더함으로써 도시인들의 주의 회복 및 정서 증진의 효과를 얻고자 하였다. 하지만, 녹시율의 증가와 회복환경 간의 상관관계가 명확하지 않으므로, 적절한 녹시율 수준을 설정하는 것이 중요한 과제라고 언급했다. 또한, Cho(2006)는 녹시율의 선호도 구명을 통해 녹시율의 적정 수준을 찾는 연구가 필요함을 보고하였다. Kaplan(1983)의 연구에 의하면 많은 양의 식물 잎이 존재함에도 불구하고 경관선호도가 낮게 나타나기도 하였다. 또한, Purcell et al.(1994)은 녹시율 수준이 낮은 경관에 대한 선호도가 높게 나타났다고 보고하였다. 이처럼 녹시율의 적절한 수준을 알고자 하는 연구는 많았으나 그 결과는 확실치 않다.

이전의 연구들을 통해 녹시율이 경관 선호도 및 정서증진에 영향을 미치는 중요한 요인이라는 것을 알 수 있으나, 녹시율 수준에 따른 자율신경계의 반응에 대한 연구가 부족한 실정이다. 따라서 실내에서 주로 생활하는 성인남녀를 대상으로 실내경관지표로서 녹시율 선호도를 조사하고 각 녹시율 수준에 따른 생리적 반응의 차이를 조사하고자 본 실험을 실시하였다.

2. 실내공간의 녹시율에 따른 심리생리적 반응 연구의 결과 및 고찰

본 연구는 서울시 건국대학교 연구실에서 실시되었으며 20대 성인남녀 103명을 대상으로(남자 51명, 여자 52명) 하였다. 생리적 반응 측정을 위해 심박변이도(heart rate variability; HRV) 와 뇌파(Electroencephalography; EEG)를 측정하였으며 설문을 통해 녹시율 선호도와 주관적 녹시율을 조사하였다. 실내공간의 녹시율 범위는 5%, 20%, 50%, 80%로 설정하였으며 각 녹시율 범위에서 3분동안 식물을 응시할 때 심박변이도와 뇌파의 변화를 측정하였다. 각 녹시율(5%, 20%, 50%, 80%)에 따른 심박변이도를 조사한 결과, 생리적 반응 차이는 없었으며, 각 녹시율에서 측정한 평균값은 심박변이도 표준범위에 속하였다. 녹시율에 따른 심박변이도의 남녀비교 결과, SDNN, Ln(VLF), Ln(LF), LF/HF ratio에서 여성에 비해 남성의 평균값이 유의하게 높은 것으로 나타났다($P < 0.05$). 각 녹시율(5%, 20%, 50%, 80%)에 따른 뇌파의 변화를 비교해 본 결과, 생리적 반응의 유의한 차이는 없는 것으로 나타났다. 그러나 뇌파 항목 중 O1(후두엽 왼쪽)영역에서 남성에 비해 여성의 평균값이 유의하게 높았다($P < 0.01$). 녹시율 선호도와 주관적 녹시율 조사결과, 남녀모두 녹시율 50%를 선호하는 것으로 나타났으며 주관적 녹시율을 통해 남녀모두 실제 녹시율보다 약 15%정도 높게 느끼는 것으로 나타났다.

특히, 선행연구와 심박변이도 표준범위 등을 종합해 볼 때 녹시율이 가장 높은 80%의 생리적 안정효과와 가장 적은 5%의 생리적 효과는 동일하다고 판단된다. 이를 통해 실내 공간의 녹시율이 높다 하여 더 많은 안정감을 느끼는 것이 아니며, 그리 높지 않은 수준인 녹시율 5% 정도의 환경을 조성하여도 인간에게 긍정적 효과를 미친다는 것을 알 수 있다. 따라서 제한된 실내공간에 적은 양의 식물로도 유익한 생리적 안정효과를 얻을 수 있을 것으로 생각된다.

한편, 심리적 자극은 인지적 자극과 정서적 자극으로 세분화되는데 본 연구에서 심리적 반응은 녹시율 선호도와 주관적으로 느끼는 녹시율 수준에 국한되어 정서적 자극 측면을 충분히 고려하지 못하였다. 이에 본 연구에서 생리적 반응 결과의 경우 녹시율에 따른 차이가 없었으므로 실제로 제한된 실내공간에 적은 양의 식물을 배치할 때는 긍정적 정서를 유발하는 식물의 구성 및 배치가 중요한 요인이 될 것으로 생각되며, 식물응시를 통한 긍정적 정서의 지속성 위해서 디자인적으로 조화로운 미적인 경관을 제공하는 것이 필요할 것으로 보인다.

따라서 본 연구결과를 바탕으로 후속연구에서는 긍정적 정서를 유발할 수 있는 미적으로 조화로운 실내공간의 식물경관구성 연구가 필요 할 것으로 보인다. 또한, 조화로운 실내경관에서의 성별 및 연령에 따른 차이와 집중력, 공격성 완화 그리고 작업 및 학습 효율 등 자율신경계 반응 등, 심리정서와 관련된 다양한 지표의 측정이 필요할 것으로 보인다.

보완대체의학으로서의 원예치료

2018년 겨울호 Vol 163

김은진
고려대학교
원예 및 원예치료 전공

원예치료가 정신적, 신체적, 심리정서적, 인지적, 사회적 효과를 통해 효율적인 치료 중재의 하나로 이용됨에 따라, 정통의학의 한계점을 보완하고 대체하는 보완대체의학으로서 원예치료의 효과와 안전성에 대한 과학적이고 체계적인 연구방법이 요구되는 실정이다.

원예치료 임상연구의 타당성과 신뢰성를 확보하는 과학적 연구방법의 체계를 정립하기 위해 2010년 1월부터 2016년 7월까지 발표된 원예치료 논문을 수집하여 체계적 문헌고찰 방법에 따라, 유효성 제시, 과학적 근거, 안전성 적합, 설계 적절성과 전문성 기반 타당성 항목의 세부기준을 통해 분석하였다.

원예치료 임상연구를 과학적 연구방법의 체계로 분석한 결과, 원예치료 임상연구의 유효성 제시를 위해 명확한 진단명의 사용과 대상자의 선정배제 기준을 근거한 참여 기준의 설정이 필요하며 주관적 측정도구의 오류를 차단하는 객관적 측정도구 적용으로 과학적 근거 제시가 필요한 것으로 나타났다. 또한, 과학적 근거의 타당성 확보를 위한 무작위 대조시험과 눈가림법 등의 연구 설계, 연구 근거 수준의 향상, 연구 보고 지침의 개발이 이루어져야 하겠다.

연구의 안전성은 연구의 진실성만큼이나 중요한 사항이므로 피험자의 자발적이고 인지된 동의와 임상시험 윤리위원회의 사전 승인들의 절차는 앞으로 원예치료 임상연구의 설계에 있어 필수사항으로 인식되어야 할 것이며, 원예치료 임상연구의 설계 적절성 제시를 위한 표본 크기의 근거 검증과 내용 타당도 검증을 통해 측정 적절성이 제시되어야 하겠다. 표준화되지 않은 무분별한 실행에 따른 객관적 타당성 결여되지 않도록 전문 자격과 경험이 있는 전문 중재자에 의해 실행되고 자격 정보가 제공되어야 하겠다.

최근 만성질환의 증가, 노령화와 의료비 부담으로 인하여 적극적 개념의 건강 증진을 위한 원예치료가 보완대체의학으로서 효율적인 치료 중재의 하나로 관심이 증가됨에 따라, 과학적 연구방법을 통해 치료적 근거를 마련하고 타당성과 신뢰성을 확보할 수 있는 과학적 연구 설계가 중요할 것으로 판단된다.

보완대체의학으로서의 원예치료 연구방법 현황분석

1. 원예치료의 유효성

의학적 분류에 따라 진단명을 제시한 논문이 51.5% (17편)였고, 대상자의 선정·배제기준을 제시한 논문은 36.4% (12편)로 나타났으며, 장애인을 대상으로 하는 원예치료 임상 논문은 48.5% (16편)로 가장 많았다. 질병 보유기간인 이환 기간 3개월 미만의 대상자를 포함한 1편의 논문을 제외하고 32편이 만성 질환자를 대상으로 하였다. 중재효과는 심리·정서적 효과, 인지적 효과, 신체적 효과, 사회적 효과 순으로 나타났다. 원예 치료 효과 측정도구 69개 중 주관적 측정도구가 76.8% (53개)로 많이 사용 되었고, 객관적 측정도구는 23.1% (16개)였다.

2. 연구 검증의 과학성

원예치료 연구의 과학적 검증 방법 분류 결과, 실험군과대조군을 전·후 설계한 대조시험 연구는 60.7% (20편)로 나타났으며, 그 중 무작위화 대조시험연구는 3% (1편)로 단측 눈가림법 설계였다. 원예치료 논문의 근거수준의 평가는 1b 수준의 논문 3%(1편), 3b수준의 논문 57.6% (19편), 4수준의 논문 39.4%(13편)로 조사되었다.

3. 연구윤리와 안전성

원예치료의 연구 윤리와 안전성 분석을 통해 서면동의를 받은 연구는 30.3%(10편), 임상시험 윤리위원회 (Institutional Review Boards, IRB)의 승인을 받은 연구는 9.1%(3편)로 나타났다.

4. 연구 설계의 적절성

연구 설계 적절성 분석을 통해 표본 크기 검정을 제시한 논문은 9.1% (3편), 탈락율을 보고한 논문은 12.1% (4편)로 였으며, 원예치료 임상연구의 대상자 수는 실험군에 배정된 인원은 6명-10명이 가장 많았다. 중재정보로는 총 회기 11~15회기, 주당 1회, 한 회당 시행 시간은 대부분 1시간 ~ 1시간 30분이었다.

원예치료 연구 분석 방법에 있어 중재내용의 타당도 검증 논문은 3% (1편), 측정도구의 신뢰도 검사를 실시한 연구는 57.6% (19편)였으며, 20편의 대조군 시험 중 85% (17편)가 실험군과 대조군의 동질성 검증을 실시한 것으로 나타났다. 통계분석법은 모수검정법인 t-검정이 50.8%, 다음으로는 비모수 검정에 해당하는 Wilcoxon 부호순위 검정법이 16.9% 였다.

5. 원예치료 중재의 전문성

원예치료 중재의 전문성 분석을 통해, 원예치료 중재참여자의 자격정보를 제공하고 있는 논문은 36.4% (12편)였으며, 그 중 원예치료 전 자격증을 보유한 연구 논문은 75% (9편)인 것으로 나타났다.

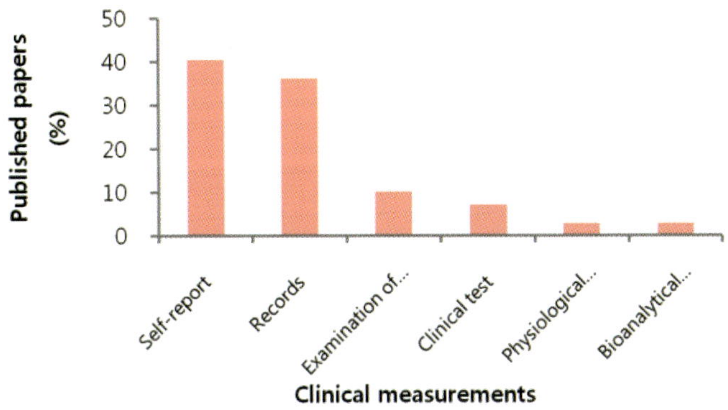

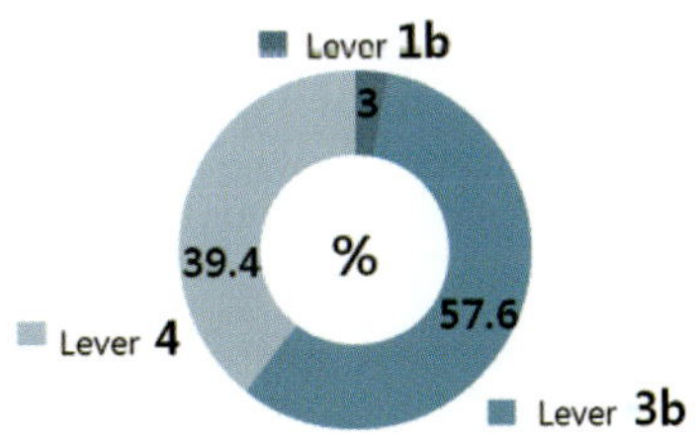

Fig. 2. Horticultural therapy research papers evaluated by Oxford Centre for Evidence-based Medicine's level of evidence criteria.

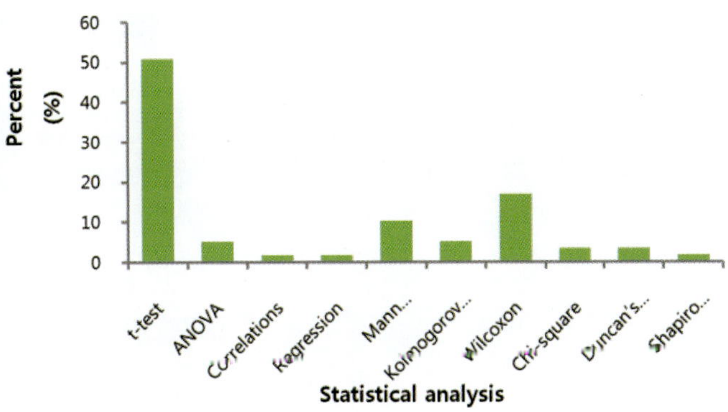

Fig. 3. Statistical analysis presented in selected papers.

II

원예치료의 운영 방법

이 장에서는 치료목적을 달성하기 위해 적용되는 원예치료의 운영 방법에 대해 언급하였다. 원예치료를 도입하기 위해서는 그 기초가 되는 원예치료 프로그램을 고려하여 설계하고 또한 계획적으로 실행하는 것이 원예치료를 성공적으로 수행하는 첫걸음이 된다. 단순한 치료뿐만 아니라 재활, 교육, 여가활동 등도 어떠한 목적을 가지고 적용하게 되며, 구체적인 계획과 실행, 평가가 이루어지면 좋다.

원예치료 전문가가 원예치료를 실행하기 위해서는 대상자에 대한 파악, 치료에 대한 구체적인 목표 설정, 체계적인 치료 프로그램의 계획 및 실행, 치료 효과에 대한 객관적인 평가, 치료 프로그램 운영 전반에 대한 평가 등에 대한 고려가 필요하다. 이를 위한 원예치료 운영 방법 및 절차는 4단계로 나누어 볼 수 있다.

1단계 : 준비하기 preparation

원예치료를 시작하기 위한 준비단계로서 1) 대상자에 대한 정보수집, 2) 원예치료 프로그램을 위한 자원의 파악 및 확보 등이 필요하다.

1 대상자에 대한 정보수집

원예치료 프로그램에 참여할 대상자의 인구통계학적 정보, 건강정보, 원예활동에 대한 경험과 지식 및 선호도 등을 조사한다. 이때 기존에 개발되어 있는 설문지나 평가도구를 활용할 수 있고, 면담이나 관찰을 통해서도 정보의 수집이 가능하다. 또한 기관이나 병원에서 미리 확보하고 있는 대상자에 대한 인구통계학적 정보 및 건강 관련 정보를 활용할 수도 있다.

인구통계학적 정보 수집을 위해서는 성별, 연령, 학력, 직업 및 고용상태, 가족관계, 결혼상태, 소득수준, 주거형태, 취미 또는 특기 등 원예치료 목적에 필요한 정보들을 수집할 수 있다.

대상자에 대한 기본 건강 관련 정보는 키, 몸무게, 체질량 지수, 혈압, 맥박, 특이반응알레르기 여부, 최근 병력, 신체기능 상태, 인지기능 상태, 심리 및 정서 상태, 의사소통능력, 다른 치료의 참여 여부, 복용 약물 등이라 할 수 있다(표 2-1).

원예활동에 대한 경험과 지식 및 선호도 등을 조사하기 위해서는 원예활동 경험 유무, 원예 관련 지식, 원예에 대한 흥미와 선호도, 선호하는 식물, 원예치료 시 희망하는 식물 및 활동 등에 대해 조사할 수 있다(표 2-2).

표 2-1 | 다양한 자료수집 (손 등, 2006)

사회	의학 · 건강학적 자료	원예치료적 자료
□ 성명	□ 과거 및 최근 병력	□ 원예활동 경험 유무
□ 성별	□ 가족력	□ 원예활동 과거력
□ 생년월일연령	□ 기초 건강상태혈압, 맥박	□ 원예지식
□ 연락처주소, 전화번호	□ 현재 신체적 상태	□ 원예에 대한 흥미 및 선호도
□ 결혼상태기혼/미혼/사별/이혼/동거	□ 현재 심리 및 정신상태	□ 선호하는 식물
□ 가족 상황	□ 현재 인지상태	□ 선호하는 원예활동
□ 종교기독교/천주교/불교/유교/기타	□ 대화능력	□ 선호하는 색
□ 교육 정도학력	□ 복용하는 약물	□ 원예활동에 대한 조건
□ 고용 상태, 직업	□ 특이반응알레르기 여부	□ 원예치료 시 바라는 점
□ 소득수준	□ 받고 있는 치료	
□ 취미 및 특기	□ 참가자의 열망욕구	
□ 성격		
□ 사회·경제적 상태	* 병원의 진료기록 카드 참고	
□ 주거 형태, 지역		

표 2-2 | 원예치료적 자료수집의 예 (손 등, 2006)

원예치료 기초 조사

*** 본 설문은 원예치료 자료로 활용하기 위한 기초 조사입니다.**
치료 외의 목적으로는 사용되지 않으니, 성의껏 작성해 주시기 바랍니다.

이 름		연 령		종 교	

*** 해당되는 부분에 ○표 해 주세요.**

성 별	남 / 여	결혼유무	기혼 / 미혼
동거 형태	자녀와 함께 산다 자녀와 함께 살지 않는다	**배우자 유무**	(배우자) 사별 (배우자와) 결별 (배우자와) 동거

1. 집에서 식물을 키워 본 적이 있습니까?

① 있다 ② 없다

2. 실내나 실외에서 원예나 정원활동 등을 해 본 적이 있습니까?

① 있다 ② 없다

3. 원예활동을 해 보았거나 하고 있는 것들을 모두 골라 주세요.

① 비료주기 ② 종자 파종씨뿌리기
③ 분갈이하기 ④ 채소나 과실 수확하기
⑤ 꽃 가꾸기 ⑥ 꽃꽂이하기
⑦ 압화 장식하기 ⑧ 화단이나 정원 꾸미기
⑨ 정원 산책하기 ⑩ 식물을 이용한 작품장식, 음식 만들기
⑪ 잡초 제거 ⑫ 기타(   )

4. 과거에 키워 보았거나 현재 키우고 있는 식물 이름을 아는 대로 적어 주세요.

5. 꽃, 채소, 과수, 정원 등을 가꾸는 등의 원예활동을 좋아하십니까?

① 매우 좋아한다 ② 좋아한다 ③ 보통이다
④ 싫어한다 ⑤ 매우 싫어한다

6. 당신이 좋아하는 식물 종류는 무엇입니까? 1개 이상 표시 가능

① 채소 ② 화훼꽃 ③ 과수
④ 실내식물 ⑤ 허브 ⑥ 기타(   )

7. 원예나 정원활동을 할 때 어떤 생각이 듭니까? 예) 마음이 편안해진다, 옛 생각이 떠오른다 등

8. 좋아하는 꽃을 적어 주세요.

9. 좋아하는 채소를 적어 주세요.

10. 좋아하는 과일을 적어 주세요.

11. 좋아하는 꽃 색깔은? 예) 빨강, 노랑, 주황, 파랑, 분홍, 흰색 등

12. 다음 중 평소에 관심을 가지고 있었거나, 하고 싶은 원예활동이 있다면 모두 표시해 주세요.

① 비료주기 ② 씨뿌리기
③ 분갈이하기 ④ 채소나 과실 수확하기
⑤ 꽃 가꾸기 ⑥ 꽃꽂이하기
⑦ 압화 장식하기 ⑧ 화단이나 정원 꾸미기
⑨ 정원 산책하기 ⑩ 식물을 이용한 작품장식, 음식 만들기
⑪ 잡초제거 ⑫ 기타(   )

13. 원예활동을 한다면 실외와 실내 중 어느 곳에서 하는 것이 좋습니까?

① 실내 활동　　② 실외 활동

③ 실내, 실외 활동 어느 쪽이든 상관없다

14. 다음은 원예용 도구를 나타내는 것입니다. 사용법을 알고 있는 도구에 표시를 해 주세요.

① 호미　　② 원예용 가위　　③ 삽　　④ 꽃삽　　⑤ 쇠갈퀴

15. 식물에게 물 주는 시간은 하루 중 어느 때가 가장 좋을까요?

① 오전 중　　② 정오　　③ 늦은 오후

④ 저녁　　⑤ 모르겠다

16. 식물의 재배환경 조건에 포함되는 요소는?

① 물, 공기　　② 물, 온도

③ 물, 광　　④ 물, 온도, 광

⑤ 물, 공기, 온도, 광　　⑥ 모르겠다

17. 다음은 식물의 번식방법입니다. 아는 대로 표시해 주세요.

① 씨뿌리기　　② 꺾꽂이　　③ 접붙이기

④ 포기 나누기　　⑤ 휘묻이

18. 원예치료를 통해 얻고자 하는 것은 무엇입니까?

2 원예치료 프로그램을 위한 자원의 파악 및 확보

원예치료를 위한 자원은 시설자원, 인적자원, 예산, 기타 자원 등으로 구분할 수 있다. 시설자원은 원예치료 활동에 적합한 장소, 사용 가능한 시간, 휴식 공간, 재료 보관 장소 등을 말한다. 원예치료에 참여하는 대상자들과 함께 원예치료 프로그램을 실행할 장소에 대해 사전에 조사한다. 원예치료 프로그램 시 실제로 사용할 수 있는 공간, 즉 실내 · 외 치료 및 활동실의 면적, 온 · 습도 환경, 광도, 수도시설 유무, 휠체어 접근성 등을 꼼꼼히 조사한다.

인적자원은 원예치료를 도와 줄 수 있는 보조치료사 또는 자원봉사자를 의미한다. 또한 전체 원예치료 프로그램 운영에 사용하도록 지원되는 예산을 확보 및 파악하여 효율적으로 운영해야 한다.

2 2단계 : 계획하기 planning

준비단계에서 확보한 정보를 토대로 2단계 계획하기에서는 1) 원예치료의 목표 설정, 2) 원예치료 프로그램 설계, 3) 원예치료의 평가계획을 수립한다.

1 원예치료의 목표 설정

인구통계학적, 의학적, 신체적, 심리 · 정서적, 인지적, 사회적 정보 등 1단계 준비단계에서 확보된 정보를 바탕으로 원예치료를 통해 달성하고자 하는 목표를 설정한다. 대상자의 파악으로부터 도출된 사항들과 원예활동의 특성, 식물의 생명 요소들을 적절히 관련지어 치료에 대한 방향의 설정과 구체적인 목적, 그리고 활동의 선정이 순차적으로 이루어져야 한다. 효과적인 치료를 위해서는 하나의 명확한 목적이 제시되어야 하며, 이 목적을 향해 접근해 가는 단계적인 혹은 구체적인 목표들의 수립이 필요하고, 이에 적합한 원예활동과 식물의 선정이 이루어져야 한다.

치료 목적은 원예치료를 통해 치료해 나갈 방향을 제시하는 것으로 궁극적으로는 원예치료의 최종 결과라고 할 수 있다. 치료 목적의 달성을 위한 밑바탕이 되는 구체적인 목표는 세밀하고 구체적이며 비교적 빨리 달성할 수 있는 것으로 단기적이고, 수시로 수정되고 새로이 수립도 가능해야 하는 것으로 하나의 치료 목적은 한 개 이상의 치료 목표를 갖게 된다.

대상자의 능력과 활동 시간 등을 고려하여 각 단위활동당 적절한 수의 치료 목표를 수립해야 한다. 너무 많은 수의 치료 목표를 설정하여 목표가 달성되지 않았다면 이는 대상자 능력에 비해 너무 많은 수의 치료 목표를 설정하였음을 의미한다. 너무 단조롭지도 않으면서 너무 복잡하지도 않은 목표의 설정이 필요하다. 치료 목표를 설정할 때에는 대상자가 수행하게 될 행동을 중심으로 서술하여야 하고, 관찰 및 측정할 수 있는 간결한 용어로 주어진 시간 안에 해결할 수 있는 긍정적 문장으로 서술하는 것이 바람직하다.

이상과 같이 원예치료사[복지원예사]는 대상자의 치료 목적이 수립되면 그 목적을 달성하기 위한 구체적인 목표를 설정해야 한다. 예를 들어, 치매노인의 인지기능 강화를 치료 목적으로 설정한다면, 이 목적을 달성하기 위해서는 인지기능과 관련된 여러 기능, 기억력, 주의력, 지남력, 수세기, 언어개념, 공간개념 등을 높여 목적을 달성할 수 있다. 이러한 기능 가운데 치료 대상자에게 적합하면서 원예활동으로 치료가 가능한 구체적인 목표를 선정하여 그 목표가 달성될 수 있도록 원예활동을 계획하는 것이 바람직하다.

원예치료에서는 신체적, 심리 · 정서적, 인지적, 사회적 영역에서 목적과 목표를 설정할 수 있다. 원예치료의 적용을 위해 영역별로 설정 가능한 치료 목적의 예[표 2-3]와 치료목적을 달성하기 위한 구체적인 목표의 예[표 2-4]를 다음과 같이 제시하니 참고로 하여 반드시 치료 목적을 설정하고 원예치료 프로그램을 설계 및 실행하도록 한다.

표 2–3 | 설정 가능한 치료 목적의 예

목적 영역	설정 가능한 치료 목적		
신체적 영역	• 미세 운동 능력 향상 • 눈·손의 협응력 향상 • 관절 가동 범위의 증가 • 지구력 증가 • 기동성 향상	• 사지 사용 능력 향상 • 체력 향상 • 근력 향상 • 근육[소근육, 대근육] • 활동 정도의 증가	• 근육 긴장감 향상 • 균형감 향상 • 민첩성의 증가
심리 · 정서적 영역	• 동기 부여 • 경의감 증가 • 자존감 향상 • 자신감 향상 • 자아 정체감 향상 • 행복감의 증가 • 인내력 증가	• 무가치감의 감소 • 실망감의 감소 • 우호감의 증가 • 생동감 증가 • 희망감 증가 • 불안감 감소 • 위축감 감소	• 우울감 감소 • 분노 감소 • 고독감 감소 • 두려움 감소 • 공격정 감소 • 실망감 감소 • 초조함 감소

인지적 영역	• 기억력 증가 • 집중력 증가	• 판단력 증가 • 주의 집중력 향상	• 지남력 증가 • 지시 수행 능력 향상
사회적 영역	• 대인관계 능력 향상 • 의사소통 능력 향상 • 사회 적응 능력 향상 • 자기 통제력 향상 • 교류 기술 증대	• 타인에 대한 상호 작용 증가 • 참여도 증가 • 협동력 증가 • 언어 사용 능력 향상	• 대화 기술 향상 • 여가 활용 기술 향상 • 직업적 활용 능력 향상

표 2-4 | 치료 목적에 따른 구체적인 목표 설정의 예

목적 영역	치료 목적	치료 목표
신체적 영역	눈 · 손의 협응력 향상	• 지시하는 가지를 정확하게 자를 수 있다. • 화분에 흙을 흘리지 않고 담을 수 있다. • 정확한 위치에 삽수를 꽂을 수 있다. • 왼손으로 토마토를 잡고 오른손으로 가위를 이용하여 자를 수 있다.
	어깨 관절 가동 범위의 증가	• 10cm 높이의 화분에 흙을 담을 수 있다. • 흙이 담긴 1kg 화분을 1m 높이 작업대에 옮겨놓을 수 있다. • 지름 20cm의 화분을 150cm 높이의 작업대에 올려놓을 수 있다. • 배나무에서 가위를 이용하여 배를 딸 수 있다.
심리 · 정서적 영역	자존감의 향상	• 활동 결과물을 타인에게 선물한다. • 활동 동안에는 자신이 수행한 활동에 대하여 비하하거나 불만을 표시하지 않는다. • 자발적으로 새로운 활동계획이나 창의적인 활동을 계획한다. • 자발적으로 다음 활동에 대한 제안을 할 수 있다.
	불안의 감소	• 불안 상태가 나타나면 말로 치료사에게 표현할 수 있다. • 10분 이상 동료들과 함께 치료실에 머무를 수 있다. • 치료사와 함께 숲길을 산책할 수 있다. • 10회의 치료 후 주위를 두리번거리지 않고 치료사와의 의도적 눈맞춤을 5초 이상 유지할 수 있다.
인지적 영역	지남력의 향상	• 일주일의 원예활동 후 치료사를 인식할 수 있다. • 2주일의 원예활동 후 활동장소를 인식할 수 있다. • 3주일의 원예활동 후 계절과 활동시간을 인식할 수 있다. • 4주간의 원예활동 후 조력 없이 원예치료실을 찾아올 수 있다.
	지시수행 능력의 향상	• 시범을 보인 한 가지 지시를 따를 수 있다. • 시범을 보인 연속된 두 가지 지시를 따를 수 있다. • 말로 설명한 두 가지 지시를 따를 수 있다. • 말로 설명한 다단계 지시를 따를 수 있다.

<table>
<tr><td rowspan="2">사회적
영 역</td><td>대인관계
능력의
향상</td><td>• 20분 이상 실외산책에 참석한다.
• 활동 동안 치료사와 눈을 5번 이상 맞춘다.
• 동료에게 먼저 인사를 건네고 협동 활동에서 자발적 의사표현을 할 수 있다.
• 10분 이상 협력하여 활동하는 작업에 참여할 수 있다.</td></tr>
<tr><td>의사소통
능력의
향상</td><td>• 손으로 가리켜 소재를 선택할 수 있다.
• 치료사의 질문에 고개를 끄덕이거나 흔들 수 있다.
• 치료사의 질문에 예, 아니오로 답할 수 있다.
• 활동과 소재에 연관된 2개 이상의 질문을 할 수 있다.</td></tr>
</table>

원예치료는 대상자와 스태프 및 보호자, 관련 기관 및 시설 등의 요구에 의해 실시되므로, 치료 동기를 유발하여 최대한 적극적이고 독립적인 참여를 이끌어내야 한다. 따라서 원예치료의 치료 목표 설정 시에도 이를 고려하여 대상자의 동기를 유발하고 최대한 치료에 자발적으로 참여할 수 있도록 하여야 한다.

2 원예치료 프로그램 설계

대상자의 증상에 따른 치료 목적 및 목표가 설정되면 대상자가 수행하거나 원예치료사가 행할 치료적 원예활동을 결정한다. 치료를 목적으로 하는 원예 프로그램의 경우 개인 프로그램은 전체 프로그램, 실시 시기, 대상자의 유형, 시설의 상황 등에 따라 크게 달라질 수 있다. 원예활동은 각 개인의 원예치료 프로그램의 목표에 근접하기 위하여 중요한 역할을 하므로 의료 관계자, 시설 관계자 등과 상담하여 면밀하게 계획을 세우는 것이 중요하다. 대상자에 대한 치료적 원예활동은 대상자의 치료 시작 시기와 예상되는 치료 완료 시기에 따라 전체 활동계획을 수립하고 이에 따른 세부 단위 활동계획을 수립하는 것이 바람직하다. 전체 활동은 각 단위 활동이 모여서 이루어진다.

원예치료는 살아있는 식물을 매개체로 다양한 원예활동을 실시하여 인간의 전반적인 삶의 질을 높여 주는 것이다. 대상자는 식물의 다양한 모습에 의해 무생물과는 다른 교감을 느끼게 된다.

원예치료사가 대상자의 치료 목적을 달성하기 위해 어떤 식물 소재를 선택하고, 어떤 원예활동을 하느냐 하는 것은 의사가 환자를 치료하기 위해 처방전을 작성하는 것과 같다.

의사는 처방전을 작성할 때 치료 효과가 있는 약의 성분을 개별 분석하여 그 약을 복용했을 때 치료가 될 수 있도록 그 대상자에게 맞는 약을 조합하여 처방해 준다. 원예치료사도 마찬가지이다. 원예치료사는 식물 그 자체의 특징과 효능, 그리고 원예활동의 단계별 분석을 먼저 실시한 뒤에 많은 원예활동 중에서 치료하고자 하는 대상자, 즉 치료 목적을 달성하기 위한 원예활동과 식물 소재를 선택할 수 있어야 한다. 원예치료사가 당장 원예활동을 단계별로 분석하여 분석지를 작성하기 힘들다면 원예치료의 효과를 구명한 선진 연구자, 선진 원예치료사들의 활동 분석지를 참고로 하여 프로그램에 적용해도 된다.

모든 치료약은 성분이 분석되어 그 성분에 의해 치료되어지듯이 원예치료에 사용되어지는 모든 원예활동은 활동이 분석되어 단계별, 치료영역별 나타날 수 있는 효과에 의해 적용되어져야 할 것이다. 원예활동 분석과 관련된 구체적인 내용과 분석지의 작성 예[표 2-5, 2-6]는 다음과 같다(원예치료의 메커니즘은 1장 참조). 이러한 원예활동별 분석지를 토대로 영역별 치료적 개입 여부를 파악한 뒤 전체 프로그램을 설계해야 한다.

표 2-5 | 원예치료 프로그램[꽃꽂이]의 작업분석 예 (손 등, 2006)

구분	세부항목	부연 설명
작업		• 꽃꽂이 방법 및 순서 • 재료 및 필요한 도구, 주의사항
작업 수행 요소	감각운동 요소	• 상지 ROM – shoulder : flexion 90°, extension N/A, adduction 45°, abduction 90° – hand : digital grip, palmar grip, gravity-dependent grips, dynamic grips가 가능할 정도 • fine coordination, eye-hand coordination, position in space, right-left discrimination • 오감 자극, 냉온 감각, 입체 인지 감각, 균형 감각

구분	세부항목	부연 설명
작업 수행 요소	인지적 요소	• 지남력[계절감] • 기억력 : 계절별 피는 꽃 이야기하기, 작업순서 기억 • 다양한 소재를 꽂는 순서 계획 및 실행 • 꽃을 꽂는 동안의 집중력 • 소재의 길이 조절을 통한 판단력, 문제해결 능력 • 위치별 소재 길이에 대한 문제해결 능력
	사회심리적 요소	• 그룹 내 역할분담을 통한 책임감, 자존감 • 자신의 순서가 돌아올 때까지의 인내, 자기조절 • 꽃꽂이 과정에서의 작업 계획 및 계획 실행 • 개인의 창의성 및 표현력 향상 • 작업을 통한 타인과의 상호작용
	활동요구도	• 평소 고마웠던 분에게 선물하기 위한 목적 있는 작업 • 개인이 단계 내 계획을 수립하고 진행할 수 있는 최소화된 구조적 작업 • 개별 활동 • 최소한의 신체적 작업
작업 수행	독립적 일상생활 동작 능력	• 직업 전 재활단계 또는 기술습득을 통한 직업재활로 활용 가능 • 자신의 작품을 다른 사람에게 선물함으로써 자존감과 자신감 향상
작업 수행 제한	치료적 적용	• 특별한 보조도구 필요 없음
	주의사항	• 특별한 신체적 제한점 없음 • 가시가 있거나 독성 소재 피할 것 • 끝이 뾰족한 가위는 상해의 위험이 있으므로 피할 것 • 시간이 초과될 수 있으므로 시간 관리를 잘할 것
치료로의 적용		• 구성원 간 긍정적인 의사소통 가능, 집단 소속감 향상 • 적당한 길이로 소재 자르기 훈련을 통한 손의 근력 향상 및 판단력 향상 • 작품을 완성하기까지의 인내 및 자신의 작품을 선물함으로써 자존감 및 성취감 향상 • 사회적 상호작용의 범위 확대
활동 난이도		• 꽃을 보거나 관찰하는 작업에만 참여 가능 • 잘라진 꽃과 소재를 꽂는 작업에만 참여 가능 • 오아시스를 물에 담그는 과정에만 참여 가능 • 꽃을 자르는 과정, 둥글게 꽂는 과정에만 참여 가능 • 식물소재를 줄기가 가늘고 여린 것부터 굵고 강한 것으로 다양하게 하여 손의 근력 향상의 단계 조절 가능 • 꽃 소재를 구입하는 과정까지 확대 가능

표 2-6 | 원예치료 프로그램수경재배의 작업분석 예 (손 등, 2006)

구분	세부항목	부연 설명
작업		• 수경재배의 재료 및 순서, 시간 배분 • 수도시설과 근접한 곳
작업 수행 요소	감각운동 요소	• ROM – wrist : flexion 60°, extension 60°, adduction 15°, abduction 15° • 눈–손 협응력 • position in space • 재료의 촉감, 냉온감각 자극 • 신체 도식body schema
	인지적 요소	• 물가꾸기에 기억력 • 식물을 식재하는 동안의 집중력 • 하이드로볼에 식물을 식재할 때, 뿌리의 처리흙 씻어줌나 식물이 흔들리지 않도록 식재하는 등에 대한 문제해결 능력 • 수경재배의 적당한 물 높이 결정
	사회심리적 요소	• 다양한 식물 중 자신이 심을 식물 선택 결정 • 물가꾸기에 관한 경험 이야기를 통한 자기표현 • 식물 식재 시 옆 사람과의 협력을 통한 타인과의 상호작용 • 역할분담 및 역할교환
	활동요구도	• 최소한의 신체적 작업 • 정형화된 작업순서 • 개별 활동 또는 소그룹 활동과 병행된 개별 활동
작업 수행	독립적 일상생활 동작 능력	• 하이드로볼을 씻어서 흙물이 나오지 않도록 함 • 새로운 식물재배법 학습
작업 수행 제한	치료적 적용	• 특별한 보조도구 필요 없음
	주의사항	• 특별한 신체적 제한점 없음 • 유리용기를 사용할 때는 깨지지 않도록 주의
치료로의 적용		• 하이드로볼의 물 먹는 소리는 청각 및 온냉감각 자극에 효과적 • 균형감각을 익힘 • 주의 집중력과 순서 기억, 타인과의 상호작용에 효과적
활동 난이도		• 식물의 종류, 식재방법 및 규모에 따라 균형 감각 및 입체 인지 감각 향상 가능 • 하이드로볼을 씻는 과정에 참여 가능 • 관수 과정에 참여 가능 • 식재 시 토양예) 색자갈 또는 색모래의 종류를 다양하게 하여 옆면 장식 가능 • 재료를 사는 과정까지 포함 가능

원예치료 프로그램의 작성을 위해서는 우선 프로그램의 특성을 정확히 파악하고, 유의사항 등을 고려하여 대상자의 높은 참여도와 치료 효과를 극대화시킬 수 있도록 해야 한다(표 2-7).

표 2-7 | 원예치료 프로그램 작성 시 고려사항

환자 중심적 프로그램	• 대상자의 욕구와 장점을 반영한 프로그램 • 자신감, 즐거움, 자아정체성의 회복, 활력 증진 • 대상자의 상태에 따라 동일한 원예치료 활동의 다양성 제공
진단과 준비 단계에 기초하여 작성된 프로그램	• 대상자의 상황 및 상태 고려 • 유·무형 자원 고려 • 예산 고려
목표 지향적이고 의도적인 프로그램	• 대상자의 치료 목표에 기초하여 단계적 실행 • 수시평가에 따른 보완 가능
활동의 모든 단계가 범주화 · 세분화되고 추론적으로 조직화된 프로그램	• 전문적·체계적인 프로그램 작성 • 대상자의 상태에 따른 난이도 조절 가능
원예활동 및 식물이 주는 장점을 최대한 활용한 프로그램	• 친숙성, 살아 있는 생명체를 다룸 • 신체적 활동, 다루기 쉬운 작업, 감각자극 • 주도성 획득과 자발적인 활동 • 사회적 상호작용
기록과 결과 평가가 가능한 프로그램	• 기존 평가 혹은 검사지를 사용하여 객관적 · 과학적인 결과 도출 • 기존 의학이나 심리학 분야의 이론 또는 임상기법을 도입한 효과적인 프로그램 작성

원예치료 프로그램 계획표는 각 단위 활동이 어떻게 진행되는지 한눈에 파악할 수 있도록 기록해 놓은 지침으로 활동 진행의 시간적 흐름에 따라 도입, 전개, 정리의 순서로 서술하고 활동의 명칭, 치료적 개입 방법, 유의사항을 기록한다. 각 과정에서 포함되어야 할 내용은 다음과 같다.

1) 도입

도입은 원예치료사와 대상자 간의 관계 형성, 활동에 대한 동기 부여와 치료 목적의 전달을 위한 과정으로 일반적으로 10~20분 정도의 시간을 배정한다. 주로 치료사 소개, 대상자 소개, 그룹 소개, 대상자 긴장 완화, 준비한 원예활동 및 활동 소재 소개, 소재와 활동 또는 일상에 대한 대상자와의 대화, 활동의 치료 목표 전달을 포함한다.

2) 전개

전개는 본격적인 원예활동이 이루어지는 시기로 활동의 난이도, 다양성, 대상자의 인지기능 및 작업 수행능력에 따라 유동적으로 시간을 배정할 수 있으나 일반적으로 30~50분 정도로 계획한다. 이 과정에는 활동의 진행 방법, 진행 과정의 유의사항, 치료적 개입 방법을 구체적으로 기술하도록 한다.

3) 정리

정리 과정은 원예치료사가 활동을 마무리하면서 대상자 또한 활동을 정리하고, 도입에서 제시한 치료 목표의 달성 정도와 활동에 대한 반응을 확인하기 위하여 대상자에게 질문을 하거나 질문을 하도록 유도하여 언어적, 비언어적으로 느낌을 나누며 다음 활동에 대한 소개를 포함하도록 계획한다.

전체 원예치료 프로그램 계획안[표 2-8]과 원예치료 단위활동 계획안[표 2-9]의 작성 예를 살펴보면 다음과 같다.

표 2-8 | 원예치료 프로그램 계획안

대상자			원예치료사	
프로그램명				
치료 목적				
기대 효과				
실행 기간			실행 회기	
실행 시간			실행 장소	
전체 활동 계획				
회기	날짜	원예활동 내용	준비물	
			식물소재	비식물소재
1				
2				
..				
..				
8				
..				

표 2-9 | 원예치료 단위활동 계획안

대상자			원예치료사	
치료 목적				
치료 회기			치료 장소	
원예활동명				
구체적인 목표				
준비물	식물소재			
	비식물소재			
단계	활동내용		시간	치료적 개입
도입				
전개				
정리				
기타				

원예치료 프로그램을 설계할 때에는 원예활동의 매개체가 되는 식물을 어떤 종류로 선정할 것인지도 고려해야 한다. 식물은 다양한 생육 습성을 가지고 있다. 각 식물의 생육 습성을 이해하는 것은 식물의 선택과 동기부여 등 원예치료를 성공적으로 수행하기 위하여 대단히 중요하다. 식물의 생육 습성과 광조건 등에 따른 원예학적 분류는 교재 〈원예학〉에서 다루었다. 또한 식물은 다양한 형태와 색, 질감, 향기를 가지고 있다. 대상자의 치료 목적과 환경에 부합하는 식물을 선정한 다음 원예활동 과정을 분석하여 원예치료 프로그램을 적용한다면 효과적일 것이다.

식물의 선정과정에서 원예치료사가 주의해야 되는 식물은 가시가 있거나 독성이 있는 식물이다. 장미, 피라칸사, 선인장, 아스파라거스, 호랑가시나무 등 가시가 있는 식물은 취급하는 데 주의가 필요하다. 가능한 사용하지 않는 것이 좋지만 만약 원예치료에 사용하고자 할 때는 충분히 주의를 하고 시작하여야 한다. 그리고 일반적으로 관상만 한다면 문제는 없지만 만일 유독식물을 입에 넣거나, 얼굴이나 눈에 갖다 대면 상당히 위험하다. 원예치료사는 항상 식물의 독성 여부를 파악하여 유독식물을 사용하지 않도록 한다.

잎이나 꽃, 그리고 열매의 관상가치가 높아 선물용으로 사랑받는 식물들 중에도 독성이 있는 식물이 있다. 이러한 독성식물을 인지적 손상이 있는 환자나 치매 · 정신착란이 있는 환자, 또는 어린이 가까이에 두어, 무심코 이를 먹게 되면 사망에 이를 수도 있기 때문에 이들 식물은 특별한 주의가 필요하다. 이들 식물의 독성은 성숙도, 잎, 꽃, 열매 또는 구근과 같은 식물의 부위 및 사람의 체중에 따라 독성의 정도가 다르게 나타난다.

그림 2-1 | 가시가 있는 식물 선인장(좌), 호랑가시나무(우)

실내에서 조심해야 할 독성이 있는 식물

디펜바키아

잎을 먹으면 입과 혀가 부어서 음식물을 삼키거나 말하는 데 어려움이 생기고, 체내에 흡수되면 점막에 염증을 유발한다.

꽃기린

포인세티아

꽃기린의 꽃꿀은 위에 염증을 일으킨다. 잎과 줄기에서 나오는 우유 같은 유액은 자극제이며, 암을 유발할 수 있다. 같은 속의 포인세티아 역시 우유 같은 유액을 가지고 있지만 꽃을 먹었을 경우 꽃기린 같은 심각한 문제를 일으키지는 않는다. 유액이 피부에 닿지 않게 하는 것이 좋다.

란타나

식물 전체에 독성이 있고, 녹색 열매를 먹으면 치명적일 정도로 독성이 강하다. 위와 장에 염증이 생기고 순환계가 손상되어 결국 사망한다.

잉글리쉬 아이비

독성이 있어서 잎을 먹으면 흥분하고, 호흡 곤란이 생기며 혼수상태가 된다.

서양협죽도

식물의 모든 부분에 독성이 있으며, 현기증이나 졸음, 맥박 증가 및 메스꺼움을 일으킨다. 이 식물을 다룰 때는 즙이 닿지 않도록 하고, 작업한 손으로 얼굴이나 눈을 비비지 않는다. 그리고 절대로 입에 넣지 않는다.

예루살렘 체리

오렌지 같은 붉은색 열매를 먹으면 성인도 사망할 정도로 독성이 강하다. 위통, 저체온, 순환기와 호흡기 장애 및 감각 상실로 결국 사망한다.

봄철 구근

크로커스

크로커스와 수선화 구근은 독성이 매우 강하여 이것을 먹었을 경우 구토, 설사, 오한, 그리고 경련이 일어나 사망한다.

크로톤

줄기에서 나오는 우유 같은 유액은 피부 염증을 유발한다.

실외에서 조심해야 할 독성이 있는 식물

미나리아재비

자극적인 성분이 있어 생잎이나 줄기를 손으로 문지르면 아프고 가렵고 발진을 일으킨다.

복수초

뿌리에 독이 있어 강심제나 이뇨 목적으로 사용될 때도 있다. 중독이 되면 메스껍고 토하고 심하면 죽는다.

수선화

절단할 때 나오는 즙이 알레르기를 일으킨다.

콜치쿰

콜히친이 들어 있어서 구근 한 개가 치사량이 넘는다.

디기탈리스

정원에서 기르면 관상가치가 높은 식물이지만 심장 흥분제로 쓰이는 글리세라이드를 함유하고 있기 때문에, 건조 상태로 보관하더라도 사람이나 가축이 먹었을 경우 치명적인 결과를 가져올 수 있다. 컴프리 잎과 비슷하기 때문에 두 식물을 같은 장소에 심지 말아야 한다.

두드러기쑥

사람에 따라 알레르기 반응을 일으킬 수 있는데, 어떤 지역에서는 이것을 유해한 잡초로 지정하고 박멸하기도 한다.

델피늄

식물 전체에 독성이 강하게 퍼져 있으며, 먹으면 메스꺼움, 경련, 부종 및 근육의 경련과 마비로 인하여 사망한다.

아주까리

2~4개의 종자를 먹으면 독성으로 인하여 사망할 수 있다. 증상으로는 목과 입이 타고, 메스꺼우며 위통이 있어 갈증, 경련, 요독증을 일으키고 결국에는 사망한다.

은방울꽃

꽃, 잎, 열매에 독이 있으며, 심장의 활동에 영향을 미치는데 불규칙한 심장박동, 메스꺼움, 순환계 손상으로 사망에 이른다.

주목

흔히 관목을 식재할 때 가장 일반적으로 사용되고 있으나 잎과 열매에 독성이 있어서 호흡 곤란, 심장쇠약 및 급사를 일으킨다.

덩굴옻나무

세 갈래 잎은 심각한 피부 염증과 수포의 원인이 되므로 즉시 치료해야 한다.

옻나무

수액에 함유된 옻이 피부병의 원인이 된다. 피부병에는 개인차가 있어, 사람에 따라 옻나무 아래를 지나기만 해도 피부염을 일으키기도 한다.

버섯

독이 있는 버섯과 없는 버섯을 확실히 구분할 수 없다면, 그 어떤 버섯도 절대 먹지 않도록 한다. 환자와 함께 작업할 때에 어떤 종류의 버섯이든지 먹지 않는 것이 안전하다.

쐐기풀

일본에서는 어린잎을 식용할 때도 있다. 가시에 아세틸콜린, 히스타민, 세로토닌이라는 성분이 있어 통증, 가려움, 염증, 발열을 일으킨다.

마취목

꽃과 잎에 중추신경을 마비시키는 성분을 함유하고 있다.

프리뮬러

개인 차가 있으나 줄기나 잎에 닿으면 피부가 빨갛게 부어오른다.

3 원예치료의 평가계획

원예치료의 효과를 측정할 때, 결과를 수량화할 수 있는지 여부에 따라 정량적 또는 비정량적 효과 측정으로 나누어 볼 수 있다(표 2-10). 문제해결 능력이나 인지력 등 행동 및 달성에 관한 영역과 불안 및 우울 등 감정에 관한 영역은 그 정도를 수치로 표현하기 어렵기 때문에 재활 및 정신의학, 심리학 등의 전문 분야에서 사용하는 전문 평가지 또는 설문지를 이용할 수 있다. 또한 혈압, 맥박 또는 관절 운동 범위 등은 의학적 측정도구를 통해 정확한 측정이 가능하다. 전문 평가지 검사는 조사 목적에 맞는 유용한 자료를 수집하는 대표적인 방법이며, 특히 사회과학에서 추상적 개념의 정량화에 이용된다.

평가지를 사용할 때 유의할 점은 첫째, 신뢰도 및 타당도 평가가 이루어진 공신력 있는 평가지를 사용해야 한다는 점이다. 치료를 위한 기초 자료의 수집 목적을 가지고 있는 인구통계학적 자료나 원예에 대한 흥미 및 경험 유무 등을 묻는 설문지의 경우, 치료 효과를 증명하는 데 사용되지 않고 대상자별로 필요한 문항이 다를 수 있으므로 치료사가 필요한 자료의 수집을 위해 직접 작성할 수 있다. 그러나 평가지의 경우에는 원예치료 실시에 따른 치료의 효과를 검증하는 것이 목적이므로 개발 시 신뢰도와 타당도가 증명된 평가지를 사용해야 한다. 그렇지 않은 경우, 평가지를 통해 측정된 치료 효과에 관한 결과를 객관화하는 데 무리가 있다.

둘째, 평가지는 본래 개발된 의도대로 사용되어야 한다. 예를 들어 자아존중감을 평가하기 위해 개발된 4점 척도, 10문항의 자아존중감 척도의 경우, 내용이 어렵다고 판단되는 문항을 일부 제외시킨다든가, 평가 척도를 4점 척도가 아닌 3점 내지는 5점 척도로 변경시키는 등 평가지의 내용을 자신의 용도에 맞게 일부 변경시키는 것은 절대 안 된다. 평가지의 문항은 평가지를 개발하는 과정에서 평가 주제(예를 들면, 자아존중감)와 연관을 갖는 문항을 묶어 신뢰도와 타당도를 조사한 것이기 때문이다. 따라서 평가지를 선정하기 전에 평가지의 문항을 원예치료사가 직접 읽어보고, 이해가 어려운지 또는 문항이 갖는 의미가 명확한지 점검해야 한다.

셋째, 평가지를 작성하는 주체가 누구인지 살펴보아야 한다. 평가지는 대상자에 의해서만 작성되는 것이 아니라 경우에 따라 전문가만이 측정할 수 있는 평가지도 있기 때문이다. 예를 들면, 재활 관련 평가지 중 인지능력이나 관절의 가동 범위 등을 측정하는 평가지는 재활과 의사 또는 작업치료사와 같은 전문가에 의해서만 측정이 가능하며, 정신과의 경우에도 일부 평가지는 전문가에 의해 평가가 가능하다. 따라서 평가지를 선정할 때에는 측정을 하는 주체가 누구인지 확인해야 한다. 또한, 노인용이나 어린이 및 청소년용 등의 연령별로 구분된 평가지 또는 지적장애 중도, 고도와 같이 발달단계별로 구분되어 있는 평가지도 있으므로, 평가지를 선정할 때부터 이러한 사항들을 고려해야 한다. 대상자에 따른 대표적인 평가지의 예는 표 2-11과 같다.

평가지 또는 설문지 등을 통해 원예치료의 효과를 수량화하는 방법 이외에도 원예치료 프로그램 시간 내 대상자의 활동 모습을 관찰한다든지 대상자나 보호자 또는 스태프 등의 주변인과 원예치료를 통한 변화 등을 인터뷰하는 방식으로의 질적 자료를 수집할 수 있다.

표 2-10 | 정량적 · 비정량적 효과 측정 (손 등, 2006)

비정량적 효과	정량적 효과
□ 행동적 영역[behavior], 달성[performance]에 관여된 요인 • 문제해결 능력[problem solving skills] • 창조성[creativity] • 지각력[perception] • 인지력[cognition] • 지남력[orientation] • 자기주장 및 대인관계 □ 감정[emotion]에 관여된 요인 • 조급증[irritation] • 강박증[obsession] • 불안[anxiety], 우울[depression] • 조증[mania] ■ 자료수집 방법 • 설문[questionnaire] • 심층 인터뷰[depth interview] • 초점집단[focus group] 등을 활용	□ 심리생리학적 영역[psychophysiology] • 근전도[electromyography] • 혈압[blood pressure] • 심박동[heart rate] • 피부전도도[skin conductance] • 호흡[respiration] • 내분비물질[endocrine] • 면역물질[immunogloblins] • Upper respiratory tract □ 운동학적 영역 • ROM[range of motion] • 손기능[hand function test] • 기민성[dexterity] • 일상생활동작[ADL] • 감각 • 협응력[coordination] ■ 자료수집방법 • 도구를 이용한 측정 및 평가

표 2-11 | 대상자별 대표적인 평가지의 예 (손 등, 2006)

정신과	간이 정신건강 진단지[SCL-90-R], 우울 측정지[BDI], PANSS[positive and negative syndrome scale: 정신분열증 양성음성 증후군 척도], 대인관계 척도, 자기주장 척도, 자아존중감 척도 등
재활과	MMSE, CCSE, 우울 측정지[SDS], NCSE[neurobehavioral cognitive status examination], 무력감 척도, MVPT[motor free visual perception test: 비운동성 시지각검사], FIM[functional independence measure], 일상생활동작[ADL], 재활동기 등
노 인	MMSE-K, 노인 생활만족도 검사지, 우울 측정지[GDS : geriatric depression scale], 자아존중감 검사지, 우리성 검사지 등
포괄적	사회적 지지 측정지, 정서지능 검사, 스마일 척도, 사회행동 척도

3 3단계 : 실행하기 implementation

원예치료 프로그램의 설계가 완성되면 프로그램에 따라서 원예치료를 시작하게 된다. 여기에서는 원예치료를 실행할 때 필요한 사항과 프로그램 진행 중 지도상의 유의점 등에 대해서 알아보고자 한다.

실행 단계는 원예치료 프로그램을 실시하는 과정으로, 원예치료사가 치료 목적 및 목표에 부합되는 의도적인 원예치료 프로그램을 실시하며, 매 회기별로 프로그램 실시 후와 전체 원예치료 기간 중 진행사항을 파악하고 점검한다. 또한 필요시 대안을 마련하고, 전문 검사지나 측정도구 그리고 원예치료 평가표 등을 이용하여 원예치료의 효과성을 측정하는 단계이다.

1 원예치료 프로그램의 실행

프로그램 실시 중 환자들의 동기와 흥미에는 변화가 있기 때문에 원예활동을 지속시키는 것은 쉬운 일이 아니다. 따라서 동기를 유발하는 요인과 하고 싶은 의욕을 촉진시키는 감격적인 시간 등을 프로그램에 삽입하는 연구도 필요하다. 그리고 프로그램을 알기 쉽게 하기 위해 보고, 듣고, 맛보고, 만지는 등의 오감을 활용하는 학습이 되도록 교재, 포스터, 언어카드를 활용하거나 다양한 실행 방법을 연구하는 것도 중요하다. 가장 효과적인 실행 방법은 보고, 듣고, 실천하는 것이다.

2 원예치료사

프로그램을 실행하는 원예치료사, 보조치료사, 자원봉사자의 자세는 중요하다.

① 외부에서 오는 사람은 대상자와 시설에 적응하도록 우선 견학부터 시작한다. 이들과 함께 작업하는 것에 서로 기대를 가지며 식물 등 원예에 대해서 토론할 시간을 갖는다. 어떠한 도움이 필요한가를 관찰한다.

② 매회 프로그램은 대상자와 적극적인 대화로 시작한다. 이전 작업의 재미있었던 일, 식물의 상태를 확인하는 것부터 시작한다. 질문시간을 준비한다.

③ 대상자가 피로하지 않도록 작업량과 시간에 유의한다.

④ 확신이 없는 한 함부로 약속 등을 하지 않는다.

⑤ 개인의 신체적, 정신적 조건과 요구를 염두에 두면서 가능한 평등하게 대화하도록 한다.

⑥ 호칭[이름] 또는 성은 서로 상의하여 결정한다.

⑦ 대상자의 노력을 칭찬한 후에 도와준다.

⑧ 대상자는 다른 사람의 도움 없이 성취한 것이 학습도가 가장 높다는 것을 잊어서는 안된다. 해야 할 일을 보여주고 가능한 대상자 혼자서 하도록 유도한다.

⑨ 대상자가 결정할 기회를 많이 준다. 성공하도록 필요에 따라서 조언을 하고 각자의 해석에 맡긴다.

⑩ 작업이 끝날 무렵 그날의 중요사항을 복습하고 다음 작업에 대해서 설명한다.

⑪ 대상자가 그 날의 활동을 전부 끝낼 수 있도록 종료 5~10분 전에 알려주고 마무리 시간을 준다.

⑫ 자재, 도구, 식물 등의 관리는 안전과 사용의 편리성을 고려하여 질서정연하게 보관 · 관리한다. 큰 글씨 또는 그림으로 표시한다. 사용빈도가 많은 것은 사용하기 편리한 곳에 둔다.

프로그램의 내용이 아무리 좋아도 대상자들의 관심이 없으면 성공할 수 없다. 이런 경우에는 집단 활동을 시켜보는 것도 좋은 방법이 된다. 사회적 상호작용과 협력관계 속에서 참가자의 관심을 환기시키는 것이다. 집단 활동의 지도요령은 다음과 같다.

① 프로그램의 내용을 명확하게 하여 대상자들을 계획에 참여시키고 결정하게 한다.

② 그날의 작업을 설명하고 실제로 작업을 해 보인다. 새로운 것을 할 때 실패를 두려워하여 작업을 기피하는 경우가 있기 때문에 미리 작업내용을 보여주면서 대상자의 불안을 없앤다.

③ 대상자들의 관심을 끌고 용기를 주기 위해서는 시설의 직원, 자원봉사자, 가족의 긍정적인 협력이 필요하다. 주위의 사람들이 원예치료와 친해지는 것도 효과적이다. 외부인의 질문과 조언도 힘이 된다.

④ 성공의 열쇠는 작게 시작하는 것, 원예를 모르기 때문에 식물을 재배할 수 없다고 하는 대상자도 있다. 이러한 대상자에게는 발근이 잘되는 식물의 삽목이나 절대적으로 확실하게 성공할 수 있는 것부터 시작한다. 흙 만지는 것을 싫어하는 대상자는 꽃꽂이, 꽃공예 등부터 시작하는 것이 바람직하다.

⑤ 다른 사람을 위한 선물 등을 만드는 것을 권유한다. 자신이 재배한 식물과 그것을 이용한 공예품을 가족, 친구, 직원들에게 선물한다는 것은 기분 좋은 일이다.

⑥ 서로 돕도록 한다. 도와주는 사람은 도와줄 수 있다는 만족감, 도움이 필요한 사람은 도움을 받은 고마움을 서로 느낄 수 있다.

⑦ 대상자들의 동기를 유발하도록 한다. 원예치료사는 가능한 도와 달라는 말을 많이 사용하도록 한다. 이것은 대상자들을 위한 프로그램이기 때문에 주역은 그들이다. 흙 만들기를 하고자 할 때는 집단 내에서 자원자를 찾는다. 흥미가 없어 보이는 대상자라도 그날의 준비물을 부탁하거나 재미있는 작업에는 함께 하도록 권유할 수 있다.

노인의 인지기능MMSE : mini mental state examination 향상을 위한 원예치료 영역별 목표달성 프로그램 실행 방법은 표 2-12와 같다.

표 2-12 | 인지기능MMSE 향상을 위한 원예치료 프로그램 실행 (윤, 2007)

치료 목적	프로그램 실행		
인지 기능 향상	지남력	시간	• 프로그램 실시 전후에 날짜, 요일, 시간, 계절을 숙지한다. • 소재와 연관성이 있는 계절의 특성을 살펴본다.
		장소	• 프로그램 실시 전후에 현재의 공간을 숙지한다. 예) 대한민국/대구/요양원/3층
	기억력	기억 등록	• 프로그램 실시 전과 중간에 수차례 소재의 이름, 색등을 기억시킨다.
		기억 회상	• 프로그램 실시 후 소재의 이름, 색 등을 다시 말하게 한다. • 프로그램 시작 시 전회기 프로그램 내용과 소재에 대해서 복습한다.
	주의집중 및 계산	주의집중	• 견본을 보여 주어 사전에 흥미를 유도한다. • 프로그램 진행을 단계적으로 한다.
		계산	• 여러 가지 소재의 수를 세어 더하기와 빼기 훈련을 한다.
	언어 및 시공간 구성	이름대기	• 지정하는 소재의 이름을 반복하여 말하도록 한다.
		명령 시행	• 프로그램 진행을 세부적으로 짧게 설명한다. • 진행자가 단계별로 견본을 보여 주고 그대로 모방하여 작업을 하도록 한다.
		따라 말하기	• 소재의 이름, 색 등을 치료사 따라 말하도록 한다. • 결과물을 보고 소감발표를 하도록 한다.
		오각형 겹쳐 그리기	• 특정한 공간을 만들어 지정하는 공간 속에 장식하도록 하여 공간 개념을 향상시킨다.
		읽기	• 소재의 이름을 크게 적어서 읽도록 한다.
		쓰기	• 라벨에 소재의 이름, 날짜, 본인 이름을 적도록 한다.

원예치료사는 대상자가 독립적으로 할 수 있는 능력을 최대한 활용할 수 있도록, 그리고 독립적인 활동의 범위를 증대시킬 수 있도록 돕는 역할을 한다. 따라서 오히려 대상자가 할 수 있는 능력을 대신해 준다든지, 또는 불가능한 범위의 일을 요구하여 대상자가 좌절하거나 포기하게 하는 경우는 피해야 한다.

치료사가 치료 과정에서 개입하는 정도는 표 2-13에서 간략하게 볼 수 있다. ①에서 ⑥으로 숫자가 점점 커질수록 대상자는 비독립적이며 치료사의 개입 정도가 커진다. 간략히 설명하면, ①은 프로그램 참여 시 보조도구는 불필요하며, 대상자 자신이 프로그램에 참여하도록 하고, 치료사가 프로그램 내내 곁에 있지는 않아도 된다. ②는 대상자는 보조도구 등을 사용하면서 본인 의지대로 프로그램에 참여하고, 이 때 치료사가 프로그램 내내 곁에 있지는 않아도 된다. ③은 치료사가 직접 지도하는 것은 불필요하지만 정확하지 않은 부분을 구두로 지도하고, 프로그램 내내 곁에 있을 필요는 없다. ④는 대상자가 필요로 하는 경우 치료사의 구두 지시나 직접 지도가 필요하지만, 늘 대상자의 곁에 있을 필요는 없다. ⑤는 치료사가 늘 곁에 있으면서 구두 지시와 직접 지도를 하며, 대상자 스스로 하는 것을 돕는다. ⑥은 대상자가 전혀 활동할 수 없으므로 치료사가 모든 과정을 완전히 해야 하는 것이다. 이런 경우, 대상자에게 직접적인 원예치료보다는 식물 감상이나 산책 등의 간접적인 원예치료가 행해진다.

표 2-13 | 치료사의 개입 정도 (손 등, 2006)

개입 방법	치료사 도움	보조도구 필요 여부	구두 지시	직접 지도	독립이나 보조 정도
①	항상 필요하지는 않음	불필요	불필요	불필요	완전 독립
②	항상 필요하지는 않음	필요	불필요	불필요	완전 독립
③	항상 필요하지는 않음	필요 또는 불필요	필요	불필요	부분적 독립
④	항상 필요하지는 않음	필요 또는 불필요	필요	필요	부분적 독립
⑤	항상 필요함	필요 또는 불필요	필요	필요 또는 불필요	보조 필요
⑥	대상자가 전혀 하지 못하므로 치료자가 모두 도와주어야 함				전체 보조

3 진행사항 파악과 점검 및 대안 마련

원예치료사는 원예치료를 실시하는 동안 참여하는 치료 대상자의 기능 상황이나 활동 상태, 호전 여부 등을 파악해야 하며, 프로그램이 치료사의 치료 목적과 일관되게 진행되고 있는지 확인해야 한다. 치료 대상자의 활동 상황이나 기능 상황의 변화, 또는 보완하거나 보충해야 할 점 등은 매 회기 원예치료 실시 후 원예치료사, 보조치료사, 그리고 스태프의 피드백 결과를 통해 조사할 수 있다. 매 회기의 피드백 정리를 통해 매 프로그램 시의 문제점이나 보완할 점, 개별 환자에게 부족했던 점이나 수정할 점 등을 알 수 있고, 개별 환자 평가의 기초 자료로 활용할 수 있으며, 추후 프로그램 지도 및 향상의 자료로도 활용할 수 있다.

특히 치료 목표를 단계적으로 설정하였을 경우, 원활한 치료의 진행 및 세부 치료 목표달성 유무를 파악하기 위해 진행 사항을 반드시 점검하는 것이 필요하며, 이러한 점검 과정은 대상자에게 적합한 원예치료 프로그램의 난이도 및 단계를 조절할 수 있는 계기를 마련해 준다. 그밖에 원예치료 시설이나 장소, 사용도구 및 기타 준비물 등의 물리적 환경요인에 대한 점검이 필요하다.

원예활동을 하는 장소의 조건은 환자의 활동 정도, 활동 내용, 식물의 종류 선정 등에 영향을 주며 빛의 세기, 기온, 습도, 바람 등은 환자의 건강상태에 영향을 준다. 필요에 따라서 모자를 사용하거나 방한을 위한 준비를 한다. 활동장소에는 온·습도계 등이 있으면 좋다. 환자의 심신 상태에 따라 알맞은 환경을 조성해 주면 원예치료의 효과를 한층 높일 수 있을 것이다.

1) 원예작업장의 크기

식물 재배와 원예작업을 실시하는 장소의 크기는 작업 내용에 많은 영향을 준다. 개인이 자유롭게 사용할 수 있는 장소예를 들면 개인용 베란다, 구획된 포장 등가 있다면 개별적인 프로그램 작성이 가능하다. 또한 작업장이 넓으면 많은 인원이 활동할 수도 있다.

작업장이 좁은 경우에도 작업장의 평면적인 이용뿐만 아니라 벽면 등을 이용하여 공간을 입체적으로 사용하면 활동 내용이 풍부해진다. 초화류, 허브, 미니채소 등의 모아심기를 도입하면 보다 다양한 활동이 가능해진다. 작업장의 크기에 따라 활동 인원, 활동 내용, 필요한 도구 및 재료 등이 정해진다. 실제로 활동을 해보면서 작업장에 적당한 인원, 재료 등을 정하는 것이 바람직하다.

2) 작업과 보행공간의 확보

여유 있는 공간에서 작업하기 위해서는 1인당 최저 1㎡의 작업공간이 필요하며, 도구, 자재, 식물 등을 놓아 둘 장소도 생각해서 작업공간을 만든다. 보행에는 최저 90cm의 보행 폭이 필요하고, 휠체어 이동에는 1.2m의 보행 폭과 휠체어 회전에는 1.5m×1.5m 이상의 교행구역이 필요하다. 특히 휠체어 환자가 많은 시설에는 휠체어가 동시에 지나칠 수 있는 공간도 필요하며, 작업대의 높이는 바닥 면으로부터 70~90cm로 한다.

3) 기본적인 주의사항

① 안전상, 위생상의 주의

실내의 경우 작업에 방해가 되는 전기제품, 가구 등은 가능한 멀리 두거나 치우는 것이 안전하다. 항상 주의를 하더라도 화분이나 도구 등을 운반할 때에는 방해물이 보이지 않는 경우가 있다.

위생상 정원의 흙, 부엽토, 깻묵 등의 유기비료는 벌레가 발생하기 쉽고 냄새가 나기 때문에 실내에서는 취급하지 않는 것이 좋다. 실내에서 식물을 재배하는 경우 버미큘라이트, 펄라이트 등의 고온에서 살균처리된 인공용토가 무난하다.

② 식물배치

식물을 관상할 때 눈의 각도는 대단히 중요하지만 대수롭지 않게 생각하는 경향이 있다. 관엽식물을 합식하여 디시가든을 만들었을 때 위에서 보는 것이 아름다운지 옆에서 보는 것이 아름다운지를 생각해서 배치할 장소를 결정한다. 또한 아래만 쳐다보는 환자에게는 눈높이에 꽃을 장식하여 얼굴을 들게 하는 것도 좋은 치료 방법이 될 수 있다.

③ 원예치료 프로그램의 효과 평가 및 만족도 조사

원예치료의 목적은 이상이 생긴 정신과 신체의 상태를 건전하고 건강한 상태로 이끌어 주는 것으로 각각의 대상자에 대한 치료 목표가 있다. 평가는 원예치료 프로그램 진행 중 또는 종료 후 환자의 목표에 어떠한 변화가 있었는지를 조사하는 것이다. 즉, 치료 목적에 적합한 원예치료 프로그램이 설계 및 실행되었는지를 조사하는 것이다.

프로그램에 따라 원예치료가 시작되면 대상자들의 활동 상황과 개선 상황 등을 기록 · 평가하여 프로그램의 효과를 측정하기도 하고 경우에 따라서는 프로그램을 수정하는 데 참고한다. 그리고 대상자별 치료 목적에 적합한 새로운 프로그램을 개발하는 데도 필요하다.

원예치료의 평가로는 사전평가, 매회 활동 후에 실시하는 수행평가, 일정기간 후에 실시하는 사후평가 또는 종합평가가 있다. 그리고 일정기간에 평가하는 정기평가도 있다. 최종평가는 심리적 · 의학적인 평가도구를 이용한 객관적인 평가와 관찰기록을 토대로 하는 주관적인 평가를 종합적으로 판단하는 것이 바람직하다.

원예치료의 효과를 알기 위한 평가도구와 평가 방법은 다음 3장에서 살펴보기로 하고, 여기에서는 원예활동을 수행하면서 간단하게 평가해 볼 수 있는 주관적 관찰일지에 대해 알아본다. 주관적 관찰일지는 매회의 프로그램 활동 후에 원예치료사, 담당 복지사, 보조치료사가 함께 평가하는 것으로 프로그램 목표에 따른 대상자들의 결과와 프로그램 중 활동 상황들을 기록할 수 있다(표 2-14).

표 2-14 | 주관적 관찰일지 작성 예 (윤, 2002)

원예치료진단표^KHY식			
진단자 이름	윤○○	진단 일시	2018년 7월 18일
대상자 이름	장○○		
대상자 특징	알츠하이머형 치매 - 경도인지장애로 인한 인지기능 저하와 우울증상 동반 - 신체노화로 인한 손의 기능 저하		
프로그램명	치매의 증상완화 및 손기능 강화를 위한 원예치료		
프로그램 목표	인지능력 향상, 우울정도 감소, 손의 기능 강화		
실행 기간	2019년 6월 1일 ~ 2019년 12월 31일		
실행 일시	2019년 7월 18일 수요일 오전 11시~12시		
실행 장소	○○치매어르신주간보호센타		
당일 원예활동 내용	꽃다발만들기		

프로그램 목표에 대한 진단프로그램에서 설정한 목표

목표	결과
1. 반복적인 활동을 통하여 긍정적이고 자신감을 갖는가 2. 프로그램 활동을 즐기고 심리적 안정을 갖는가 3. 손의 기능이 활성화되는가 4.	1. 작업이 어렵다하면서 활동을 기피하는 등 자신감이 없었다. 2. 과거의 경험을 이야기하면서 즐거워하였다. 3. 자르기는 되었으나 리본묶기가 잘 안되었다. 4.

프로그램 중 활동 및 진단에 대한 내처방안

1. 자신감이 없어 항상 "못 하겠다"라고 하였다.
→ 지속적인 격려가 필요하다.
2. 과가의 경험에 대해서 이야기를 많이 하였으나 앞뒤가 맞지 않고 횡설수설하였다.
→ 꽃의 이름, 색개념, 수개념 등을 가르쳐 주면서 인지능력을 향상시키고 친근감 있는 소재를 사용하여 기억력을 향상시켜 준다.
3. 리본 묶기를 반복 훈련시킨다.
4.

기타 특별사항담당의사, 간호사, 보조치료사, 보호자 등과 상담

1. 꽃다발을 만들면서 "며느리에게 주어야겠다."라고 하였다.
2.
3.
4.

4 4단계 : 평가하기 evaluation

평가 단계는 원예치료가 대상자에게 어떠한 영향을 미쳤으며, 특히 원예치료 실시 전 계획하였던 초기의 치료 목적 및 목표에 얼마나 접근하였는지를 평가하는 것이다. 이러한 평가 단계는 목표달성 평가와 상황평가, 그리고 기술평가로 구분된다.

1 목표달성 평가

목표달성 평가는 실행 단계의 전문적인 검사 및 측정에서 작성되었거나 관찰된 자료의 분석으로 이루어진다. 대부분 검사지 및 전문도구를 통한 측정 결과는 수량화할 수 있으므로, 수십된 원예치료 전후 또는 중간 과정의 자료를 가지고 통계분석을 하여 그 결과를 보다 객관적이고 과학적으로 검토할 수 있다. 반면, 인터뷰나 관찰을 통해서 수집된 수량화시키기 어려운 자료는 코딩coding 작업으로 자료를 정리할 수 있다. 심리적 또는 신체적 효과성 검토 이외에도 원예치료에 대한 만족도 평가를 실시할 수 있다(표 2-15). 이로 인하여 원예치료뿐만 아니라 기관이나 시설 내 재활 또는 치료 프로그램 전체에 원예치료가 미치는 만족도를 함께 평가할 수 있다.

2 상황평가

상황평가는 원예치료가 실시되는 장소와 시기, 원예치료 회기 중 치료사와 대상자의 상호관계와 대상자 간의 상호관계, 프로그램 분위기 등을 파악하고 이를 평가하는 것이다. 원예치료사는 이러한 상황평가를 토대로 전문적인 원예치료를 위해 통제 가능한 주변 여건을 파악하고, 향후 개선을 위해 이러한 자료를 활용할 수 있다.

표 2-15 | 원예치료 만족도 평가의 예

대상자		날짜	

그동안 원예치료 프로그램에 참여해주셔서 감사드립니다. 여러분의 만족도를 알아보기 위해 몇 가지 여쭙고자 합니다.
참여하는 동안 느꼈던 감정을 가장 잘 표현한 답에 표시해 주십시오.
주의 깊게 읽고 답해 주시기 바랍니다.

1. 원예치료에서 다른 사람들과 함께 활동했던 기회는 나의 치료과정에 효과적이었다.

매우 효과적 ( ) 효과적 ( ) 전혀 그렇지 않다 ( )
부정적 ( ) 매우 부정적 ( )

2. 원예치료에 참여하는 것은 나의 기분에 영향을 미쳤다.

매우 유쾌한 ( ) 유쾌한 ( ) 전혀 그렇지 않다 ( )
불쾌한 ( ) 매우 불쾌한 ( )

3. 원예치료에 참여하는 것은 나의 고통pain이나 걱정의 정도에 영향을 미쳤다.

매우 증가 ( ) 약간 증가 ( ) 전혀 그렇지 않다 ( )
약간 감소 ( ) 매우 감소 ( )

4. 원예치료에 참여하는 것은 나의 활력 수준에 영향을 끼쳤다.

매우 활력적 ( ) 활력적 ( ) 전혀 그렇지 않다 ( )
비활력적 ( ) 매우 비활력적 ( )

5. 원예치료에 참여하는 것은 내 질병의 고통 또는 불편함을 경험하는 데 영향을 미쳤다.
(신체적, 정신적 아픔이 없는 경우 해당 불가에 표시해 주십시오)

매우 증가 ( ) 약간 증가 ( ) 전혀 그렇지 않다 ( )
약간 감소 ( ) 매우 감소 ( ) 해당 불가 ( )

6. 병원(또는 시설)내 재활프로그램 중 원예치료는 전반적인 만족도에 영향을 미쳤다.

매우 긍정적 ( ) 긍정적 ( ) 전혀 그렇지 않다 ( )
부정적 ( ) 매우 부정적 ( )

원예치료에 참여한 소감이나 건의사항, 개선할 점 등이 있으면 말씀해 주십시오.

3 기술평가

기술평가를 할 경우에는 원예치료 때 사용되었던 작업도구들을 평가하고, 특히 재활 환자나 노인 또는 아동의 경우 대상자의 특성을 고려한 별도의 작업도구들이 필요할 경우 이를 개발할 수 있도록 기존에 사용된 작업도구의 문제점과 개선점들이 평가된다. 또한 원예치료 프로그램 내 작업내용을 평가하고 개발하며, 기관이나 시설 등에서 원예치료가 실시되었을 때의 경제적 수지를 평가하여 원예치료의 질적 향상을 위한 자료로 활용한다.

결국, 전문적인 원예치료는 식물이 인간에게 미치는 다양한 영향을 바탕으로 원예가 주는 독특성이라는 씨줄과 의학적 치료라는 날줄을 원예치료사라는 전문가가 잘 짜 맞추어 원예활동이나 기존의 의학적 치료가 줄 수 없는 새로운 효과를 얻고자 하는 데 있다.

사회사업가 핀커스[Pincus]는 재활 및 치료를 위한 과정은 목적을 지향하는 체계적 행동과정이므로 먼저 문제를 명확히 파악하여 목적을 설정하고, 이를 달성하기 위한 과제를 설정한 뒤 실시하며, 평가를 하는 등의 단계 모델[Pincus 재활사회사업의 실천모델]을 제시하였다. 살아있는 식물을 매개체로 다양한 원예활동을 실시하여 재활 및 치료과정을 통해서 인간의 전반적인 삶의 질을 높여 가는 것이 원예치료이다.

따라서 원예치료도 대상자가 선정되면 먼저 대상자의 특성을 파악한 뒤 치료 목표와 평가도구를 선정한다. 그리고 치료 목적에 적합한 원예치료 프로그램을 설계하여 프로그램 실행기간과 우선순위를 설정하고 시설, 환경 등을 조사하고 예산을 편성하는 것으로 원예치료 과제를 계획한다. 계획이 세워지면 실행을 하고 목표달성 검증을 위해 평가를 한다.

이상과 같이 체계적인 과정으로 대상자의 치료 목적에 적합한 원예치료 프로그램을 준비, 계획, 실행, 평가하게 된다면 원예치료는 대상자들의 치료 및 재활에 긍정적인 영향을 줄 것이다.

쉬어가기

원예치료 분야의 질적質的 성장

우리나라에서의 본격적인 원예치료 시작은 1997년 한국원예치료연구회가 발족되면서 부터인데, 최근까지 엄청난 속도로 발전해 왔다. 원예치료사 자격증 취득자도 2,500명을 넘어섰고, 2015년도에만 원예치료 관련 논문 약 200여 편이 학회나 협회에서 발표되었고, 관련 학술지에 30여편의 논문이 게재되었다. 그 어느 나라에서도 이렇게 활발하게 원예치료 프로그램을 수행하는 국가는 없는 것으로 알고 있다. 이 모두 한국원예치료복지협회 전, 현임 회장단과 회원들의 지속적이고 열정적인 노력의 산물이라고 평가한다.

이러한 원예치료 분야의 양적 성장은 고무적이라 할 수 있지만, 자세하게 들여다보면 질적인 측면에서는 많은 문제가 있음을 알 수 있다. 원예치료 분야의 한 단계 질적 도약을 위한 저자의 몇가지 생각을 이 지면을 빌어 제시하고자 한다.

원예활동이나 원예치료 관련 학회지에 게재된 논문의 원예활동(치료) 프로그램을 보면, 대부분 프로그램명이 채소파종, 모종이식, 꽃씨 파종, 삽목, 새싹채소 기르기, 수경재배, 숯부작 만들기, 토피어리 만들기, 꽃바구니 만들기, 압화 만들기, 씨앗엽서 만들기 등이 제시되어 있고, 재료에 대한 자세한 언급이 거의 없다. 예를들어 씨앗엽서의 경우 어떤 종류의 씨앗인지, 씨앗의 크기는 어떠한지, 엽서는 어떤 디자인을 하고 있는지에 대한 내용이 없다. 실제 원예 관련 논문들을 보면 재료 및 방법에서 실험에 사용된 재료의 특성에 대해 자세하게 설명되어 있는데, 다른 실험자가 그 논문을 보고 똑 같이 재현할 수 있도록 서술하는 것이다. 씨앗엽서에 사용된 종자의 크기에 따라 대상자가 달라야 한다. 씨앗이 작은 종류는 손기능이 양호한 대상자에게, 큰 종자는 손기능이 낮은 대상자에게 적용되는 것이 효과적이다. 그러므로 프로그램명과 더불어 사용된 재료에 대해 자세한 종류와 특성에 대해 제시하는 것이 바람직하며, 대상자의 특성에 맞는 재료를 선택해서 프로그램을 진행해야 최상의 효과가 나타난다.

원예치료의 효과를 측정하기 위해 다양한 설문지를 사용하고 있다. 사회심리정서적 행동특성 검사지, 우울측정지, 불안척도지, 스트레스 척도지, 자아존중감 척도지, 사회능력 검사지 등등. 프로그램 전, 후에 대상자들이 직접 평가하거나 보조원예치료사들이 대상자들을 관찰하여 평가하기도 한다. 원예치료사들은 과연 이 평가방법들이 객관적인지를, 또한 원예치료 종료 몇 달 후에도 똑같은 결과가 나올 수 있을까를 고민해야 한다. 이 문제를 해결하기 위해서는 원예치료사 외에 의학, 간호학, 심리학, 사회복지학 전문가들과의 프로그램 공동 운영이 필요하다고 생각된다. 원예치료 분야 초창기에는 의사, 간호사 등 의학 분야의 회원들도 많았었는데, 오히려 최근에는 거의 볼 수가 없다. 대상자 수를 줄이더라도 세밀하게 관찰하여 대상자들이 어떻게 변해가고 있는지를 전문가적인 관점에서 평가해야 질적 향상을 도모할 수 있다.

원예치료 프로그램은 대상자의 문제점들을 해결해 주는 치료약이라고 할 수 있다. 약을 2~3일 먹고 병이 낫는 경우도 있지만, 1년 내내 먹어도 낫지 않는 경우도 있다. 원예치료 프로그램을 몇 회해야 대상자들의 문제점을 해결할 수 있을까? 항상 고민되는 문제이다. 최근 논문들을 보면 거의 12~13회기 이내의 프로그램들이 대부분이다. 과연 12~13회기 정도의 프로그램으로 대상자들이 심리적으로 안정되고, 사회성이 회복되고, 자아존중감이 향상되고, 정신건강이 나아지고, 신체기능이 정상에 가까워지고 등의 일들이 발생할 수 있을까? 만약 그렇다면 원예치료는 만병통치약이고, 현대의학보다 더 뛰어난 치료 기술이다. 그런데, 원예치료를 받은 대상자들은 잠깐 효과가 나타나고, 프로그램이 종료된 후에는 다시 원상태로 돌아가는 경우가 대부분이다. 따라서 대상자들에게 가급적 많은 횟수의 원예치료 프로그램이 수행되길 바라며, 더 나아가서 원예치료 프로그램이 일상생활처럼 항상 운영이 되어야 한다고 생각한다. 또한 협회 회장단은 일선 사회복지기관에서 이러한 여건들이 조성될 수 있도록 보건복지부, 농림축산식품부 등을 대상으로 다양한 노력이 필요하다.

2016년 여름호 Vol 153
유용권
목포대학교 원예과학과

인지중재치료로서의 원예치료, 신의료기술로 안정성 및 유효성 인정받다

2018년 여름호 Vol 161

조문경
헤븐리병원 인지중재치료실

보건복지부는 신의료기술평가위원회 최종심의 결과, 안전성·유효성이 있는 의료기술로 인정된 신의료기술(제 668호 인지중재치료)에 대하여 그 평가결과, 사용목적, 사용대상 및 시술방법 등을 고시하였다. 이는 「의료법」 제53조 및 「신의료기술평가에 관한 규칙」제4조에 의한 「신의료기술의 안전성·유효성 평가결과 고시」(보건복지부 고시 제2017 - 125호, 2017. 07. 04.)를 통해 개정·발령되었다.

보건복지부고시 제2017 - 130호

668. 인지중재치료

가. 기술명
- ◯ 한글명 : 인지중재치료
- ◯ 영문명 : Cognitive Intervention Therapy

나. 사용목적
- ◯ 인지기능 개선

다. 사용대상
- ◯ 경도인지장애 환자, 경도 치매 환자, 중등도 치매 환자

라. 시술방법
- ◯ 환자의 인지기능 저하 영역과 저하 정도에 맞추어 인지중재 프로그램을 적용하여 인지치료를 수행함

마. 안전성·유효성 평가결과
- ◯ 인지중재치료는 경도인지장애 및 경도, 중등도 치매 환자를 대상으로 인지중재 프로그램을 이용한 치료방법으로 환자에게 직접적인 위해를 가하지 않아 안전한 기술임
- ◯ 인지중재치료는 신경학, 신경정신의학 교과서 및 다수 문헌에서 인지기능개선을 위한 방법으로 제시되어 유효한 기술임
- ◯ 따라서, 인지중재치료는 경도인지장애 및 경도, 중등도 치매 환자를 대상으로 인지기능을 개선시키는 데 있어 안전하고 유효한 기술임

인지중재치료란, 인지훈련, 인지자극, 인지재활로 구분되며, 치매와 같은 뇌 질환 환자를 대상으로 하여 인지기능을 개선시키기 위한 모든 비약물적 활동을 의미한다. 인지훈련은 기억력이나 주의력 등 어느 한 인지영역을 개선할 수 있는 프로그램을 반복적으로 시행하여 뇌의 가소성neuroplasticity을 유도하는 치료법이다. 또 인지자극이란 기억력 증진을 돕는 지남력훈련, 회상요법, 토론, 음악치료, 미술치료, 원예치료 등을 가리킨다. 인지재활은 남아있는 인지기능을 최대한 활용하여 일상생활의 기능장애를 줄여주는 것으로 메모장이나 타이머를 활용하는 것을 예로 들 수 있다(박건우 고려대 안암병원 신경과교수/인지중재치료학회 초대 이사장, 2017 국민일보 기사 인용).

신의료기술평가제도는 '근거기반의료Evidence-based Medicine'의 일환으로 환자에게 사용되는 의료기술이 안전하고 유효한지를 평가하여 건강보험의 틀 안에서 국민들이 안심하고 효과적인 의료서비스를 제공받을 수 있도록 2007년부터 시행되었다. 신의료기술평가는 우리나라 건강보험제도 하에서 전 국민들에게 보편적으로 사용되어지는 의료기술들에 대한 기본적인 안전성과 유효성을 확인하는 평가이므로, 인지중재치료가 안전성과 유효성이 있는 신의료기술로 인정받았다고 함은 원예치료 역시 경도인지장애, 경도 치매 및 중등도 치매환자의 인지기능 개선을 위해 사용될 때 안전하고 유효한 기술임을 인정받았음을 의미한다. 또한, 그동안 원예치료는 본인부담 100%의 비급여 항목의 하나로, 환자와 보호자에게 경제적 부담 및 접근성 저하의 원인이 되었으나, 해당 대상 및 목적에 한해 '인지중재치료로 보험청구가 가능'해짐으로써 경도인지장애 및 치매치료 영역에서 보다 많은 대상자에게 원예치료를 통한 치료혜택을 제공할 수 있을 뿐 아니라, 의료영역에 원예치료사의 자리를 확대시키는 역할을 할 것이라 기대된다.

향후 원예치료가 건강보험 제도권 내에서 의료행위의 하나로 굳건히 자리매김할 수 있도록, 의료 임상현장에서의 보다 명확한 치료효과 규명 등 임상근거 확충과 무엇보다 '환자중심의Patient-centered 치료가 우선시되어야 할 것이다.

III

원예치료의 효과 및 평가 방법

최근까지 원예치료 관련 국내외 연구 문헌은 약 600여 편으로, 다양한 대상자를 대상으로 원예치료의 효과성을 검증하고, 치유메커니즘을 밝혀내는 연구들이 활발히 진행되고 있다. 따라서 이 장에서는 그동안 진행된 원예치료 관련 연구 내용들을 바탕으로 원예치료의 주요 효과와 치유메커니즘을 소개하고, 원예치료사[복지원예사]가 임상현장에서 원예치료 효과를 적절히 평가하고 검증할 수 있도록 원예치료 평가 방법 및 통계방법을 살펴보았다.

1 원예치료의 효과

원예치료의 효과는 신체적, 심리 · 정서적, 사회적, 인지적, 행동수정, 교육적 측면에서 총 6가지 영역으로 크게 구분할 수 있다.

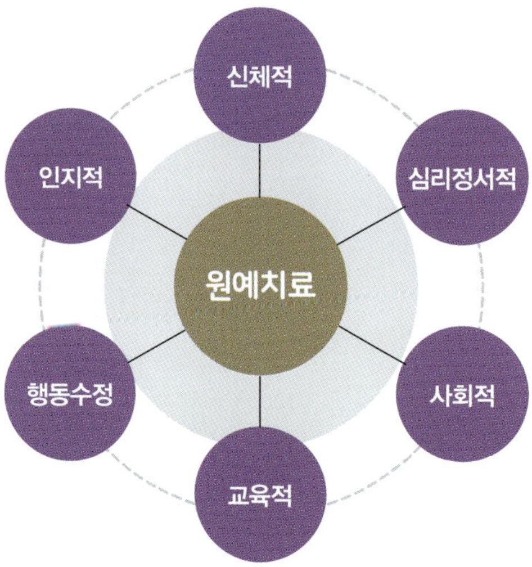

그림 3-1 | 원예치료 효과

원예치료를 통한 주요 효과는 대상자별로 조금씩 다른 특성을 보이는데, 이는 대상자의 특성 및 요구에 따라 원예치료의 치료적 목적이 달라지기 때문이다.

따라서 1) 연령대별[유아, 아동, 청소년, 성인, 노인], 2) 상태별[발달장애, 정서 및 행동장애, 정신질환, 신체질환, 치매]로 주요 효과를 보다 세분화해 볼 수 있다.

1 원예치료의 신체적 효과

원예치료를 통해 근력이 강화되고, 관절 가동 범위 및 유연성, 손 기능 등이 향상되는 근골격계 기능 증진, 체중 및 복부 비만율 감소와 같은 신체조성의 조절, 콜레스테롤 및 혈압 조절, 면역력 증가와 같은 심혈 관계 건강 증진, 그 외에도 통증 완화, 수면의 질 향상, 일상생활 수행능력 증진 등의 다양한 신체적 건강 이익을 얻을 수 있다.

이와 같은 원예치료의 신체적 효과는 원예활동이 산소를 소모하는 유산소 운동임과 더불어 전신의 근육을 사용하는 근력운동이기 때문으로 그 이유를 설명할 수 있다. 또한 원예활동은 일상생활을 위한 기본동작인 기능적 동작^{예) 팔 뻗기, 물체 잡기, 허리 구부리기, 한 발 내딛기 등}으로 구성되어 있기 때문에 일상생활 수행능력 증진 및 신체 기능 회복에 긍정적인 영향을 미칠 수 있다.

원예활동은 건강을 위한 신체활동이라고 할 수 있다. 신체활동은 에너지 소모를 유발하는 모든 신체의 움직임을 말한다. 이러한 신체활동은 당대사량(METs : metabolic equivalents)의 단위로 표현할 수 있다. 1 MET는 성인의 3.5mL of O_2/min/kg body weight를 의미하며, 1 MET 이하는 저강도의 신체활동, 3~6 METs는 중간 강도, 6 METs 이상은 고강도의 신체활동임을 의미한다. 예를 들어, 누워있기나 조용히 앉아 있는 것은 1 MET로 저강도의 활동이며, 걷기는 3.5 METs인 중간 강도, 뛰기는 7 METs로 고강도의 신체활동임을 나타낸다. 미국질병통제예방센터 등에서는 성인의 경우, 주 5회 중간 강도의 신체활동에 꾸준히 참여하는 것은 체중 조절뿐만 아니라 만성질환을 예방 및 관리하는 데 효과적이라고 하였다.

다양한 원예활동도 각 활동 수행 시 산소소모량 값 등의 측정을 통해서 신체활동을 나타내는 METs값으로 표현할 수 있다. 아동, 성인, 노인을 대상으로 다양한 원예활동 수행 시 활동의 운동 강도는 저~고강도(1.7~4.5 METs)의 신체활동인 것으로 나타났다(표 3-1). 65세 이상 노인의 경우에는 상체와 하체를 동시에 사용하는 동작들, 예를 들어 땅파기, 땅고르기, 잡초 뽑기와 같은 활동은 중간 강도의 신체활동으로 나타났으며, 주로 하체는 서있거나, 앉아 있거나, 쪼그려 있는 상태에서 상체만 움직이는 활동들인 흙 섞기, 모종심기, 물주기 등은 저강도의 신체활동인 것으로 나타났다.

다양한 원예활동 중 땅파기 활동이 가장 운동 강도가 높은 활동으로 측정되었다. 이러한 원예활동의 운동 강도 데이터는 대상자의 신체적 상태에 맞게 과학적이고 효과적인 원예치료 프로그램을 설계 시 유용하게 활용될 수 있다. 예를 들어, 신체 기능이 약한 노인을 대상으로 한 원예치료 프로그램을 개발할 때는 저강도의 원예 활동부터 점차 활동의 강도를 높여가는 것이 필요하겠다. 또한 건강을 위한 운동으로서 원예활동 프로그램을 개발할 때는 중간 강도의 원예활동들 위주로 구성하여 신체활동 권장량에 맞춰 규칙적으로 적용하는 것이 건강 증진 및 유지에 효과적이다.

표 3-1 | 대상자별 원예활동의 운동강도 (박 등, 2014)

원예활동	운동강도METs		
	아동	성인	노인
땅파기	6.6±1.6	6.3±1.2	4.5±0.8
땅고르기	6.2±1.5	5.4±1.0	3.4±0.8
잡초뽑기	5.8±1.1	5.0±0.8	3.4±0.6
멀칭	5.5±1.3	4.5±0.6	3.3±0.8
종자 파종	5.0±1.1	4.3±0.8	2.7±0.6
수확하기	4.9±0.6	4.2±0.6	2.7±0.6
물주기	4.6±1.1	3.9±0.4	2.8±0.9
흙섞기	4.3±0.6	3.6±0.5	2.4±0.7
모종심기	4.3±0.5	3.5±0.5	2.9±0.9

체중부하 운동은 근력 향상, 골밀도 증가, 신체기능 향상 등의 효과를 이끈다. 근전도electromyography는 근육의 움직이는 정도를 측정하는 기술인데, 원예활동 시 상·하체의 근육의 활성도를 측정하는 데 이용할 수 있다. 근전도 측정을 이용하여 다양한 종류의 원예활동 시 상체와 하체의 근육활성도를 측정한 연구결과에 의하면 원예활동은 상·하체의 근육을 사용하는 운동이 되는 것으로 나타났다.

15가지 실내 원예활동 시 상체의 6가지 근육과 손의 2가지 근육의 활성도를 측정하였다. 그 결과 상체의 승모근과 손의 새끼두덩근과 엄지두덩근을 주로 사용하는 것으로 나타났고, 원예활동의 종류에 따라 근육의 활성 정도가 다른 것으로 나타났다. 텃밭에서 5가지 종류[예) 땅파기, 땅고르기, 호미질하기, 모종삽질하기, 잡초뽑기]의 활동 시 상체와 하체의 근육활성도를 측정한 결과, 하체근육인 외측광근, 내측광근, 넙다리두갈래근, 장딴지근은 주로 지지해 주는 역할을 하면서, 상체의 전면삼각근, 상완이두근, 상완요골근, 척측수근굴근과 같은 네 종류의 근육활성도가 높은 것으로 나타났다(그림 3-2).

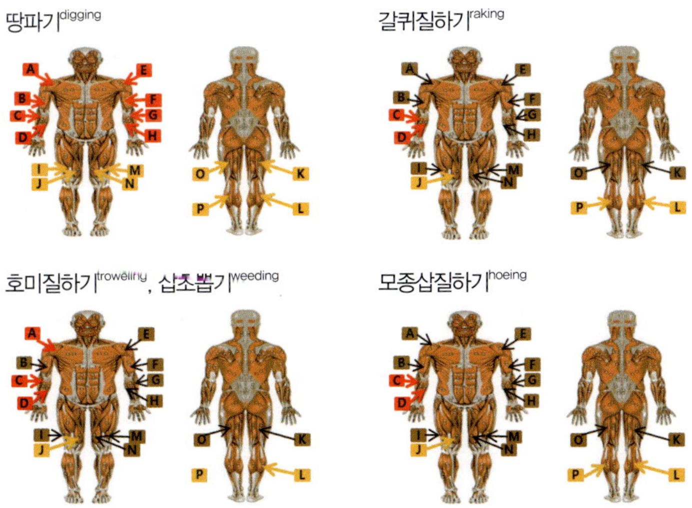

(A) 우측 전면삼각근, (B) 우측 상완이두근, (C) 우측 상완요골근, (D) 우측 척측수근굴근, (E) 좌측 전면삼각근, (F) 좌측 상완이두근, (G) 좌측 상완요골근, (H) 좌측 척측수근굴근, (I) 우측 외측광근, (J) 우측 내측광근, (K) 우측 넙다리두갈래근, (L) 우측 장딴지근, (M) 좌측 외측광근, (N) 좌측 내측광근, (O) 좌측 넙다리두갈래근, (P) 좌측 장딴지근

근육 활성도 : 붉은색 – 높음, 오렌지색 – 중간, 노랑색 – 낮음

그림 3–2 | 땅파기, 갈퀴질하기, 호미질하기, 잡초뽑기, 모종삽질하기의 상 · 하체 근육활성도

1) 연령에 따른 신체적 효과

아동의 경우 원예치료 프로그램을 통해 신체 활동량이 향상되고, 채소 · 과일 선호도 및 섭취량이 증가됨에 따라 식습관이 개선되어 전반적인 영양 및 건강 상태의 증

진 효과를 얻을 수 있다. 성인은 주로 원예치료를 통해 피로감과 혈압이 감소되는 신체 건강 증진 효과를, 노인은 신체 체력[예) 민첩성, 균형감, 심폐지구력, 손기능 향상] 및 신체 조성[예) 체중, 체질량 지수, 지방량 감소] 향상, 심혈관[예) 콜레스테롤, 혈압 감소] 및 면역력 증진 등의 신체 건강 증진의 효과를 얻을 수 있다.

한 예로, 국내 70세 이상의 여성 노인 50명을 대상으로 노인의 신체활동으로 총 15회기의 원예치료 프로그램을 개발하여 주 2회, 한 회기당 50분간의 실외 원예활동[예) 텃밭 조성하기, 채소 모종 심기, 텃밭 관리하기 등]을 실시하였다. 그 결과 원예치료 프로그램에 참여한 노인의 근육량, 심폐지구력, 손 기민성이 향상되었고, 허리둘레가 감소하는 체중 감소의 효과를 얻었다. 또한 원예치료 프로그램에 참여한 노인의 혈액성분 변화를 조사한 결과, 원예치료 참여 후 이로운 콜레스테롤을 의미하는 HDL콜레스테롤 수치가 증가하였고, 암 유발 원인인 산화 스트레스[oxidation stress] 및 염증 인자가 감소하면서 면역력 증진의 효과를 얻었다.

2) 건강상태에 따른 신체적 효과

발달장애인은 원예치료 참여를 통해 주로 대 · 소근육 운동, 시 · 지각 협응 운동, 손 기능[악력, 손가락 힘, 손 기민성]과 같은 운동 능력의 발달 및 일상생활 수행 능력 향상과 같이 해당 연령에 맞게 발달하지 못한 신체 운동 기능 향상의 치료적 효과를 얻을 수 있다.

뇌졸중, 암 등과 같은 신체질환자의 경우에는 원예치료를 통해 관절 가동 범위 증가, 손기능 및 균형감 향상, 통증 완화, 수면의 질 향상, 뇌졸중 회복[brunnstrom recovery stage] 등의 재활치료의 효과를 가진다.

한 예로, 국내 뇌졸중 전문 재활병원에 입원 중인 뇌졸중 환자 총 31명을 대상으로 상지기능 및 균형감 재활을 위하여 팔 뻗기, 원예활동 재료잡기, 허리 구부리기, 한 발 내딛기 등의 기능적 동작이 포함된 원예활동 동작을 반복적으로 연습하는 치료적 방법인 과제 지향적 훈련으로 총 18회기의 원예치료 프로그램[주 3회, 6주, 한 회기당 60분]을 개발하여, 실내외 원예치료 활동[예) 종자 파종, 실내식물 심기, 텃밭 조성하기, 꽃모종 심기, 텃밭 관리하기 등]을 실시하였다. 그 결과 원예치료 프로그램에 참여한 뇌졸중 환자의 상지기능, 손

기능, 균형감, 일상생활 수행능력 향상의 신체적 효과를 얻었다. 원예치료를 통해 뇌졸중 환자에게 재활치료와 동일한 신체재활의 효과와 더불어 낙상 효능감 향상 및 우울감 감소와 같은 심리 · 정서적 효과를 나타내면서, 재활치료의 보완 대체 의학으로서 적용 가능성을 가지고 있음을 의미한다.

표 3–2 | 원예치료의 신체적 효과

구분	대상	효과
연령별	아동	신체활동량 증진 채소 · 과일선호도 및 섭취량 증가 식습관 개선
	성인	피로감 감소, 혈압 감소
	노인	신체체력 증진 예) 민첩성, 균형감, 심폐지구력, 손기능 신체조성 향상 예) 체중, 체질량 지수, 지방량 감소 심혈관 기능 증진 예) 콜레스테롤, 혈압, 면역력 증진
건강 상태별	발달장애	대 · 소근육 운동 발달, 시지각 협응력 발달 손기능 향상 예) 악력, 손가락 힘, 손 기민성
	신체질환	관절 가동 범위 증가, 손기능 향상 균형감 향상, 통증 완화, 수면의 질 향상

2 원예치료의 심리·정서적 효과

원예치료를 통해 우울, 스트레스, 분노, 충동성 감소와 같은 정서 안정, 자아개념, 자아존중감, 자기효능감, 회복탄력성, 삶의 만족감 증진, 정서지능 향상 등과 같은 심리 · 정서적 건강 증진 효과를 얻을 수 있다. 이와 같은 원예치료의 심리 · 정서적 효과는 살아있는 녹색식물을 이용하는 원예활동이 안정 상태에서 증가되는 뇌의 알

파파 향상, 뇌혈류 내 산화헤모글로빈 농도의 감소, 심박변이도의 부교감 신경의 활성과 같은 자율신경계 안정과 이완 효과 때문으로 그 이유를 설명할 수 있다.

인간은 자연과 녹색 환경에 대한 본연의 그리움을 가지고 있다고 하고, 자연환경에 대한 노출은 스트레스 감소, 통증 완화, 자율신경계 안정 등에 효과가 있는 것으로 밝혀졌다. 또한 근로자들은 장미꽃을 보는 시각자극을 통해 부교감신경 활동과 정서 상태의 완화로 정신 · 생리적 안정감을 경험하였다. 실내 환경에서 녹색식물을 보는 것은 자율신경계 및 부교감신경 활동의 안정에 긍정적 영향을 미치는 것으로 보고되었고, 남성 대학생을 대상으로 한 실험에서 관엽식물이 심긴 화분과 심기지 않은 화분을 바라볼 때 오른쪽 전전두엽의 산화헤모글로빈 농도가 감소하면서 정신 · 생리적 안정효과를 이끄는 것으로 밝혀졌다.

원예치료 프로그램은 식물을 매개로 하며, 실내외 정원 등과 같은 자연환경에 노출되는 상태에서 진행된다. 살아있는 식물을 이용하는 원예치료 프로그램은 대상자의 정신 · 생리적 안정과 감정 상태에 긍정적 영향을 미치게 된다.

1) 연령에 따른 심리·정서적 효과

유아와 아동의 경우 원예치료는 정서지능과 자아존중감 향상, 환경친화적 태도 증진에 효과적이며, 청소년기에는 특히 스트레스 감소, 자아존중감, 자아정체감, 진로성숙도의 향상과 같은 학교생활 및 진로 분야에서 원예치료를 통한 긍정적인 심리 · 정서적 효과를 얻을 수 있다.

성인의 경우 원예치료가 주로 우울감 및 양육, 병역, 임신, 직무, 문화적응과 같은 다양한 요인의 스트레스 감소, 자아존중감 향상, 정신건강 증진의 효과를 가진다. 노인은 원예치료를 통해 우울감 및 고독감 감소, 노년의 생활만족도와 자아통합감 향상 등의 효과를 얻을 수 있다.

한 예로, 유아의 정서지능 향상을 위하여 만 5세 아동 24명을 대상으로 유아의 정서인식, 정서촉진, 정서지식활용, 정서조절 영역으로 단계별 발달을 목표로 하는 정서지능 발달모형에 기반한 총 15회기의 원예치료 프로그램[주 1회, 한 회기당 50분]을 개발하여, 실내 원예활동[예) 실내식물 심기, 식물을 이용한 장식품 만들기, 수경재배, 공예활동 등]을 실시하였다. 그 결과 원예치료 프로그램에 참여한 아동은 정서지능 및 자아존중감 향상의 효과를 보였다.

2) 건강상태에 따른 심리·정서적 효과

정신질환, 신체질환, 치매 등 질환을 가지고 있는 다양한 대상자에게 원예치료는 우울 감소에 효과적이며, 특히 조현병의 음성양성증상 감소와 같은 정신질환에 대한 치료적 효과를 가진다. 조현병 환자의 사고장애, 감정적 위축, 환각행동 등과 같은 조현병의 주요 증상 완화를 위하여 총 28명의 성인 조현병 환자를 대상으로 텃밭활동 중심[예) 텃밭 만들기, 멀칭하기, 지주세우기, 친환경 방제약 만들기, 팜파티 등]의 총 10회기 원예치료 프로그램[주 1회, 회기당 120분]을 실시한 결과, 개념의 와해와 환각행동과 같은 양성 증상의 감소, 둔마된 정동, 감정적 위축, 사회적 위축과 같은 음성 증상의 감소, 불안, 죄책감, 긴장, 우울, 운동지체와 같은 일반 정신병리학적 증상의 감소와 같은 치료적 효과를 원예치료를 통해 얻을 수 있다.

우울증은 인지질환인 치매환자의 10명 중 4명에게서 동반되고, 신경성질환인 뇌졸중 후 우울은 뇌졸중 환자 중 1/3 정도에서 발생할 만큼 흔히 호소되고 있는 합병증 중 하나이다. 원예치료를 통해 질환자의 우울감이 감소된 사례를 살펴보면, 데이케어 센터를 이용한 치매노인 총 9명을 대상으로 총 12회기의 원예치료 프로그램[예) 잔디인형 만들기, 실내식물 심기, 꽃바구니 만들기 등]을 실시한 결과, 노인성 우울척도[KGDS]의 점수가 감소하여 우울 증세가 감소한 효과를 나타냈다. 또한, 국내 뇌졸중 재활 전문병원에 입원 중인 50세 이상 뇌졸중 후 우울환자 총 26명을 대상으로 우울감 감소를 위하여 스트레스 면역훈련 모델에 기반한 총 16회기의 원예치료 프로그램[주 2회, 한 회기당 40분]을 개발하여 실내 원예활동[예) 종자 파종, 실내식물 심기, 꽃꽂이, 잔디인형 만들기, 토피어리 만들기 등]을 실시하였다. 노인성 우울척도 점수가 18점 이상이었던 치료 참여 전과는 다르게, 치료 후에는 참여 환자의 우울 점수가 전원 18점 이하의 정상 범위로 감소하는 치료적 효과를 얻었다.

표 3-3 | 원예치료의 심리 · 정서적 효과

구분	대상	효과
연령별	유아/아동	정서지능 향상, 자아존중감 향상 환경친화적 태도 증진
	청소년	스트레스 감소, 자아존중감 향상 자아정체감 향상, 진로성숙도 향상
	성인	우울감 감소, 스트레스 감소 자아존중감 향상, 정신건강 증진
	노인	우울감 감소, 고독감 감소 생활만족도 향상, 자아통합감 향상
건강 상태별	정신질환	우울감 감소, 음성 · 양성 증상 감소 불안 감소, 긴장 감소
	신체/인지 질환	우울감 감소

3 원예치료의 사회적 효과

원예치료를 통해 대인관계 향상, 의사소통기술 증진, 사회성 향상과 같은 사회적 건강 이익을 얻을 수 있다. 원예치료의 실시 형태는 개별 원예치료 또는 집단 원예치료로 구분해 볼 수 있는데, 국내외에서 일반적으로 실시되고 있는 집단 형태의 원예치료는 집단 내에서 격려와 지지, 피드백과 같은 상호작용을 통해 사회관계를 형성하게 되면서 사회적 건강 증진에 긍정적인 요소로 작용한다고 볼 수 있다.

1) 연령에 따른 사회적 효과

유아와 아동은 원예치료를 통해 아이들의 발달과정에 따른 사회성 개발 측면[예) 사회성, 사회적 능력, 또래 관계 등에서 긍정적인 효과를 얻을 수 있다. 원예치료 프로그램을 통한 아동의 사회성 개발 사례를 살펴보면, 원주시에 위치한 총 4개의 초등학교에 재학 중인 5~6학년생 256명을 대상으로 사회성 향상을 위한 재배활동 중심의 총 10회기의 원예치료 프로그램주 1회기, 회기당 40분을 개발하였다. 본 프로그램은 초등학교 교과과정 내용을 기초로 사회적 관계에 영향을 미치는 관련 요인예) 자아존중감, 친사회적 행동, 자기이해, 소속감, 협력감, 책임감, 의사소통, 성취감 등의 개발 및 향상을 통해 결국 아동의 사회적 관계의 긍정적인 변화를 위한 의도적 활동들로 구성되었으며, 학교 정규수업시간을 이용하여 실시되었다. 그 결과 참여 아동의 또래관계 및 사회성 향상에 긍정적인 영향을 미쳤다.

청소년기부터는 발달단계상 자기중심성에서 벗어나 확장된 사회적인 관계를 형성하게 됨에 따라 청소년, 성인, 노인의 경우는 주로 원예치료를 통해 의사소통 및 대인관계 증진과 사회적 지지망 형성 및 확대에 긍정적인 효과를 얻을 수 있다.

2) 건강상태에 따른 사회적 효과

발달장애나 정서 및 행동 장애인, 치매, 정신질환을 가진 질환자의 경우 주로 사회적응 훈련을 목적으로 하는 원예치료 참여를 통해 사회적응 행동을 습득하고, 문제행동이 완화되는 등의 사회적응력 향상의 치료적 효과를 얻을 수 있다.

표 3-4 | 원예치료의 사회적 효과

구분	대상	효과
연령별	유아/아동	사회성 개발, 사회적 능력 향상 또래관계 증진
	청소년/성인/노인	의사소통 증진, 대인관계 증진 사회적 지지망 형성 및 확대
건강 상태별	발달장애/정서 및 행동장애/인지/정신질환	사회적응 행동 증진, 사회적 기술 향상 문제행동 감소

4 원예치료의 인지적 효과

원예치료는 공간 능력, 문제해결 능력, 주의집중력, 창의력과 같은 인지발달에 긍정적인 영향을 미치고, 기억력, 지남력 등과 같은 인지기능 회복에 효과적이다. 인간은 오감을 통해 원예활동에서 느끼는 다양한 식물의 색, 향기, 질감, 맛 등과 같은 자극을 받아들이게 된다. 감각기관을 통해 받아들여진 자극으로부터 우리는 새로운 정보를 획득, 보유하고 실제로 활용할 수 있게 된다. 이러한 점에서 원예활동을 통한 계속적인 오감자극은 원예치료의 인지적 효과를 설명할 수 있다.

1) 연령에 따른 인지적 효과

유아와 아동의 경우 발달연령에 따른 인지자극 활동으로서 원예치료를 실시함에 따라 수 개념, 공간 능력, 주의집중력, 창의성 등의 두뇌 발달에 효과적이다. 노인은 원예치료를 통해 기억력, 지남력, 인지기능 등의 인지건강 증진 및 치매 예방 효과를 얻을 수 있다.

2) 건강상태에 따른 인지적 효과

인지기능 장애를 가지는 치매환자에게 원예치료는 기억력, 주의집중력, 치매행동 완화, 인지기능, 치매평가clinical dementia rating 등 인지치료의 효과를 가진다. 뇌 당대사율의 분포는 치매 원인 감별과 임상적 진단의 기준이 된다. 양전자 방출 단층 촬영술PET은 이를 평가 가능한 측정기기로, PET 기술을 활용한 원예치료의 인지치료 효과에 대한 과학적 검증사례를 살펴보면, 치매환자의 인지재활을 위하여 실내 원예활동예) 종자 파종, 삽목하기, 꽃꽂이, 꽃 장식하기, 식물을 이용한 장식품 만들기, 공예활동 등 중심의 총 14회기 원예치료 프로그램주 7회, 한 회기당 40분을 개발하여 실시한 결과, 알츠하이머형 치매환자의 측두-두정엽의 당대사가 향상되는 인지치료적 효과를 나타냈다. 이와 같은 원예치료를 통한 인지치료적 효과는 보건복지부로부터 그 치료적 효과를 인정받아 2017년 7월 20일자로 신의료 기술로 인정 받았다(제66호 인지중재치료).

표 3-5 | 원예치료의 인지적 효과

구분	대상	인지적 효과
연령별	유아/아동	수 개념 발달, 공간지각 능력 개발 주의집중력 향상, 창의성 향상
	노인	기억력 향상, 지남력 향상 인지기능 향상
건강 상태별	인지질환[치매]	기억력 향상, 주의집중력 향상 인지기능 향상, 치매행동 완화

5 원예치료의 행동수정 효과

원예치료는 연령 및 건강상태에 따른 다양한 대상자의 생활습관 및 문제행동 수정을 위해 적용되고 있다. 특히 채소 · 과일 섭취량 증가, 편식 감소와 같은 식습관 변화, 게임과 인터넷 중독, 공격적 행동과 같은 문제행동의 수정과 같은 다양한 행동 변화를 꾀하는 데 효과적이다. 또한 ADHD 장애의 주의력결핍 과잉 행동과 자폐성 장애인의 자폐증 행동 감소와 같은 행동 치료적 효과를 가진다.

표 3-6 | 원예치료의 행동수정 효과

구분	효과
생활습관 및 문제행동 수정	• 채소 · 과일 섭취량 증가 • 편식 감소 • 게임 및 인터넷 중독 감소 • 공격적 행동 감소
행동 치료	• 주의력 결핍 과잉행동 감소 • 자폐증 행동 감소

6 원예치료의 교육적 효과

원예치료는 대상자가 실제 원예활동 실습을 통해 새로운 지식을 습득하면서 얻게 되는 다양한 교육 효과를 가진다. 유아는 원예활동을 통해 숫자와 경제 개념을 익힐 수 있고, 아동은 국어, 수학, 과학, 영양, 환경과 교과과정 과목의 지식 습득에 효과적이며, 학습을 위한 탐구력과 사고력의 발달, 학습에 대한 흥미도와 태도의 향상, 학업성취도 향상 등의 효과를 얻을 수 있다. 초등학생의 과학교육을 위하여 초등학교 과학 교과과정에 기초한 작물재배 중심의 초등 원예-과학 통합 프로그램총 12회기, 주 1회, 한 회기당 50분을 개발하여 실시한 결과, 교육에 참여한 초등학교 6학년생의 과학탐구 능력과 과학적 태도가 향상되는 효과를 얻은 사례를 한 예로 들 수 있다.

청소년의 경우에는 주로 원예분야 진로 탐색 및 직업체험의 기회로서 원예치료를 적용함으로써 진로정체감, 진로성숙도와 같은 진로발달에 효과를 가진다. 또한 발달장애인의 직업교육훈련으로서 원예기술교육을 제공함으로써, 재활교육적 효과를 얻을 수 있다. 직업재활로서 원예치료 프로그램을 적용한 사례를 살펴보면, 지적장애학생의 직업적응력을 향상시키고자 실제 재배농가에서 엽채류 수경재배를 이용한 총 22회기 원예치료 프로그램을 개발하고, 원예치료의 직업재활 효과를 검증하였다. 직업교육으로서 원예치료활동은 직업적응훈련 모델과 제 7차 특수학교 직업교과과정 농업교과의 교육내용에 기초하여 구성되었다. 위의 원예치료 프로그램에 참여한 지적장애 학생 총 14명은 신경근육발달 능력, 정서적 행동능력, 대인관계 전략, 직업적응력 향상에 긍정적인 효과를 얻었다.

표 3-7 | 원예치료의 교육적 효과

구분	대상	교육적 효과
연령별	유아	수 개념 발달, 경제 개념 발달
	아동	교과목 지식 습득, 탐구력 발달 사고력 발달, 학습흥미도 향상 학습태도 향상, 학업성취도 향상
	청소년	진로정체감 향상, 진로성숙도 향상
건강 상태별	발달장애	직업적응력 향상

7 자연환경 관련 이론

우리는 정신없이 바쁜 한 주를 보내고 휴식을 취할 수 있는 주말을 맞았다. 여러분이 편안한 휴식을 취하기 위한 공간을 선택해야 한다면, 쭉 펼쳐진 대로와 교통량이 많은 도심 한복판과 나무가 우거져 있는 녹색 숲, 이 둘 중에 어떠한 공간을 선택하겠는가? 대부분의 사람들이 혼잡한 도심 한복판보다 안정되고 편안함을 찾을 수 있는 녹색 숲을 휴식 공간으로 선택할 것이라 생각된다. 이러한 녹색 자연환경은 우리에게 어떤 의미이며, 어떠한 영향을 미칠까? 이와 관련하여 여러 학자들로부터 자연환경 관련 이론에 대한 많은 연구가 이루어져 왔다.

과부하와 각성 이론에 따르면 현대사회는 다양한 부정적인 요소들(예) 공해, 소음, 빠른 움직임 등)로 인해 인간의 심리적 · 생리적 부담을 가중시키는 과부하 상태에 이르게 하는데 숲, 녹색 환경과 같은 자연이 이러한 현상을 해소시켜 주고, 심신을 회복하게 해준다고 한다. 카플란[Kaplan]이란 학자는 업무를 수행하면서 생기는 피로가 녹색의 자연환경을 접하게 되면 회복된다는 주의력 회복이론을 제안하였다. 울리히[Ulrich] 또한 자연이 인간의 스트레스를 회복시키는 힘이 있다고 설명하면서, 자연환경이 인간에게 미치는 긍정적 영향에 대한 다양한 이론들을 제시하였다.

사바나 이론은 인간이 진화하면서 수백만 년간 살았던 곳이 사바나 지역이기 때문에 인간은 사바나와 비슷한 자연환경을 본능적으로 선호한다고 주장하였으며, 윌슨[Wilson]이란 학자는 자연[bio]과 사랑[philia]의 합성어인 바이오필리아[biophilia : 생명애, 생명호성, 생애호증]라는 용어를 제시하면서 인간은 진화를 통해 자연을 선호하는 기질을 유전적으로 물려받았다고 주장하였다. 위의 두 개 이론은 인간의 자연환경에 대한 선천적 선호를 강조한다.

대상자의 문제 해결을 위해 훈련된 전문가가 살아있는 녹색식물 및 환경을 이용하여 전문적인 치료적 개입이 이루어진다는 점에서 원예치료 또한 자연환경 관련 이론에 기초하여 인간에게 미치는 다양한 긍정적인 효과들을 설명 가능하게 한다.

2 원예치료의 평가 방법

원예치료의 효과는 다양한 대상자들이 원예치료 프로그램의 참여를 통해 얻게 된 긍정적인 변화를 적절한 평가 방법을 이용하여 검증한 결과이다.

원예치료의 효과 평가는 주로 대상자가 원예치료를 통해 얻길 기대하는 효과 요인을 객관적이고 과학적으로 평가할 수 있는 표준화된 척도를 이용한 설문평가와 측정기기를 이용한 측정을 수행하게 된다. 이러한 평가도구는 원예치료에서 뿐만 아니라 의료 및 타 치료 임상현장에서 일반적으로 이용되고 있다.

표준화된 척도는 특정 개인 대상자나 집단의 상태, 행동, 태도, 감정, 기능 등과 같은 경험을 측정하기 위해 구조화된 질문들로 구성되어 있다. 예를 들어, 자아존중감을 측정하기 위한 로젠버그Rosenberg의 자아존중감 척도, 우울 증상과 그 수준을 알아보기 위한 벡Beck의 우울척도, 노인의 인지기능과 치매 여부를 판단하기 위한 간이정신상태검사MMSE : mini-mental state examination 등이 있다. 측정기기의 경우 뇌의 전기적 활동을 측정 가능한 뇌파기기, 인간의 움직임을 보다 과학적으로 분석 가능한 3차원 동작 분석 시스템과 근전도기기, 손 기능을 측정 가능한 악력계, 핀치게이지, 페그보드 등이 있다.

1 평가도구 선택 방법

원예치료의 효과 평가는 원예치료사가 대상자의 변화를 위하여 계획한 치료 목적 및 목표의 달성 정도를 객관적이고 정확한 평가도구를 잘 선정하여 평가에 활용하는 것이 매우 중요하다. 따라서 원예치료사는 평가도구 선정에 있어 고려해야 할 사항이 있다.

1) 평가도구의 신뢰도와 타당도

평가도구의 신뢰도는 매번 검사를 할 때 마다 유사한 결과를 나타내는 정도를 의미한다. 쉽게 예를 들어, 체중계에 올라갔을 때 매번 다른 몸무게가 측정된다면 그 체중계의 신뢰도는 매우 낮다고 말할 수 있다. 평가도구의 타당도는 측정하고자 하는 요인을 정확히 측정해 내는 정도를 의미한다. 유사한 예로서, 몸무게를 측정해야 하는 체중계에서 키가 측정된다면 그 체중계는 타당도를 가지는 평가도구가 되기 어렵다. 표준화된 척도와 측정 도구는 이미 신뢰성와 타당도가 검증된 평가도구를 의미한다.

신뢰도는 주로 그 정도를 크론바흐 알파계수[Cronbach's alpha coefficient : Cronbach's α]로 나타낸다. 이는 0에서 1 사이의 값을 가지게 되는데, 그 값이 높을수록 신뢰도가 높은 평가도구라고 판단하며, 크론바흐 알파계수가 0.6 이상인 평가도구를 선택하는 것을 권장한다.

2) 대상에 따른 평가도구 선정

특정 대상이나 집단만을 평가하기 위해 개발된 평가도구들이 존재한다. 따라서 원예치료사는 원예치료 참여자에게 설문 내용이 적합한지, 난이도는 적당하지를 판단하여 척도를 선택하는 것이 중요하다.

예를 들어, 원예치료사는 원예치료를 통한 초등학생 고학년의 자아존중감 변화 여부를 평가하고자 한다. 이때 원예치료사는 어떤 자아존중감 평가도구를 선정해야 할까? 유아용 자아존중감 척도의 '숫자를 잘 셀 수 있나요?'를 묻는 문항, 성인용 자아존중감 척도의 '나는 대체적으로 실패한 사람이라는 느낌이 든다'를 묻는 문항 등은 초등학교 고학년생의 연령을 고려했을 때 질문 난이도와 이해도에 적합하지 않다. 따라서 초등학교 고학년생의 실정에 맞는 학교와 가정생활에 대해 묻는 문항들이 다수 포함되어 있는 초등학생용 자아존중감 척도를 선택하는 것이 적절하다[자아존중감 척도 예시 참조].

3) 평가도구에 대한 이해 및 평가 방법 숙지

평가하고자 하는 변인과 관련해 적절한 평가도구에 대한 탐색이 이루어졌다면 선정하고자 하는 평가도구에 대한 정보수집이 이루어져야 한다.

평가도구의 문항 구성[예) 총 문항의 수, 정문항과 역문항, 하위항목], 척도 유형[예) 리커트 척도, 의미분화 척도, 거트만 척도], 채점 방법 및 기준[하위항목별 또는 총점합산, 표준점수 및 백분위 분포, 진단기준점수 등] 결과 해석 등과 같은 정보를 수집하여, 실제 원예치료 평가 시 활용하도록 해야 한다.

4) 원예치료 효과영역별 주요 평가도구 소개

① 신체적 측면

㉮ 노인체력평가

노인의 신체적 기능을 측정하기 위한 평가도구인 노인체력검사[SFT : senior fitness test]는 리클리[Rikli]와 존스[Jones](2005)에 의해 고안되었으며, 60세 이상의 노인 남녀 7,000명을 대상으로 본 검사에 대한 타당도와 신뢰도의 검증이 이루어진 표준화된 평가도구이다. 본 검사는 노인의 하체근력을 측정하는 의자에 앉았다 일어서기, 상체근력을 측정하는 ㉠덤벨들기, 하체근력을 측정하는 ㉡의자에 앉았다 일어서기, 심폐지구력을 측정하는 ㉢6분 걷기 또는 2분 제자리 걷기[공간 제약이 있을 경우, 6분 걷기검사 대안으로 2분 제자리 걷기 사용 가능], 상 · 하체의 유연성을 측정하는 ㉣의자에 앉아 팔 앞으로 굽히기와 ㉤등 뒤에서 손잡기, 동적평형감과 민첩성을 동시에 측정하는 ㉥2.44m 왕복 걷기와 같이 총 6가지의 간단한 신체활동으로 구성되어 있다.

㉠ 덤벨들기 : 의자에 앉아 우세 손으로 덤벨[여자 2kg, 남자 3kg]을 잡고, 팔을 안쪽으로 최대한 빠르게 구부린다. 총 30초 동안 덤벨을 들어 올린 개수를 측정한다.

㉡ 의자에 앉았다 일어서기 : 양팔을 가슴에 모으고, 최대한 빠르게 의자에서 앉았다 일어서기를 반복한다. 30초 동안 수행한 동작 개수를 측정한다.

ⓒ **6분 걷기 또는 2분 제자리 걷기 :** 6분 걷기 검사에 공간적 제약이 있을 때 2분 제자리 걷기 검사를 실시한다. 검사 시 대상자 걸음의 무릎 높이 기준치는 대상자의 무릎 뼈와 장골 사이의 높이를 기준으로 하고, 2분 동안 무릎 높이가 기준치에 해당하는 걸음 수를 측정한다.

ⓔ **의자에 앉아 팔 앞으로 굽히기 :** 검사 실시 전 사전 연습을 통해 팔을 보다 앞으로 잘 뻗을 수 있는 쪽의 다리를 선택하고, 무릎을 굽히지 않은 상태에서 양손의 중지가 발끝을 향하게 뻗도록 한다. 중지가 발가락 끝에 닫는 지점을 기준$^{0\ cm}$으로 하여, 앞으로 뻗은 거리^{cm}를 총 2회 측정한다. 총 2회 기록 중 더 좋은 기록을 선택한다.

ⓜ **등 뒤에서 손잡기 :** 검사 실시 전 사전 연습을 통해 보다 좋은 기록이 나올 수 있는 쪽을 선택하고, 양손의 중지의 끝과 끝 사이의 거리$^{cm,\ -}$나 서로 겹쳐진 거리$^{cm,\ +}$를 측정한다. 양손의 중지가 서로 맞닿은 지점을 기준$^{0\ cm}$으로 하며, 총 2회 측정하여 보다 좋은 기록을 선택한다.

ⓗ **2.44m 왕복 걷기 :** 출발점인 의자를 벽 쪽에 위치시키고, 출발점으로부터 2.44m 떨어진 곳에 콘을 위치시킨다. 검사 대상자가 의자에 앉은 상태에서부터 최대한 빠른 걸음으로 콘을 돌아 다시 의자에 앉는 시간^{초}을 측정한다. 총 2회 측정하며, 보다 좋은 기록을 선택한다.

의자에서 앉았다 일어서기 | 등 뒤에서 손잡기 | 의자에 앉아 앞으로 굽히기 | 덤벨 들기 | 2.44m 왕복 걷기 | 2분 제자리 걸음

그림 3-3 | 노인체력검사의 예 (박 등, 2016)

㉯ 손 기능 검사

손 기능 검사는 주로 손의 쥐는 힘을 측정하는 악력, 손가락 집는 힘을 측정하는 장악력, 소근육 운동능력과 눈의 협응력을 동시에 측정하는 손기민성 검사 등이 존재한다. 악력과 장악력은 각각 ㉠악력계와 ㉡핀치게이지로 측정하며, 손기민성은 ㉢페그보드[pegboard]를 사용한다.

㉠ **악력계 :** 네 개의 손가락과 엄지손가락의 협응을 측정하는 도구로, 우세손의 팔을 자연스럽게 아래로 내린 상태에서, 악력계가 몸에 닿지 않도록 하여 측정하며, 총 3회 반복 측정한 후 평균값[kg]으로 평가한다.

㉡ **핀치게이지 :** 앉은 상태에서 우세손의 팔꿈치를 90°로 유지한 채 검지 손가락을 아래로, 엄지손가락을 위로 향하게 하여 손가락으로 핀치게이지를 집는 힘을 측정하게 된다. 이때 평가자는 핀치게이지의 윗면을 잡아 측정도구의 위치를 잘 고정시켜 주어야 한다.

㉢ **페그보드 :** 모양이 다양한 막대를 구멍이 있는 판에 끼우는 과제를 모두 완료하는 시간을 초시계로 측정한다. 수행 방법은 오른손으로 구멍의 왼쪽 맨 위쪽부터 오른쪽 방향으로 막대를 채워 나가며, 왼손의 경우에는 반대 방향으로 수행한다. 우세손 검사 후, 비 우세손 검사를 각각 1회씩 수행한다.

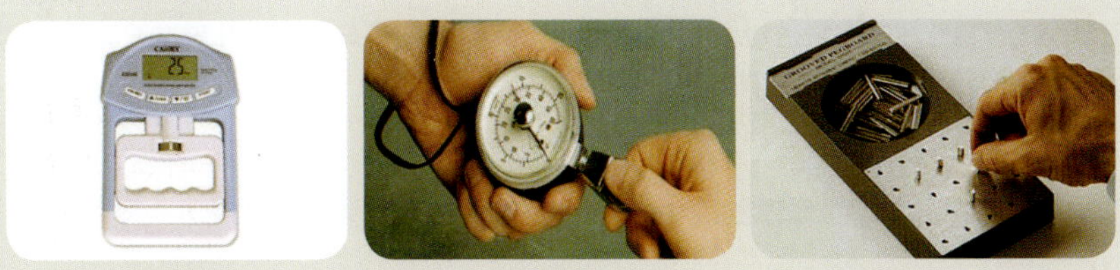

악력계 핀치게이지 페그보드

그림 3-4 | 손기능 측정도구 (이, 2017; 조, 2004)

㉰ 신체활동량

신체활동량은 세계보건기구[WHO]에서 개발한 국제신체활동설문[IPAQ]을 활용할 수 있다. 국내 활용을 위해 한국어로 번안된 단문형 국제신체활동설문의 한국어 공식 버전이 존재한다(http://www.ipaq.ki.se 참조). 설문지는 앉아서 보낸 활동, 걷기, 중간 강도 신체활동, 고강도 신체활동에 대한 구체적인 시간과 일수를 묻는 질문으로 구성되었다. ㉠걷기, ㉡중간 강도 신체활동, ㉢고강도 신체활동을 MET 값으로 산출한 점수를 합하여, 총 신체활동량을 계산하게 된다. 각 수준의 신체활동에 대한 MET 값 환산 방법은 아래와 같다.

신체활동에 대한 MET 값 환산방법

총 신체활동 = 걷기 + 보통강도 활동 + 격렬한 활동

㉠ 걷기 = 3.3 × 걷기 시간[분] × 걷기 일수

㉡ 중간 강도 신체활동 = 4.0 × 중간 강도 신체활동 시간[분] × 중간 강도 신체활동 일수

㉢ 고강도 신체활동 = 8.0 × 고강도 신체활동 시간[분] × 고강도 신체활동 일수

〈예시〉 WHO 세계 신체활동 설문

지난 7일 자가 단축형 설문

이 설문은 사람들이 평소에 하는 신체활동에 대해 알아보고자 만들어졌습니다. 설문은 지난 7일간 귀하가 신체활동에 소모한 시간에 대해 물을 것입니다. 귀하 스스로 활동적이지 않다고 생각되시더라도 각 질문에 응답해 주시기 바랍니다. 직장이나 집에서 하는 활동, 교통수단을 이용할 때 하는 활동, 여가 시간에 시행하는 활동, 운동 또는 스포츠 모두를 포함하여 생각해 주시기 바랍니다. 귀하가 지난 7일간 하신 모든 격렬한 활동을 생각해 보십시오. 격렬한 신체활동이란 힘들게 움직이는 활동으로서 평소보다 숨이 훨씬 더 차게 만드는 활동입니다. 한번에 적어도 10분 이상 지속한 활동만을 생각하여 응답해주시기 바랍니다.

1. 지난 7일간 무거운 물건 나르기, 달리기, 에어로빅, 빠른 속도로 자전거 타기 등과 같은 격렬한 신체 활동을 며칠간 하였습니까?

일주일에 ______ 일

☐ 격렬한 신체활동 없었음 ————► 다음 질문으로 가세요.

2. 그런 날 중 하루에 격렬한 신체활동을 하면서 보낸 시간이 보통 얼마나 됩니까?

하루에 ________ 시간 ________ 분

☐ 모르겠다/확실하지 않다

그림 3-5 | 국제신체활동설문[IPAQ]의 예 (박 등, 2016)

② 심리 · 정서적 측면

㉮ 자아존중감

㉠ 유아용 자아존중감 척도

하터Harter와 파이크Pike(1984)의 자아존중감 검사를 김영숙(1997)이 수정 · 보완한 검사도구이다. 이 검사도구는 총 30문항으로 구성되었고, 인지적 능력6문항, 동료수용6문항, 신체적 능력6문항, 어머니 수용6문항, 자기수용6문항과 같이 총 5개의 하위 영역으로 구분된다.

검사 방법은 상반되는 두 가지의 그림 중 유아가 자기 자신과 가까운 상태의 그림을 하나 선택하게 한 후, 크기가 작고 큰 원으로 그 해당 정도를 응답하게 한다. 채점 방법은 각 문항의 점수를 총점으로 계산하며, 각 문항별 배점은 4점으로 총점의 범위는 30점에서 120점이다. 평가 점수가 높을수록 유아의 자아존중감이 높은 것을 의미한다. 본 평가도구의 신뢰도 Cronbach's α는 .80이다(신, 2015).

〈예시〉

유아 자아존중감 검사 매뉴얼

[문항 11]

복지원예사 설명 : 이 어린이(왼편 그림)는 수를 잘 셀 수 있는데 이 어린이(오른편 그림)는 잘 세지 못하네요. ○○○와 비슷한 어린이는 이 둘 중 어느 어린이인가요?
– 오른편 그림을 선택한 경우: ○○○는 수를 전혀 셀 줄 모르나요?
(큰 원에 해당 : 1점) 아니면 조금은 셀 줄 아는 편인가요?(작은 원 해당 : 2점)
그림에 있는 ○에서 골라보세요.

[문항 12]

복지원예사 설명 : 이 어린이(오른편 그림)는 친구들이 장난감을 잘 나누어주는데, 이 어린이(왼편 그림)는 친구들이 장난감을 잘 나누어주지 않는데요. ○○○와 비슷한 어린이는 이 둘 중 어느 어린이인가요?

– 오른편 그림을 선택한 경우 : ○○○는 친구들이 장난감을 잘 나누어주나요? (큰 원에 해당 : 4점) 아니면 가끔은 친구들이 장난감을 잘 나누어주는 편인가요?(작은 원에 해당 : 3점) 그림에 있는 ○에서 골라보세요.

그림 3-6 | 유아용 자아존중감 설문도구의 예 (조, 2006)

ⓛ 아동 · 청소년용8~15세 대상 자아존중감 척도

쿠퍼스미스Coopersmith(1967)의 자아존중감 검사도구SEI : self-esteem inventory를 참조하여 최보가와 전귀연(1993)이 수정 · 보완하였다. 이 검사도구는 총 32문항으로 구성되었고, 총체적인 자아자중감6문항, 사회적 자아존중감9문항, 가정에서의 자아존중감9문항, 학교에서의 자아존중감8문항과 같이 총 4개의 하위 영역으로 구분된다.

채점 방법은 각 문항의 점수를 총점으로 계산한다. 각 문항의 배점은 5점 리커트 척도로 '전혀 그렇지 않다1점, 그렇지 않다2점, 보통이다3점, 그렇다4점, 매우 그렇다5점'으로 채점하며, 이 중 총 8개의 역채점 문항이 포함되어 있다.

총 총점 범위는 32점에서 160점이며, 평가점수가 높을수록 자아존중감이 높은 것을 의미한다. 본 검사지의 신뢰도 Cronbach's α는 .84이다.

표 3-8 | 아동 · 청소년용 자아존중감 설문도구의 예 (정, 2012)

번호	문항	전혀 그렇지 않다	그렇지 않다	보통이다	그렇다	매우 그렇다
1	나는 결심을 하고 그 결심대로 밀고 나갈 수 있다.					
2	나는 내 또래의 친구들 사이에 인기가 있다.					
3	부모님은 내 기분을 잘 맞춰 주신다.					
4	나는 학교에서 실망하는 일이 가끔 있다.					
5	나는 될 수 있는 한 최선을 다하려 한다.					
6	나에겐 친구가 많다.					
7	부모님은 나를 잘 이해해 주신다.					
8	내가 원하는 만큼 학교생활이 원만치 않다.					
9	나는 주저하지 않고 결심할 수 있다.					
10	누구든지 나를 좋아한다.					
11	나는 집에서 상당히 행복하다.					
12	나는 학교에서 가끔 화날 때가 있다.					
13	내 문제는 주로 내가 해결할 수 있다.					
14	나와 함께 있는 것을 다른 사람들은 좋아한다.					
15	나는 부모님과 함께 즐거운 시간을 많이 가진다.					
16	선생님은 나를 착하지 않다고 생각하시는 것 같다.					
17	나는 나 자신을 잘 알고 있다.					
18	나는 남을 재미있게 해 주는 사람이다.					
19	나는 가족들과 함께 있을 때 기분이 좋다.					
20	나는 학교 성적에 실망이 된다.					
21	나는 나 자신에 대해 매우 만족한다.					
22	나는 남에게 좋은 친구이다.					
23	우리 가족은 이 세상에서 제일 훌륭하다.					
24	나는 학교에서 하는 일이 서툴다.					
25	내 친구들은 내 생각을 귀담아 들어 준다.					
26	나는 좋은 딸(아들)이다.					
27	내가 좀 더 나은 학생이면 좋겠다.					
28	친구들은 주로 내 생각에 따른다.					
29	부모님이 나를 자랑스러워 하실 만 하다.					

ⓒ 성인용 자아존중감 척도

로젠버그Rosenberg(1965)가 개발한 자아존중감 척도를 전병재(1974)가 한국어로 번역하였으며 이 검사도구는 총 10문항으로 구성되어 있다.

채점 방법은 각 문항의 점수를 총점으로 계산한다. 각 문항의 배점은 4점 리커트 척도로 '대체로 그렇지 않다1점, 보통이다2점, 대체로 그렇다3점, 항상 그렇다4점'로 채점하며, 이 중 총 5개의 역채점 문항이 포함되어 있다. 본 검사지의 신뢰도 Cronbach's α는 .74이다.

표 3-9 | 성인용 자아존중감 설문도구의 예 (우, 2009)

번호	문항	대체로 그렇지 않다	보통이다	대체로 그렇다	항상 그렇다
1	나는 내가 다른 사람들처럼 가치 있는 사람이라고 생각한다.				
2	나는 좋은 성품을 가졌다고 생각한다.				
3	나는 대체적으로 실패한 사람이라는 느낌이 든다.				
4	나는 대부분의 다른 사람들과 같이 일을 잘할 수가 있다.				
5	나는 자랑할 것이 별로 없다.				
6	나는 내 자신에 대하여 긍정적인 태도를 가지고 있다.				
7	나는 내 자신에 대하여 대체로 만족한다.				
8	나는 내 자신을 좀 더 존경할 수 있으면 좋겠다.				
9	나는 가끔 내 자신이 쓸모없는 사람이라는 느낌이 든다.				

㉯ 우울아동, 성인, 노인

㉠ 아동용 우울감 척도

코박스Kovacs(1981)가 개발한 아동용 우울감 척도CDI : children's depression inventory를 한유진(1993)이 한국어로 번안하였다. 이 검사도구는 총 27문항으로 구성되며, 우울정서, 행동장애, 흥미상실, 자기비하, 생리적 증상과 같이 5개의 하위범주로 세분화할 수 있다. 각 문항 점수는 0~2점이며, 점수 분포는 0~54점 사이로 점수가 높을수록 우울감이 높은 것을 의미한다. 본 검사의 신뢰도 Cronbach's α는 .81이다.

표 3-10 | 아동용 우울감 설문도구의 예 (윤, 2009)

다음 문항들은 자세히 읽고, 지난 2주일 동안 느끼고 행동한 것을 가장 잘 나타내는 숫자에 'V' 표시하여 주십시오.

번호	나는 지난 2주일 동안	
1	나는 가끔 슬프다	
	나는 자주 슬프다	
	나는 항상 슬프다	
2	나에게 제대로 되어 가는 일이란 없다.	
	나는 내 일이 제대로 되어 갈지 확신할 수 없다.	
	나에겐 모든 일이 제대로 되어 갈 것이다.	
3	나는 대체로 무슨 일이든지 웬만큼은 잘한다.	
	나는 잘못하는 일이 많다.	
	나는 모든 일을 잘못한다.	
4	나에겐 재미있는 일들이 많다.	
	나에겐 재미있는 일들이 더러 있다.	
	나에겐 어떤 일도 전혀 재미가 없다.	
5	나는 언제나 못된 행동을 한다.	
	나는 못된 행동을 할 때가 많다.	
	나는 가끔 못된 행동을 한다.	

㉡ 성인용 우울감 척도

벡[Beck](1961)이 개발한 성인용 우울감 척도[BDI : Beck depression inventory]를 이용호와 송종용(1991)이 한국어로 번안하였다. 이 검사도구는 총 21문항으로 구성되어 있으며 정서적, 인지적, 동기적, 생리적 증후군 등과 같은 하위항목으로 세분화할 수 있다. 각 문항 점수는 0점에서 3점까지로 평점하며, 총점범위는 0~63점으로 총점이 높을수록 우울감이 높은 것을 의미한다. 0~9점은 정상, 10~15점은 가벼운 우울, 16~23은 우울증, 24~63은 심각한 우울로 구분할 수 있다. 이 평가도구의 신뢰도 Cronbach's α는 .85이다.

표 3-11 | 성인용 우울감 설문도구의 예 (전, 2018)

다음 내용을 읽고 4개의 문항 중에서 평상시[오늘을 포함한 지난 일주일간] **자신을 가장 잘 나타낸다고 생각되는 하나의 문항을 선택하여 그 문항의 번호에 'v'표 해주세요.**

1	나는 슬픔을 느끼지 않는다.
	나는 슬픔을 느낀다.
	나는 항상 슬프고, 그것을 떨쳐 버릴 수가 없다.
	나는 너무나도 슬프고 불행해서 도저히 견딜 수 없다.
2	나는 내 앞날에 대해 특별히 실망하지 않는다.
	나는 내 앞날에 대해 실망감을 느낀다.
	나는 내 앞날이 희망이 없다.
	나는 내 앞날이 희망이 없고 나아질 것이 하나도 없다고 생각한다.
3	나는 실패감 같은 것을 느끼지 않는다.
	나는 내가 다른 사람들보다 더 많이 실패했다고 생각한다.
	나의 살아온 과거를 돌아보건대 모든 것이 실패의 연속이었다.
	나는 한 인간으로서 완전히 실패했다고 생각한다.
4	나는 전과 다름없이 일상생활에 만족감을 갖는다.
	나는 전처럼 일상생활을 잘해 낼 수 없다.
	나는 요즈음 그 어느 것도 실제적 만족을 느끼지 못한다.
	나는 모든 것이 다 불만스럽고 지겹다.

ⓒ 노인용 우울감 척도short form geriatric depression scale

야사베즈Yasavage와 셰이크Sheikh(1986)가 개발한 우울감 척도를 조맹제 외(1999) 등이 한국어 번안 및 축약형으로 수정 보완하였다. 이 검사도구는 총 15문항으로 구성된다. 15문항 중 10개 문항은 '예'라고 응답한 경우 1점을 부여하고, 역문항인 나머지 5문항은 '아니오'라고 응답한 경우 1점을 부여한다. 점수가 높을수록 우울감이 높은 것을 의미한다. 5점 이하는 정상 상태, 6점~9점은 경증 우울, 10점 이상을 중증 우울로 구분한다. 본 평가도구의 신뢰도 Cronbach's α는 .88이다.

표 3-12 | 노인용 우울감 설문도구의 예 (이, 2017)

지난 일주일 동안의 기분을 알아보기 위한 질문입니다. 질문을 잘 읽으시고, 그렇다면 '예', 그렇지 않다면 '아니오'에 'v'표 해주세요.

번호	문항	아니오	예
1	근본적으로 생활에 만족하십니까?		
2	자주 지루하다고 느끼십니까?		
3	자주 무력감을 느끼십니까?		
4	밖에 나가 새로운 일을 하는 것보다 집에 있는 것이 좋습니까?		
5	현재의 생활방식이 매우 가치 없다고 느끼십니까?		
6	활동이나 흥미가 떨어졌습니까?		
7	인생이 허무하다고 느끼십니까?		
8	대부분의 생활이 활기에 차 있습니까?		
9	무언가 나쁜 일이 일어날까 봐 불안하십니까?		
10	대부분의 생활이 행복하다고 느끼십니까?		
11	다른 사람에 비해 기억력이 더 떨어졌다고 느끼십니까?		
12	지금 살아있다는 사실이 놀랍다고 느끼십니까?		

㉰ 불안

스필버거Speilberger(1972)가 제작한 상태-특성불안검사STAI : state-trait anxiety inventory를 김정택(1978)이 한국어로 번안하였다. 이 검사도구에서 불안은 상태불안과 특성불안으로 구분한다. 상태불안은 일시적인 감정 상태로 시간의 경과에 따라 변화하는 주관적 · 의식적인 불안상태이며, 특성불안은 개인이 가지고 있는 분노

표 3-13 | 불안감 설문도구의 예 (손, 2013)

번호	문항	그렇지 않다	보통 이다	그렇다	항상 그렇다
1	나는 마음이 차분하다.				
2	나는 마음이 든든하다.				
3	나는 긴장되어 있다.				
4	나는 후회스럽고 서운하다.				
5	나는 마음이 편안하다.				
6	나는 당황해서 어찌할 바를 모르겠다.				
7	나는 앞으로 불행할까 봐 걱정하고 있다.				
8	나는 마음이 놓인다.				
9	나는 불안하다.				
10	나는 편안하게 느낀다.				
11	나는 자신감이 있다.				
12	나는 짜증스럽다.				
13	나는 마음이 조마조마하다.				
14	나는 극도로 긴장되어 있다.				
15	내 마음은 긴장이 풀려 푸근하다.				
16	나는 만족스럽다.				
17	나는 걱정된다.				
18	나는 흥분되어 어쩔 줄 모르겠다.				

에 대한 성격적 경향성 및 행동성향을 의미한다. 총 30문항으로, 각 분노에 따라 상태불안 20문항, 특성불안 10문항으로 구성되어 있다. 각 문항은 그렇지 않다[1점], 보통이다[2점], 그렇다[3점], 항상 그렇다[4점]와 같이 1부터 4점까지로 채점이 이루어진다. 손정자(2013)는 원예치료 프로그램 참여 후 대상자의 상태불안 변화를 조사하기 위해 상태불안 척도 20문항을 사용하였다. 총 20문항 중 긍정적인 질문은 10문항, 부정적인 질문[역문항]은 10문항으로 구성되었다. 본 평가도구의 신뢰도 Cronbach's α는 .87이다.

㉣ 환경친화적 태도

무써[Musser]와 다이아몬드[Diamond](1999)가 개발한 환경친화적 태도 검사도구[CATES-PV : children's attitudes toward the environment scale for school-age children]를 기초하여, 허(2001)가 유아에게 적합하도록 수정 · 번안한 도구를 사용하였다. 이 검사도구는 총 18문항으로 구성되어 있으며, 이 중 11개 문항은 자연친화적 태도를, 나머지 7개 문항은 환경보건 태도를 묻는 질문이다.

검사 방법은 평가대상이 유아임을 고려하여 상반되는 상태의 그림을 하나 선택하게 한 후, 크기가 작고 큰 원으로 그 해당 정도를 응답하게 한다. 채점 방법은 각 문항의 점수를 총점으로 계산하며, 각 문항별 배점은 4점으로 총점의 범위는 18점에서 72점이다. 평가 점수가 높을수록, 유아의 환경친화적 태도가 높은 것을 의미한다. 본 평가도구의 신뢰도 Cronbach's α는 .85이다.

〈예시〉 **[문항 13]**

어떤 친구들은 사람이 많이 모여 사는 곳에서 사는 것을 좋아한다. 그러나 다른 친구들은 식물과 동물이 많은 곳에서 사는 것을 좋아한다.

[문항 14]

어떤 친구들은 야외에서 발견한 곤충이나 벌레를 자세히 보지 않는다. 그러나 다른 친구들은 곤충과 벌레를 만지거나 자세히 보는 것을 좋아한다.

그림 3-7 | 환경친화적 태도 설문도구의 예 (김, 2011)

㉮ 정서지능

㉠ 유아용 정서지능교사용 평정 척도

메이어Mayer와 샐로베이Salovey(1990)의 정서지능 모형과 골맨Goleman(1995) 이론에 기초하여 이병래(1997)가 개발한 교사용 만 5세 유아를 위한 정서지능 검사도구이다. 만 5세의 경우 아직 자기보고 능력이 충분하지 않기 때문에, 담당 교사가 유아의 행동을 관찰하여 평가지를 작성하는 방법을 사용한다. 본 평가도구는 총 31문항으로 자기인식, 자기조절, 타인인식, 타인조절과 같이 총 4개의 하위영역으로 구성되어 있다. 각 문항은 1점부터 5점까지로 채점한다. 총 문항의 총점이 높을수록 정서지능이 높음을 의미한다. 본 평가도구의 신뢰도 Cronbach's α는 .89이다.

표 3-14 | 유아용 정서지능 설문도구의 예 (송, 2011)

번호	문항	전혀 그렇지 않다	거의 그렇지 않다	그저 그렇다	대체로 그런 편이다	매우 그렇다
1	어떤 만족스러운 일을 해냈을 때 자랑스러워하거나 기뻐한다.					
2	걱정스러울 때 그 감정을 잘 표현한다.					
3	심심할 때 그 감정을 잘 표현한다.					
4	즐거울 때 그 감정을 잘 표현한다.					
5	부끄러울 때 그 감정을 잘 표현한다.					
6	흥분하고 있을 때 그 감정을 잘 표현한다.					
7	선생님이 요구하는 사항을 잘 이해하고 따른다.					
8	게임에서 졌을 때 화내지 않고 결과를 수용한다.					
9	어떤 활동을 할 때 자기를 제일 먼저 시켜주지 않아도 수용할 수 있다.					
10	자기 순서가 될 때까지 참고 기다린다.					
11	놀이에서 따돌림을 당하여 혼자 놀게 되더라도 화내지 않는다.					
12	친구들이 별명을 부르거나 놀리더라도 화내지 않는다.					
13	화가 났을 때 참을 줄 안다					
14	하던 일이 잘 안되거나 실패해도 짜증이나 신경질을 내지 않는다.					
15	친구들과 게임을 할 때 자기가 지고 있는 상황이라도 규칙을 잘 지킨다.					
16	다른 사람의 표정을 보고 그 사람의 기분 상태를 잘 안다.					
17	상대방의 말을 듣고 그 사람의 기분상태를 잘 안다.					
18	친구가 넘어져서 다쳤을 때 안타까워 한다.					
19	친구가 다른 아이에게 장난감을 빼앗겼을 때 속상해 한다.					
20	애를 쓰고 있는 친구를 보면 안타까워 한다.					
21	어떤 아이가 울고 있을 때 측은한 마음을 갖는다.					
22	친구가 아플 때 걱정을 해준다.					
23	친한 친구를 만났을 때 반갑게 인사한다.					
24	친하게 지내고 싶은 아이에게 친밀감 있게 접근한다.					
25	다른 친구를 자기가 하고 있는 놀이에 참여시킬 줄 안다.					
26	밖에서 선생님을 만났을 때 반갑게 인사를 잘 한다.					
27	친구에게 도움을 받았을 때 고마움을 표현할 줄 안다.					
28	선생님이 화가 나 있을 때 자신의 행동을 조심할 줄 안다.					

㉡ 초등학생-청소년용 정서지능

샐로베이Salovely와 메이어Mayer(1990)의 정서지능 모형에 기초하여 문용린(1997)이 개발한 초등학생4학년-청소년 대상 정서지능 검사도구이다. 대상 아동이 자각하는 자신의 상태를 평가하는 자기보고식 측정도구이다. 총 47문항으로 구성되어 있으며 정서인식, 정서지능, 정서표현, 감정이입, 정서조절, 정서활용과 같이 총 6개의 하위영역으로 구성되어 있다. 본 검사지의 1번부터 37번 문항까지는 한 문항당 1점부터 3점까지로 채점하며, 38번부터 47번까지의 문항은 두 개의 보기 중에 자신에게 가까운 상황을 선택하도록 하여 1점 또는 2점으로 채점한다. 총 문항의 총점이 높을수록 정서지능이 높음을 의미한다. 본 평가도구의 신뢰도 Cronbach's α는 .87이다(류, 2007).

표 3-15 | 아동 · 청소년용 정서지능 설문도구의 예 (한, 2014)

번호	문항	그렇지 않다	거의 그런 편이다	그렇다
1	나는 내 기분이나 감정을 정확하게 알 수 있다.			
2	나는 내가 화가 났는지, 짜증이 났는지 잘 구별할 수 있다.			
3	나는 내가 슬픈지, 부끄러운지 잘 구별할 수 있다.			
4	나는 내가 싫증이 났는지, 불안한지 잘 구별할 수 있다.			
5	나는 내가 마음이 뿌듯한지, 신났는지 잘 구별할 수 있다.			
6	나는 얼굴 표정만 보고도 그 사람이 화가 났는지 알 수 있다.			
7	나는 선생님의 표정만 봐도, 선생님의 기분이 어떤지 알 수 있다.			
8	나는 목소리나 말투만 들어도, 그 사람이 기분이 좋은지 나쁜지 알 수 있다.			
9	나는 동생이나 동네 꼬마가 귀여워도 안아주거나 쓰다듬어 주지 못한 적이 있다.			

번호	문항	그렇지 않다	거의 그런 편이다	그렇다
12	내 짝이 상을 받거나 칭찬을 받아서 좋아하는 것을 보고 나는 속으로 축하해 주고 싶지만 그렇게 하지 못한 적이 있다.			
13	내 친구에게 슬픈 일이 생겼을 때 나는 속으로 위로해 주고 싶지만 그렇게 하지 못한 적이 있다.			
14	나에게 어려운 일이 생겨서 내 친구가 나를 도와주었을 때 나는 속으로 고맙다고 말하고 싶지만 그렇게 하지 않은 적이 있다.			
15	길에서 평소 좋아하는 선생님을 보았을 때 나는 속으로는 달려가서 인사하고 싶지만 그렇게 하지 못한 적이 있다.			
16	나는 친구도 없이 외톨이로 혼자 다니는 아이를 보면 불쌍하게 느껴진다.			
17	나는 몸이 약한 친구를 보면 불쌍하고 걱정이 된다.			
18	친구가 선생님께 칭찬을 받고 좋아하면 나도 기분이 좋아진다.			
19	어머니나 친구의 기분이 나쁘면, 나도 기분이 안 좋아진다.			
20	친구가 벌을 받는 것을 보면 나도 야단을 맞은 것같이 기분이 나빠진다.			
21	울면서 학교에 가는 아이를 보면 나도 기분이 안 좋아진다.			
22	나는 길거리에서 구걸하는 사람을 보면 마음이 아프고 불쌍하다.			
23	나는 우울할 때 즐거웠던 기억을 떠올려 보려고 노력한다.			
24	나는 평소에 기분을 좋게 가지려고 애쓰는 편이다.			
25	나는 괴로울 때에도 모든 일이 잘 될 것이라고 생각한다.			
26	나는 기분 나쁜 일을 빨리 잊으려고 애쓰는 편이다.			
27	나는 화가 나면 화를 가라앉히려고 애쓰는 편이다.			
28	나는 행복한 순간의 느낌을 오래 간직하려고 노력한다.			
29	나는 일이 잘 안되어도 실망하지 않으려고 애쓴다.			
30	나는 우울한 기분이 들 때, 즐거워질 수 있는 나만의 방법을 생각한다.			
31	다른 사람에게 좋은 인상을 주기 위해서 나는 옷차림을 단정히 하려고 애쓴다.			
32	짝이 기분이 안 좋아 보일 때 나는 조심스럽게 행동한다.			
33	다른 사람에게 좋은 인상을 주기 위해서 나는 늘 웃으려고 노력한다.			
34	어머니(아버지)께서 화가 나셨을 때 나는 잘못하는 일이 없도록 노력한다.			
35	선생님께서 좋아하시도록 나는 얌전하고 똑똑하게 행동한다.			
36	친구가 슬퍼 보일 때 나는 기분을 좋게 해주려고 노력한다.			

38. **내가 열심히 한 숙제가 없어져서 속상할 때, 나는.**

① 속상하지만 빨리 잊고, 숙제를 다시 시작할 수 있다.

② 잃어버린 숙제가 자꾸 생각나서 다시 하기 싫어진다.

39. **시험공부를 해야 하는데, 어머니 친구 분들이 집에서 큰소리로 이야기하고 계실 때, 나는.**

① 시끄러워도 할 수 있는 공부를 해야겠다고 생각한다.

② 어머니 친구들 때문에 시험을 망칠 것 같아서 짜증이 난다.

40. **나에게 화를 내거나 나를 괴롭히는 친구들에게, 나는.**

① 더 친절하게 대해주는 편이다.

② 똑같이 화를 내거나 괴롭힌다.

41. **어머니께서 야단을 치실 경우, 나는.**

① 어머니께 감사한 마음이 든다.

② 어머니가 미워지고 짜증이 난다.

42. **친구와 내가 똑같이 잘못을 했는데도 선생님께서 나만 야단치실 때, 나는.**

① 나도 잘못을 했으므로 선생님의 야단을 기꺼이 받아들인다.

② 나만 야단치시는 선생님이 밉고 화가 난다.

43. **시험을 망쳐서 기분이 나쁠 때, 나는.**

① 오늘 시험을 빨리 잊고 내일 볼 시험공부에 집중할 수 있다.

② 오늘 본 시험이 자꾸 떠올라서 공부가 잘 안 된다.

44. **내가 싫어하는 친구와 짝이 되면, 나는.**

① 그 친구의 좋은 점을 찾아보려고 노력한다.

② 그 친구와는 놀지 않고 다른 친구와 친하게 지낸다.

45. **나에 대해 나쁜 이야기(욕이나 험담)를 한 사람이 있어 기분이 나쁠 때, 나는.**

① 기분을 바꿀 수 있는 다른 생각을 하려고 노력한다.

② 그 사람을 찾아가서 화를 내거나 따진다.

46. **악기나 운동을 배우는데 잘 되지 않아서 속상할 때, 나는.**

① 잘하는 내 모습을 상상하며 화를 참고 더 열심히 연습한다.

② 내게 맞지 않는 것은 빨리 그만 두는 것이 좋다고 생각한다.

㉳ 스트레스코티졸 호르몬

스트레스를 측정하기 위한 자기보고식 평가도구가 존재하기는 하지만, 여기서는 스트레스 호르몬이라고 지칭되는 코티졸 호르몬의 수치를 타액검사를 통해 측정하는 객관적인 검사 방법을 소개하고자 한다. 코티졸은 우리가 스트레스를 받게 되면 신체기관 중 부신이라는 곳에서 그 분비 수준이 높아지게 된다. 타액 코티졸 검사는 주로 오전 시간에 측정하게 되며, 검사용 튜브에 대상자의 타액을 채취한 후 분석한다. 코티졸 호르몬의 농도 수치가 높을수록 스트레스가 높다고 해석할 수 있다(한, 2018).

그림 3-8 | 코티졸 타액 검사 (https://www.snudh.org)

③ 사회적 측면

㉮ 사회적 기술

그레셤과 엘리엇Gresham and Elliott(1990)의 교사용 사회적 기술 평정척도SSRS : social skill rating system-teacher form elementary level를 김향지(1996)가 수정 · 번안하였다. 본 평가도구는 교사가 평가대상자를 관찰하여 평가를 하는 방식으로, 자기보고가 어려운 연령이나 장애를 가진 특수학생에게 적용 가능하다. 본 평가도구는 총 30문항으로 협력, 자기주장, 자기조절과 같은 하위항목으로 구성되어 있다. 각 문항은 0점부터 2점까지로 채점한다. 본 평가도구의 신뢰도 Cronbach's α는 .82이다.

표 3-16 | 아동용 사회적 기술 설문도구의 예 (김, 2007)

번호	문항	전혀 없다	가끔씩 나타난다	자주 나타난다
1	친구와 의견 충돌 시 잘 참는다.			
2	처음 보는 사람에게 자신을 소개한다.			
3	규칙이 공평하지 못하면 적절하게 이의를 제기한다.			
4	의견일치를 위해 자신의 주장을 양보한다.			
5	친구의 강요에 적절하게 행동한다.			
6	적당한 때에 자신의 좋은 점을 이야기한다.			
7	활동에 친구가 참여하도록 권유한다.			
8	남는 시간을 잘 활용한다.			
9	정해진 시간 내에 자신에게 주어진 과제를 마친다.			
10	친구를 쉽게 사귄다.			
11	친구가 놀릴 때 적절하게 대응한다.			
12	어른과의 의견 충돌 시 잘 참는다.			
13	다른 사람의 비판을 잘 받아들인다.			
14	친구와의 대화를 잘 이끌어 간다.			
15	다른 사람의 도움을 기다리는 동안 적절하게 시간을 활용한다.			
16	숙제를 잘한다.			
17	부당한 대우를 받았다고 여길 때 적절하게 대응할 수 있다.			
18	집단 활동 시 친구의 의견을 받아들인다.			
19	친구를 칭찬할 줄 안다.			
20	교사의 지시를 따른다.			
21	학습 자료나 비품을 제자리에 정리한다.			
22	촉구 없이도 친구와 협력한다.			
23	활동 시 자발적으로 친구를 도와준다.			
24	진행 중인 활동이나 집단에 스스로 참여한다.			
25	친구가 밀거나 때릴 때 적절하게 대응한다.			
26	활동을 하는 동안 친구의 방해에도 자신의 일을 한다.			
27	스스로 책상을 깨끗하게 정돈한다.			
28	교사의 말에 주목한다.			

㉯ 또래관계

김(1989)이 또래관계를 측정하기 위해 개발한 척도를 김(2005)이 수정 · 보완한 척도이다. 이 평가도구는 총 20문항으로 친구의 유무와 신뢰도, 교제의 지속성, 친구 간의 적응, 친구와의 공동생활과 같이 4개의 영역으로 구성되어 있으며, 자기보고 평가가 가능한 아동 및 청소년에게 적용 가능하다. 각 문항은 1점부터 5점까지로 채점하게 되며, 총점이 높을수록 또래관계가 좋은 것을 의미한다. 본 평가도구의 신뢰도 Cronbach's α는 .88이다.

표 3-17 | 아동용 또래관계 설문도구의 예 (김, 2013)

번호	문항	전혀 아니다	아니다	보통이다	그렇다	매우 그렇다
1	나의 주변에는 사귈만 한 친구가 별로 없다.					
2	나는 친구를 쉽게 사귀지 못한다.					
3	나와 마음이 통할 친구가 없어 늘 외롭다.					
4	나의 친구들은 내 말을 잘 믿어주지 않는다.					
5	나는 친구들과 어울릴 때보다 혼자 있을 때가 더 편하다.					
6	나를 진실로 이해해 주는 친구가 별로 없다.					
7	나는 친구들과 쉽게 사이가 벌어지는 편이다.					
8	나는 좋은 친구들을 많이 갖고 있다.					
9	나는 교제를 끊고 싶은 친구가 있는데 잘 안되어서 고민한 적이 있다.					
10	좋아하는 친구가 자주 바뀌는 편이다.					
11	나는 친구를 대할 때 자연스럽게 대하지 못한다.					
12	나는 친구들을 잘 다루는 편이다.					
13	나는 친구를 대할 때 경계하는 편이다.					
14	친구가 내 마음을 몰라 주어서 안타깝다.					
15	나보다 유능한 친구를 보면 시기와 질투가 일어난다.					
16	나는 친구들 사이에서 인기가 높은 편이다.					
17	친구들은 나를 가까이 대하려 하지 않는다.					

㉰ 의사소통 기술 부모-자녀 간 의사소통

반즈Barnes와 올슨Olsen(1985)이 개발한 부모-자녀 의사소통 측정도구PACI : parents adolescent comunication inventory를 민혜영(1990)이 한국어로 번안하였다. 이 평가도구는 자녀가 부와 모 각각에 대해 느끼는 의사소통의 정도를 평가하는 방법을 이용한다. 총 20문항으로 개방형 의사소통과 문제형 의사소통을 하위요인으로 각각 10문항씩으로 구성되었다. 각 문항은 1점부터 5점으로 채점되며, 점수가 높을수록 자녀와 부모 간의 개방적이고 긍정적인 의사소통이 이루어지고 있음을 의미한다. 본 평가도구의 신뢰도 Cronbach's α는 .90이다.

표 3-18 | 자녀용 부모-자녀 간 의사소통 설문도구의 예 (권, 2012)

번호	문항	전혀 그렇지 않다	그렇지 않다	잘 모르겠다	그렇다	매우 그렇다
1	나는 나의 생각을 어머니와 거리낌 없이 의논할 수 있다.					
2	어머니께서 나에게 하시는 말씀은 가끔 믿기가 어렵다.					
3	어머니는 나의 말에 귀 기울여 주신다.					
4	내가 원하는 것을 어머니께 부탁드리려면 겁이 난다.					
5	어머니는 내가 말하지 않아도 나의 감정을 잘 아신다.					
6	어머니는 나에게 어떤 말을 하느니 입을 다물고 가만히 있으라고 하신다.					
7	나는 어머니와 대화를 하면 매우 만족한다.					
8	나에게 어떤 문제가 생긴다면 나는 어머니께 차라리 아무 말씀을 하지 말고 가만히 계시라고 한다.					
9	나에게 무슨 일이 있더라도 나는 어머니께 모두 말씀드릴 수 있다.					
10	어머니께 말씀드리려면 조심스럽고 어렵다.					
11	마음 놓고 어머니께 어리광을 부린다.					
12	어머니와 대화를 나눌 땐 차라리 말을 하지 않는 것이 마음 편하다.					
13	나의 질문에 대해 어머니는 솔직하게 대답해 주신다.					
14	나는 어머니와 의논할 수 없는 비밀이 많다.					

④ 인지적 측면

㉮ 간이 정신상태검사

폴스타인[Folstien] 등(1975)이 노인의 인지능력을 측정하기 위해 제작한 간이 정신상태검사[MMSE : mini mental state examination]를 강연욱 등(1997)이 한국어로 번안하였다. K-MMSE[Korean version of mini mental state examination]는 총 19문항으로 지남력, 기억력, 주의집중, 기억회상, 언어 및 시공간 구성과 같은 하위항목으로 구성되어 있다. 총점은 총 30점이며, 점수가 높을수록 인지기능이 높음을 의미한다. 24~30점은 정상, 20~23점은 경도의 인지기능 장애, 0~17점은 확정적 치매라고 판단한다. 본 평가도구의 신뢰도 Cronbach's α는 .83이다.

표 3-19 | 인지기능 검사도구의 예 (이, 2016)

간이 정신상태검사 K-MMSE

교육년수	① 문맹 ② 무학이나 문맹이 아님~3년 ③ 4~6년 ④ 7년 이상

	항목	반응	점수
시간 지남력	년(1)		
	월(1)		
	일(1)		
	요일(1)		
	계절(1)		
장소 지남력	나라(1)		
	시/도(1)		
	무엇하는 곳(1)		
	현재 장소명(1)		
	현재 몇 층(1)		

	항목	반응	점수
주의집중 및 계산	100–7(1)		
	–7(1)		
	–7(1)		
	–7(1)		
	–7(1)		
기억회상	비행기(1)		
	연필(1)		
	소나무(1)		
언어 및 시공간 구성	이름대기(2)		
	명령시행(3)		
	따라말하기(1)		
	오각형 그리기(1)		
	읽기(1)		
	쓰기(1)		
		총점	/ 30점

이름대기 : 시계, 볼펜

명령시행 : 종이를 뒤집고, 반으로 접은 다음, 저에게 주세요

㉯ 주의집중력

모오스브루거[Moosbrugger]와 오쉘애걸[Oehlschaegel](1995)이 개인의 주의행동을 진단하기 위해 개발한 평가도구이며, 오현숙(2002)이 한국어로 번안하고 표준화하였다. 이 평가도구는 통제력, 선택적 주의력과 같은 하위 영역을 가지고 있다. 본 검사는 4가지 종류의 도형이 가로 20개, 세로 30개로 배열된 가운데 제시된 2가지 도형을 찾아내는 작업을 총 2번[검사지1과 2]을 수행하며, 한 작업당 3분의 시간이 주어진다. 이를 통해 이해도 지수, 능력지수, 통제지수, 지속성 지수와 같은 수치를 계산하여 평가하게 된다.

〈예시〉 **아래 그림에서 세 점을 가진 동그라미와 두 점을 가진 네모를 찾으세요.**

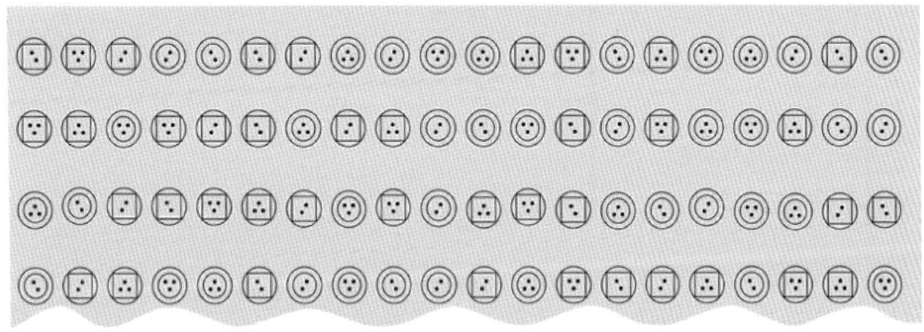

그림 3-9 | 주의집중력 검사도구의 예 (배, 2015)

⑤ 행동수정 측면

㉮ 문제행동수정[주의력결핍행동]

주의력결핍행동장애[ADHD]의 문제행동을 평가하기 위하여, 코너스[Conners](1970)가 개발한 ADHD 주의력결핍행동 교사용 평정지[ACTeRS]를 Goyetee 등(1978)이 단축형으로 수정 · 보완한 것을 오경자와 이혜련(1989)이 한국어로 번안하였다. 평가는 해당 대상자의 행동을 담당교사가 관찰하여 질문지에 응답하는 방법을 이용한다. 총 18문항으로 구성되어 있으며, 주의력 결핍과 과잉행동 및 충동성을 평가한다. 각 문항은 1점에서 5점까지로 채점하며, 총점이 높을수록 주의력결핍행동이 심한 것으로 해석한다. 본 평가도구의 신뢰도 Cronbach's α는 .92이다.

평가도구를 활용한 원예치료의 효과 평가 이외에도 단일사례조사는 원예치료를 통해 행동을 수정하고자 하는 것을 목표행동[표적행동]으로 보고, 원예치료의 행동수정에 대한 효과를 분석하는 데 매우 유용한 방법이다. 예를 들어 아동의 공격행동[예) 친구 때리기, 물건 집어던지기 등]을 감소시키기 위한 원예치료 프로그램을 실시하여 공격성 감소의 효과를 평가하고자 할 때, 아동의 표적행동인 공격행동의 빈도수 관찰을 통해 원예치료의 공격성 감소 효과를 평가할 수 있다. 프로그램 참여 전의 기준 경향을 기초선이라고 보고 프로그램 전, 과정, 후의 목표행동의 변화를 사례별 그래프를 통해 살펴볼 수 있다.

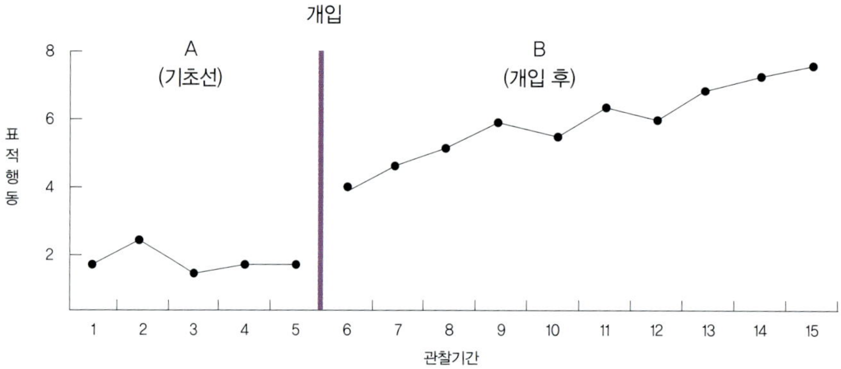

그림 3-10 | 문제행동 수정 평가를 위한 단일사례조사의 예 (황, 2006)

표 3-20 | 주의력결핍행동 검사도구의 예 (이, 2010)

번호	문항	전혀 그렇지 않다	조금 그렇지 않다	보통이다	꽤 그렇다	매우 그렇다
1	외부 자극에 쉽게 주의가 산만해진다.					
2	흔히 작업 및 활동을 조직화하는 데 어려움이 있다.					
3	다른 사람이 말을 할 때 자주 귀를 기울이지 않는 것처럼 보인다.					
4	일상적 활동을 자주 망각한다.					
5	지속적으로 정신적 노력을 요구하는 과제를 싫어한다.					
6	일이나 학습, 놀이를 할 때 지속적으로 주의를 유지하기 힘들다.					
7	지시를 잘 따르지 못하고 주어진 과제를 끝까지 수행하지 못한다.					
8	세부적인 일에 관심을 기울이지 못하고 부주의하여 실수를 한다.					
9	장난감이나 연필이나 지우개 등 자신의 물건을 곧잘 잃어버린다.					
10	손발을 가만히 두지 못하거나 의자에 앉아서도 몸을 들썩거린다.					
11	가만히 앉아 있지 못하고 실내외를 돌아다닌다.					
12	질문이 채 끝나기도 전에 성급하게 답한다.					
13	흔히 지나치게 말을 많이 한다.					
14	조용한 놀이나 여가활동에 조용히 참여하지 못한다					
15	차례를 기다리는 것이 매우 힘들다.					
16	흔히 끊임없이 활동중이거나 자주 뭔가에 쫓기듯이 행동한다.					

⑥ 교육적 측면

㉮ 과학적 탐구능력 태도

마틴[Martin](1997)의 과학적 탐구능력 평가척도를 기초로 이경민(2000)이 '과학적 탐구능력 검사'를 개발하였다. 본 검사도구는 총 17개의 문항으로 예측하기, 관찰하기, 분류하기, 측정하기, 토의하기와 같이 총 5개의 하위항목으로 구성되어 있다. 평가 방법은 검사자가 유아에게 검사 항목에 대한 각각의 활동들[예) 주머니 속 사물 예측하기, 주머니 속 사물 관찰하기, 연필의 길이재기, 요술상자 속 물건 맞추기 등]을 요구하고, 이때 유아의 행동을 관찰하여 평가한다. 각 문항은 1점에서 5점까지로 점수를 부여하며, 총점이 높을수록 유아의 과학적 탐구능력이 높음을 의미한다. 본 평가도구의 신뢰도 Cronbach's α는 .89이다.

표 3-21 | 유아용 과학적 탐구능력 설문도구의 예 (송, 2011)

〈예시〉 **검사 방법의 예**

하위항목	활동명	검사방법	검사자료
예측하기	안에 무엇이 들어 있을까?	1. 주머니 속에 한 가지 이상의 감각을 요구하는 사물을 넣어 놓는다. 2. 유아에게 주머니를 제시하고 보는 것만으로 주머니에 무엇이 들어있는지 예측하게 한다. 3. 왜 그렇게 예측했는지 설명하게 한다. 4. 보는 것 외에 주머니 속에 무엇이 들어있는지 알 수 있는 방법은 무엇인지 묻는다. 5. 감각을 이용하여 주머니 안에 무엇이 있는지 탐색하게 한다. 6. 예측한 내용을 말하게 하고 그 이유를 설명하게 한다.	나무블록, 손수건, 초록색 클립, 초록색 색연필, 초록색 지우개, 초록 리본 끈 사전검사 : 비닐 주머니 사후검사 : 비닐가방
관찰하기	자세히 살펴봐요	1. 주머니를 열어 내용물을 공개한 후 감각들과 주어진 도구[돋보기]를 이용하여 관찰하게 한다. 2. 관찰한 내용을 이야기하게 한다.	나무블록, 손수건, 초록색 클립, 초록색 색연필, 초록색 지우개, 초록 리본 끈

〈예시〉 **과학적 탐구능력 평가지**

요소	평가준거	전혀 아니다	아니다	보통 이다	그렇다	매우 그렇다
예측하기	알고 있는 지식에 기초하여 예측하였는가?					
	새로 얻은 정보에 기초하여 예측하였는가?					
관찰하기	사물을 주의 집중하여 만져보았는가?					
	적절한 감각을 가능한 한 모두 이용하였는가?					
	특성을 정확하게 묘사하였는가?					
	주어진 도구를 적절하게 사용하였는가?					

㉯ 진로성숙도

이기학(1997)이 청소년의 진로 태도 성숙도 평가를 위해 개발하였다. 본 평가도구는 총 47문항으로 결정성, 준비성, 독립성, 목적성, 확신성과 같이 총 5개의 하위항목으로 구성되어 있다. 긍정적인 문항은 22개, 부정적인 문항[역문항]은 25개이며, 각 문항은 1점부터 5점까지로 채점한다. 총점이 높을수록 진로 태도에 관한 성숙도가 높음을 의미한다. 본 평가도구의 신뢰도 Cronbach's α는 .74이다.

표 3-22 | 청소년용 진로성숙도 설문도구의 예 (송, 2018)

번호	문항	전혀 아니다	아니다	보통 이다	그렇다	매우 그렇다
1	나는 학교를 다니고 있는 현재에도 앞으로의 직장 생활에 대해 상상해 본다.					
2	자신이 원하는 진로를 갖기 위해서는 미리미리 계획을 세워 놓아야 한다.					
3	나는 미래에 어떤 직업이 유망한지를 알아보는 데에 별로 관심이 없다.					
4	내가 원하는 직업을 가진 사람과 진로에 대해 이야기 나누길 원한다.					

번호	문항	전혀 아니다	아니다	보통이다	그렇다	매우 그렇다
6	나는 신문을 읽을 때, 내가 원하는 직업에서 성공한 사람의 이야기를 관심있게 읽는다.					
7	졸업한 선배들이 진학 및 진로에 대해 설명회를 해주길 원한다.					
8	자신의 직업 세계에서 성공한 사람을 보면 나도 그렇게 되고 싶어 그 사람처럼 행동하곤 한다.					
9	특별히 결정된 사항이 없더라도 항상 미래를 생각하고 준비를 해야 한다.					
10	자신의 흥미나 성격 등을 알아보기 위해 상담을 받길 원한다.					
11	내가 원하는 직업에 대해 부모님이 반대하시면, 직업을 결정하기가 어려울 것이다					
12	부모님이 원하시는 진로를 선택할 것이다					
13	나는 부모님이나 주위 사람들이 좋다고 이야기하는 직업을 선택할 것이다.					
14	다른 사람의 이야기와 상관없이 결국은 자신이 좋아하는 직업을 선택해야 한다.					
15	다른 사람의 지지가 있어야만 진로를 결정할 수 있다.					
16	나는 내가 정한 기준에 따라 직업을 결정할 것이다.					
17	자신의 인생을 살기 위해서는 자신의 소신대로 직업을 결정해야 한다.					
18	누가 뭐라고 해도 자신이 하고 싶은 일을 선택해야 한다.					
19	내 경우, 부모님의 반대를 무릅쓰고 진로를 결정하면 나중에 후회할 것이다.					
20	나는 내가 원하는 진로를 가지 못할까봐 불안한다.					
21	나는 내가 선택한 직업세계에서 성공할 수 있을지 자신이 없다.					
22	내가 선택한 직업에서 일하고 있는 사람들 만큼 잘할 자신이 있다.					
23	나는 확실한 믿음이 없기 때문에, 내가 선택한 직업에서 반드시 성공할 수 있을지 의심스럽다.					
24	나는 어떤 직업을 갖든지 간에 잘할 자신이 있다.					
25	내가 선택한 직업이 내가 되고자 하는 사람이 될 수 있게 해줄지 걱정이다.					
26	나는 노력만 하면 내가 원하는 것을 얻을 수 있다.					

번호	문항	전혀 아니다	아니다	보통 이다	그렇다	매우 그렇다
29	아무리 노력해도 경우에 따라서는 내가 원하는 직업을 갖지 못할 수도 있다.					
30	나는 직업을 선택할 때 무엇보다도 경제적인 면을 먼저 생각한다.					
31	비록 내 적성하고는 안 맞더라도 남들이 부러워하는 직업을 원한다.					
32	나는 근무시간도 짧고 작업환경도 좋은 직업을 원한다.					
33	나는 직업을 선택할 때 내가 그 직업에서 출세할 수 있는지를 먼저 고려한다.					
34	나는 일의 종류에 관계없이 봉급을 많이 주는 직업을 원한다.					
35	나는 내 적성이나 능력과 상관없이 일류직장에 취업할 것이다.					
36	직업을 선택할 때, 일의 성격보다는 승진기회 등을 먼저 고려해야 한다.					

㉰ 직업흥미도

정신지체인의 직업흥미를 평가하기 위해 김정인 등(2003)이 그림 직업흥미 검사지PVIT : pictoral vocational interest test를 개발했다. 본 검사지는 총 45문항으로 음식 제공, 청소, 제조 작업, 세탁, 농 · 축 · 화훼, 대인서비스, 정리와 같이 7개의 직업별로 구성되어 있다. 각 문항은 서로 다른 직무를 수행하고 있는 두 개의 그림 중 대상자가 보다 더 선호하는 직무를 선택하도록 2지 선다형으로 구성되어 있다.

각 직무별로 점수가 높을수록 해당 직업에 대한 선호도가 높은 것을 의미한다. 검사결과를 표준점수로 환산하여 30점 이하는 매우 낮은 선호도, 31~40점은 낮은 선호도, 41~59점은 보통 선호도, 60~69점은 높은 선호도, 70점 이상일 경우 매우 높은 선호도를 나타낸다. 본 검사도구의 신뢰도 Cronbach's α는 .73이다.

그림 3-11 | 정신지체 장애인용 직업흥미도 설문도구의 예 (주, 2013)

5) 통계분석방법

원예치료의 효과 평가를 위해 적절한 평가도구를 이용하여 수집한 평가자료에 대한 과학적 판단을 내리고, 평가 결과를 정리 · 요약하기 위해서는 통계분석이 필요하다. 예를 들어 원예치료사는 치매환자의 인지기능 향상을 위한 원예치료 프로그램을 계획 · 실행하고, 원예치료 참여를 통한 치매환자의 인지기능 효과를 평가하기 위해 인지기능 평가도구를 선정하여 평가를 실시하였을 것이다. 이때 원예치료사는 '원예치료는 치매환자의 인지기능 향상에 효과적일 것이다'라는 가정을 하게 된다. 통계분석은 원예치료사가 세운 이 가설에 대해 '원예치료는 치매환자의 인지기능 향상에 효과적이다' 또는 '원예치료는 치매환자의 인지기능 향상에 효과적이지 않다'라고 과학적 판단을 내릴 수 있게 하는 원예치료 평가에 있어 매우 중요한 과정이라고 하겠다.

원예치료의 통계분석은 주로 통계 패키지 프로그램[SPSS : statistical package for social science]을 활용하며, 주요 통계방법은 수집한 평가자료의 평균 차이를 통계적으로 비교하는 t검정[t-test]을 사용한다.

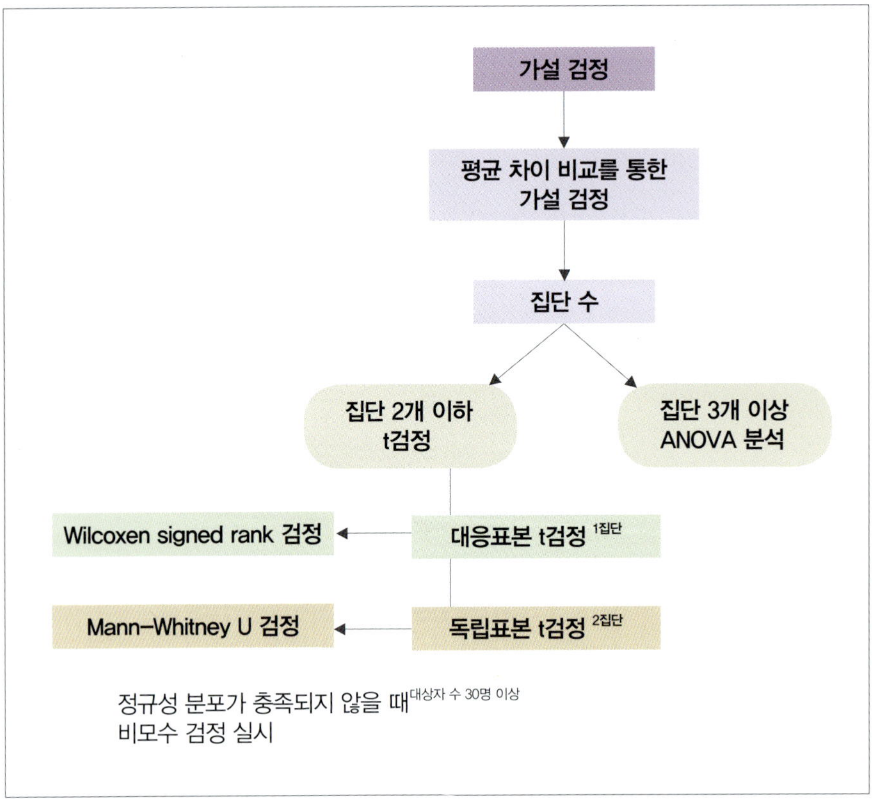

그림 3-12 | 원예치료 효과성 분석을 위한 통계분석

원예치료의 효과 평가를 위한 집단 수에 따라 1개 집단은 대응표본 t검정paired t-test, 2개 집단은 독립표본 t검정independent t-test으로 달리 이용된다. 대응표본 t검정은 평가집단이 원예치료에 참여한 대상자로만 구성된 1개 집단 원예치료 참여군만 존재하는 경우, 참여 대상자의 원예치료 참여 전·후의 평가점수를 대상자 간 비교하기 위해 사용된다. 독립표본 t검정은 원예치료 참여군과 원예치료 비참여군이 동일한 특성을 가지나, 원예치료에는 참여하지 않은 대상자로 구성된 집단원예치료 비참여군으로 두 개의 집단이 존재하는 경우, 원예치료 참여 후 원예치료 참여군과 원예치료 비참여군의 평가 점수를 집단 간 비교하기 위해 활용한다.

통계방법 선택에 있어서 집단 수와 더불어 한 가지 더 고려해야 할 중요한 사항은 정규성 분포 충족 여부이다. 정규성 분포는 평가 대상자표본집단로부터 수집한 자료가 전체 대상모집단을 대표하는지를 통계적으로 검토하는 작업이다. 예를 들어, 원예치료사는 원예치료가 치매노인의 인지기능 향상에 효과적임을 평가하기 위해 서울시 N요양병원에 입소 중인 치매환자 12명을 대상으로 원예치료를 실시하고, 평가를 진행했다. 이 사례에서 '원예치료가 치매노인의 인지기능 향상에 효과적이다'라는 통계적 판단을 위해서는 원예치료사가 선정한 평가 대상 치매환자가 우리나라 치매환자 전체를 대표하는 정규성 분포가 선행되어야 한다. 일반적으로 평가 대상이 30명 이상일 때 정규성 분포를 이룬다고 판단한다.

따라서 정규성 분포 충족 여부에 따라, 정규성 분포가 충족되면 모수 검정인 t검정을 집단 수에 따라 적절한 통계방법을 선정하고, 정규성 분포가 충족되지 못한다면 비모수 검정을 이용하면 된다. 집단 수에 따라 1개 집단인 경우 Wilcoxen Signed Rank test, 2개 집단인 경우 Mann-Whitney U test를 선택한다. 집단 수, 정규성 분포에 따른 적절한 통계방법을 이용하여 수집한 자료의 평균 간 차이가 존재함을 판단할 수 있는 유의확률($p < 0.05$) 통계치를 확인하고, 원예치료 효과성에 대한 결과를 해석하고 정리한다.

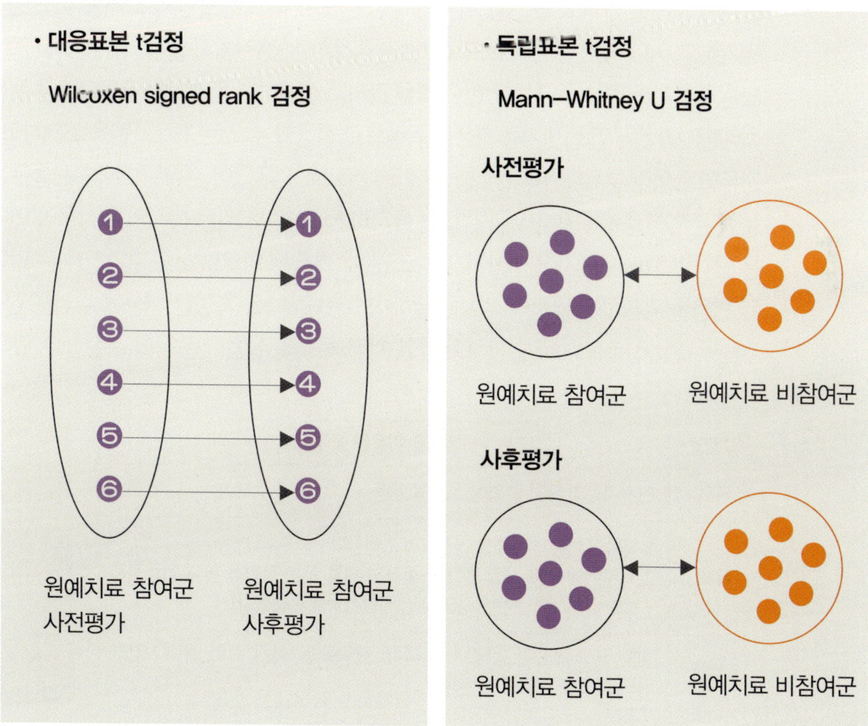

그림 3-13 | 원예치료 효과성 분석을 위한 주요 통계 방법

치매환자의 전두엽 집행기능 향상을 위한 꽃꽂이 프로그램

2017년 가을호 Vol 158
조문경
헤븐리병원 인지중재치료실

프로그램의 개요

전두엽 집행기능 평가 중 Stroop color and word test를 활용

'치매 국가책임제' 등 우리 사회에서 치매에 대한 관심이 점차 증가하면서, 다양한 치료방안 및 복지정책이 모색되고 있다. 원예치료는 비약물적 치료의 하나로, 치매 환자들을 대상으로 치료적 영역에서의 이용범위가 점차 확대되고 있다.

치매는 발병원인과 증상에 따라 알츠하이머병, 혈관성치매, 전두측두엽 치매, 루이체 치매, 파킨슨병 치매 등 다양하게 구분된다. 그러나 임상 현장에서 치매가 의심되는 대상자를 만났을 때, 이 대상자가 치매를 가지고 있는지, 치매의 심한 정도가 어느 정도인지, 그리고 어떤 종류의 치매인지 평가하고, 이에 따라 원예치료 프로그램을 적용하는 것은 쉽지 않다. 이에 원예치료사들이 치매가 있는 대상자를 접했을 때, 어떠한 개념을 가지고 접근하여 원예치료 프로그램을 적용할 수 있을지 치매환자의 전두엽 집행기능 향상을 목적으로 적용할 수 있는 프로그램을 소개하고자 한다.

전두엽은 이마 부위에 위치한 대뇌의 한 부분으로, 전두엽이 손상된 치매환자들은 추상적인 사고능력, 문제해결능력 및 인지적인 틀을 유지하거나 변화시키는 능력의 손상을 보인다. Stroop test는 단어의 색과 글자가 일치하지 않는 조건(예: 초록색 잉크로 쓰인 '빨강'이라는 단어)에서 자동화된 반응을 억제하고 글자의 색상을 말해야 하는 검사로, 특정한 대상에 주의를 집중하는 선택적 주의(selective attention), 인지적 유연성, 처리 속도 및 실행 기능 등을 측정할 수 있다.

활동명	빨대를 이용한 꽃꽂이
목적	인지기능의 유지 및 향상, 소근육 운동
목표	1. 식물의 이름과 형태를 연결하여 기억한다. 2. 지시어에 맞게 색깔 빨대에 꽃과 소재를 꽂는 작업을 통해 집중력과 set-shifting을 훈련한다(전두엽 집행기능을 훈련한다).
준비물	생화 및 소재(장미, 용담, 소국, 꼬리), 플로랄 폼, 화기, 가위, 빨대(2-3색), 카드, 카드픽, 네임펜, 비닐봉지

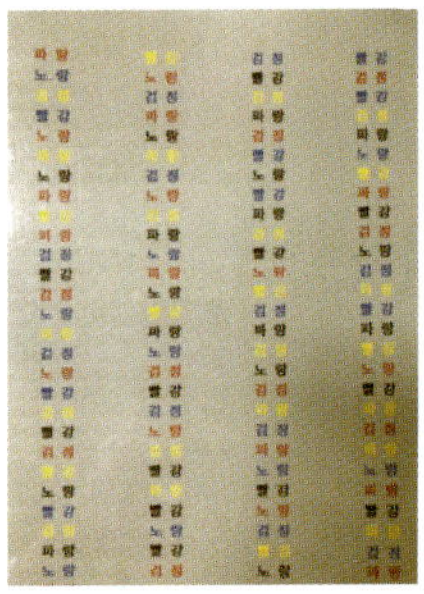

프로그램 실제

단계	하위목표	활동내용	Tip & Tech
도입	• 긴장 완화 • 치료시간 인식 • 시간지남력 훈련 • 언어적 기억력 훈련	1. 가벼운 스트레칭을 통해 간단히 긴장을 풀어준다. 2. 치료사 및 옆 대상자와 인사한다. 3. 날짜와 계절을 이야기하며, 해당 계절이나 절기에 있는 특별한 일과 연관된 꽃을 떠올려 이야기해본다.	8월 : 입추(7일), 말복(11일), 광복절(15일), 처서(23일) 연관 꽃 : 무궁화, 봉선화, 백일홍, 금잔화, 수국, 도라지꽃 등
전개	• 시각, 촉각 및 후각 자극 • 시각적 기억력 훈련 • 집중력 향상 • set-shifting 훈련 • 소근육 운동 • 협응력 향상	1. 장미를 관찰하고, 색/모양 등에 대해 이야기하며 이름을 익힌다. 2. 장미를 한 뼘 길이로 자른다. 3. 장미의 색상과 보색인 빨대에 자른 소재(장미)를 꽂는다. 4. 1~3의 과정을 반복하여 다른 소재 (용담, 소국)를 꽂는다. 5. 꽈리를 살펴보고 이름을 익힌다. 6. 꽈리를 손가락 길이로 자른다. 7. 위에 꽂은 소재 사이사이에 잘라놓은 꽈리를 꽂아 플로랄 폼이 보이지 않게 한다. 8. 남은 줄기는 잘라 비닐봉지에 버리고, 주변을 정리한다.	1. 꽃의 모양을 살피고, 꽃의 앞뒤를 구분하여 꽂는다. 2. 소재의 길이를 정할 때, 신체의 일부 등 주변의 것을 활용하여 이해하기 쉽도록 한다. 3. 꺾이기 쉬운 소재는 사용을 피한다.
종결	• 지연회상 • 시각적 기억력 훈련 • 언어능력 훈련 • 종결시간 인식	1. 사용한 소재 이름을 기억하여 이야기한다. - 소재(형태)와 이름을 연결하여 기억한다. 2. 카드에 오늘 꽂은 소재의 이름과 본인이름, 오늘 날짜를 적는다. 3. 인사로 마무리 한다.	1. 글씨쓰기가 어려운 경우, 일부 활동에 참여하도록 돕는다. (식물 이름을 말하면 치료사가 글씨쓰기) 2. 소재이름을 기억할 때, 다양한 감각을 활용하도록 돕는다.
기타	• 계절에 따른 소재를 활용한다. • 어려운 활동 다양한 소재의 꽃을 이용하여 형태-이름을 연결하여 기억하는 개수를 늘린다. 플로랄 폼을 대상자가 직접 포장하여 사용한다. 빨대의 굵기, 색상을 다양하게 사용한다. • 쉬운 활동 소재를 길이에 맞게 미리 잘라놓고, 꽂는 작업에만 참여한다. 한두 가지의 소재만 사용한다.		

읽을거리

원예활동과 원예치료 의사소통

2017년 가을호 Vol 158

김연홍
오송도시농업지원센터

인간이 살아가는 궁극적인 목표는 행복하게 사는 것, 웰빙(well-being), 로하스(Lifestyles Of Health And Sustainability)라고 할 수 있겠지요. 방송매체를 통해 무수히 듣는 단어들이며, 역설적이게도 우리의 삶이 팍팍하고, 행복과는 너무 먼 거리에 있다는 증거이기도 합니다. WHO(세계보건기구)는 건강을 '육체적, 정신적, 사회적으로 완벽하게 온전한 상태'라고 정의하고 있습니다. 그러나 도시지향적인 현대문명이 지닌 직선적인 삶은 수많은 스트레스 요인과 그에 따른 반응으로 인해 신체적, 정신적 질환과 사회적 부적응이라는 결과들을 낳고 있습니다. 스트레스(stress)의 어원은 '팽팽히 죄다'라는 뜻의 라틴어인 'stringer' 에서 유래된 것입니다. 적절한 스트레스는 삶의 균형을 위해 반드시 필요한 것이나 지속적인 스트레스는 건강하지 못한 삶과 연결될 수밖에 없습니다. 이에 어떻게(how) 스트레스 대처방식을 획득할 수 있을까요. 반대의 단어인 긴장이완(Relaxation)을 떠올린다면 그 한 가지 대안으로 정원 가꾸기를 들 수 있겠습니다. 정원은 감각적으로 풍부한 경험을 제공합니다. 정원 안에 존재하는 색채, 형태, 향기, 질감 등이 우리의 잠자고 있던 감각들을 깨우고 시각, 청각, 후각, 미각, 촉각 등의 오감을 모두 충족시킬 수 있으며, 긴장을 풀고, 편안한 휴식처로, 느림의 미학을 느끼며, 새로운 느낌으로 채울 수 있습니다. 그러므로 오감 충족은 충분히 치유적입니다. 식물의 생장과 인간 성장을 연관 지어 통합된 삶을 지향하도록 이끌어 줍니다. 새로운 시각으로 세상을 바라보는 Vision의 제공, 볼 수 있는 눈을 제시해 줍니다. 삶을 배우고 깨닫게 도움을 주는 곳. 자연이 지닌 곡선적인 삶, action이 아니라 being의 가치를 알려주는 곳. 손바닥만한 정원이라도 가지고 볼 일입니다. 원예활동이 주는 치유의 선물을 획득하기 위해서입니다.

치유의 원예활동이 원예치료가 될 수 있는 가장 중요한 원예치료 구성요소는 무엇일까요? 그것은 전문적으로 훈련 받은 원예치료사에 의해서 결정 된다고 봅니다. 여기서 원예치료사의 전문성이란 어떤 것일까요? 성실성, 책임감, 진실성, 민감성 등의 치료사 자질뿐만 아니라 식물, 인간, 인간관계에 대한 깊이 있는 통찰능력을 훈련과 연습을 통해 지니고 있어야 하며, 원예치료 현장에서 원예치료 전문성은 치료적 인간관계의 이해를 바탕으로 건설적으로 의사소통하고 반응할 수 있는 소통능력으로 발휘될 수 있습니다.

치료적 인간관계는 무조건적인 상호존중과 서로의 문화적 차이점을 수요하고, 대상자에게 교정적인 정서경험을 하게하며, 궁극적으로 대상자의 성장이 최종목표인 관계를 의미합니다.

치료적 인간관계는 비지시적, 비판단적, 개방적대화로 이끄는 치료적 의사소통으로 이루어지며, 치료사는 대상자의 언어에 적극적 경청과, 재진술, 명료화, 감정의 반영 등의 훈련된 언어로 반응하게 됩니다.

치료적 의사소통 사례

1. 적극적 경청
- 그것에 대해 좀더 이야기 할 수 있나요?
- 아 그렇군요~ 그래요?
- 고개를 끄덕임
- 그것이 당신에게는 어떻게 받아들여지나요?

2. 개방적 대화의 유도
- 한 주간 어떻게 지내셨나요?
- 그것에 대해 어떻게 느끼고 있습니까?
- 우울할 때는 무얼 하시나요?

3. 감정의 반영
- 대상자가 말한 내용 이면에 숨긴 감정을 파악하고 대상자에게 전달하는 것.

원예치료 실제사례로 구성한 치료적 의사소통 시나리오

상황 1
"오늘은 지렁이 분변토 상자를 만들어보는 활동을 했어요. 활동을 시작할 때 말씀 드린바와 같이 활동을 정리하면서 환골탈태에 대해 이야기 나누어 볼께요~. 환골탈태란 뼈대를 바꾸고 태를 벗어낸다는 의미를 가집니다. 지렁이는 제거 되었거나 죽은, 썩은, 버려진, 남은 식물체들을 먹고난 후 그 배설물로 부드럽고 영양분이 많은 분변토를 만들어요. 여러분은 어떤 환골탈태를 원하세요? OO님 한번 말씀해보시겠어요?"

▶ **대상자** : (불량한 태도와 표정으로) "전 건달이 되고 싶어요."

▷ **치료사**

• 비치료적 의사소통

"OO님! 건달이요?~ 그렇게 말씀하시니까 무척이나 당황스럽네요~ 건달이 되겠다는 생각은 좋지 않은 생각입니다. 다른 것을 생각해보시겠어요?"(비난, 이견)

"OO님! 이 시간에 장난하듯 말씀하시면 안됩니다."(도전)

• 치료적 의사소통

"건달이요? 아~ 그러시군요. OO님은 어떤 건달이 되고 싶다는 거죠?"

"전 나쁜 사람은 혼내주고 약한 사람은 도와주는 그런 건달이 되고 싶어요."

"아~ OO님은 나쁜 사람은 혼내주고 약한 사람은 도와주는 그런 정의로운 사람이 되고 싶다는 말씀이셨군요~"

"네~"

"아~ 그렇군요"

상황 2
"몇 회기에 걸쳐 모종을 이식하였고, 드디어 오늘은 상추와 오이도 수확하였어요. 오늘 관리와 수확활동을 하시면서 어떤 생각이나 느낌이 드셨는지 말씀 들어볼께요. OO님은 어떠셨어요?"

▶**대상자** (의기소침하며) "제 밭은 항상 빈약해요"

▷**치료사**

• 비치료적 의사소통

"그래요? 왜 그렇게 생각하세요~ 이정도만 해도 충분히 잘하신거예요"(칭찬)

"괜찮아요~ 그래도 앞으로 잘 될 거라는 희망은 잃지 않으셨으면 좋겠습니다"(상투어)

• 치료적 의사소통

"그래요~ OO님은 밭이 빈약해 보여서 어떤 느낌이 드세요?"

"밭이 빈약해 보이니 만족스럽지가 않아요"

"이 그렇군요. 밭이 빈약해 부여 만족스럽지가 않아 속상한 느낌이 드시는 군요"

"네 그래요"

"아~그러시군요"

상황 3
엽채와 초화류 종자를 파종하고 있다.

▶**대상자** (목소리가 크지 않고 치료사와 눈을 잘 맞추지 못하며)

"그런데... 심어도 싹이 나오지 않으면 어떻게 해요?"

▷**치료사**

• 비치료적 의사소통

"정성껏 물주고 사랑주고 키우면 싹은 다 나와요~ 그건 쓸모없는 걱정이예요~" (표현된 감정의 경시)

"아이 안 나오면 다시 심으면 돼요~ 걱정말아요~ (안심)

• 치료적 의사소통

"아~ OO님은 지금 싹이 나오지 않을까봐 걱정이 되는군요?"

읽을거리

원예치료활동의 운동학 및 운동역학적 특성 분석과 재활치료적 효과검증

Analysis of Kinematic and Kinetic Characteristics of Horticultural Therapy Activity and Verification of Its Rehabilitative Effectiveness

2017년 겨울호 Vol 159

이아영
건국대학교
박사후연구원

본 연구는 재활환자의 신체와 심리 건강 회복을 위해 보편적인 실내·외 원예활동 동작의 특성을 운동학 및 운동역학적으로 분석하고, 그 결과를 토대로 재활치료로서 원예치료 프로그램을 개발하여 그 효과를 검증하기 위해 실시하였다. 원예활동 상지 동작의 특성을 구명하기 위해, 20대 남자 대학생 총 31명(평균 연령: 26.2±2.01세)이 실내원예활동(예: 종자파종, 식물심기)을 실시하였다. 3차원 동작분석 시스템(XP 3D, Visol)을 이용하여 원예활동 수행시의 운동학적 변인인 운동패턴, 운동시간, 운동속도, 관절각도, 잡기유형을 측정하였다. 또한 표면 근전도기기(Desktop DTS)를 이용하여 총 8개의 우측 상지 근육의 근육활성도를 측정하였다. 그 결과, 종자파종과 식물심기는 각각 총 4가지 원예활동 동작(motion)으로 구분되었고, 각 동작은 다시 1)뻗기, 2)잡기, 3)뒤로 이동하기, 4)앞으로 이동하기, 5)물주기, 6)놓기와 같은 여섯 개의 구간(phase)으로 세분화되었다.

원예활동 수행 시 총 여덟 개의 상지 근육이 모두 사용되었고, 전거근(Serratus anterior)의 근육활성도가 타 근육에 비해 가장 높게 나타났다($p = 0.001$). 한편 균형감 훈련을 위한 원예활동 하지 동작의 특성을 구명하기 위하여 20대 남자 총 24명(평균 연령: 23.4±2.93세)이 총 여덟 가지 실외원예활동(예: 땅파기, 땅고르기, 종자파종, 모종심기, 근거리 잡초 뽑기, 원거리 잡초 뽑기, 저위치 수확하기, 고위치 수확하기)을 실시하였다. 3차원 동작분석 시스템(Qualisys Track Manager 2.7 build 783)과 지면반력기기(Kistler Instruments)를 이용하여 무게중심, 관절 각도와 같은 운동학적 요인과 지면반력, 압력중심, 관절모멘트와 같은 운동역학적 요인을 측정하였다. 또한 표면 근전도 기기(Desktop DTS)를 이용하여 총 16개의 양측 몸통과 하지 근육의 근육활성도를 측정하였다. 그 결과, 여덟 가지의 실외원

예활동은 1)한 발 내딛기(예: 땅고르기, 땅파기), 2)쭈그려 앉기(예: 종자파종, 모종심기, 근거리 잡초 뽑기, 원거리 잡초 뽑기), 3)허리 구부리기(예: 저위치 수확하기, 고위치 수확하기)와 같이 총 3가지 원예활동 동작으로 구분되었고, 각 동작 별로 세 개 또는 네 개의 구간으로 세분화되었다. 원예활동은 신체의 무게중심(center of mass)과 압력중심(center of pressure) 이동이 나타나는 동작이었다. 총 8가지의 원예활동 중 전·후 방향으로 무게중심 이동이 가장 많은 원예활동은 땅고르기였고, 상·하 방향으로 가장 많은 무게중심 이동이 나타나는 원예활동은 종자파종이었다 (p = 0.001).

원예활동의 상·하지 동작특성은 재활치료에서 일반적으로 적용되는 뻗기-잡기훈련 동작과 균형감 훈련의 기능적 동작과 유사한 특성을 보였다. 이러한 결과를 기초로 하여 뇌졸중 환자의 상지 기능 및 균형감 향상을 위한 총 18회기 원예치료 프로그램을 개발하였고, 그 효과를 검증하였다. 경기도 분당에 위치한 B재활전문병원에 입원 중인 31명 뇌졸중 환자(원예치료군 14명, 대조군 17명)를 대상으로 하였고, 원예치료 프로그램의 신체재활(예: 상지 기능, 손 기능, 균형감, 일상수행능력) 및 심리재활(예: 우울, 재활동기, 재활스트레스, 낙상 효능감) 효과검증은 원예치료 프로그램 실시 전·후 변화를 조사하였다. 그 결과, 원예치료 프로그램에 참여한 뇌졸중 환자의 상지 기능, 손 악력, 손 장악력, 균형감, 일상수행능력, 낙상 효능감이 유의하게 향상되었고, 우울감은 유의하게 감소하였다(p = 0.05). 대조군은 모든 평가항목에서 유의한 차이가 나타나지 않았다. 본 연구는 실내·외 원예활동 동작의 특성을 구명하고, 그 결과를 기초로 개발한 원예치료 프로그램을 실제 뇌졸중 환자에게 적용하여, 재활치료로서의 원예치료적 적용가능성을 확인하였다.

IV

대상자별 원예치료

지금까지 우리는 원예치료란 무엇이며, 원예치료에 대한 전반적인 구성요소와 효과 및 방법에 대한 공부를 했다. 그럼 이제 원예치료를 직접 실행하기 위한 대상자에 대해 알아보고, 원예치료사[복지원예사]가 대상자에 대해 정한 목적과 목표를 달성하기 위해 실시하는 원예치료의 실제에 대해 공부해 볼 시간이다. 원예치료에 있어서는 모든 사람이 치료의 대상이 될 수 있다.

대상자는 크게 장애인과 비장애인으로 나눌 수 있으며, 성장발달 단계에 따라 태아기, 신생아기, 영아기, 유아기, 학령전기, 학령기, 청소년기, 성인기, 중년기, 노년기로 나누기도 하고, 에릭슨의 심리사회적 발달단계에 따라 영아기, 유아기, 아동기, 청년기, 성년기, 중년기, 노년기로 나누어 볼 수 있다. 각 연령별, 심리사회적 발달단계별 대상자의 특징에 따라 진단에 따른 문제를 가진 대상과 그렇지 않은 대상으로 나누어 볼 수 있다.

이 장에서는 원예치료의 대상자별, 기관별 프로그램의 진행과 대상자별 특징과 유의사항 및 원예치료 관련 팁 등에 대해 알아보고자 한다[대상자별 특징은 3권의 관련의학, 사회복지 부문 참고].

1 생애주기에 따른 원예치료

원예치료는 사람을 대하는 치료방법으로 인간의 성장 과정과 인간의 삶에 대한 깊은 통찰과 배려가 기본이 되는 학문이다. 또한 이를 식물을 이용하여 대상자에게 자신의 문제를 인식하게 하고, 원예의 경험이 대상자의 삶에 긍정적으로 작용하도록 이끄는 것이다. 따라서 인간의 삶의 과정에 대한 이해를 위해 생애주기에 따른 원예치료에 대해 알아보기로 한다.

생애주기란 시간의 흐름에 따라 변화해 나가는 개인 생애의 일정한 단계별 과정으로 정의하고 있다. 개인의 출생에서 사망에 이르기까지 거치게 되는 과정을 의미하고, 일반적으로 영아기, 유아기, 아동기, 청소년기, 성년기, 중년기, 노년기의 순서로 구분된다. 생애주기 접근은 나이에 입각하여 인간을 이해하는 것이며, 발달과정에서 생겨나는 인간의 여러 욕구와 현상을 바라보는 것으로 개인의 다양성을 존중하고 인간의 사회 · 환경에 대한 적응성에 초점을 두고, 나이마다 변화하여 존재하는 인간의 욕구와 과업을 달성하는 것이 요구된다고 설명하고 있다.

표 4–1 | 생애주기와 발달특성

구분	발달특성
영아기	생후 24개월까지로 자기 몸을 스스로 움직이고 이동할 수 있게 되는 시기이다. 일생을 통해 신체와 운동발달에서 가장 급속한 발달을 보이며, 의사소통 수단이 되는 언어를 습득하기 시작하여 기본적인 상호작용을 할 수 있게 된다.
유아기	4~6세까지로 대근육 운동능력이 발달되어 움직임이 많아진다. 유아기는 언어를 습득하고 발전시키는 시기로, 인지지능이 급속하게 발달한다. 자기주장이 강해지고, 주변 환경에 대한 탐색을 하며 기본 생활습관과 사회규칙을 습득하기 시작한다.

아동기	7~12세까지로 초등학교에 다니는 시기이다. 양육자 외의 다른 사람들과 어울리면서 사회성이 발달하기 시작하고, 운동기술이 발달하며, 논리적 사고가 가능해진다.
청소년기	13~20세까지로 급속한 신체적 변화에 따라 정서, 자아, 대인관계, 이성에 대한 태도와 행동에 변화를 갖는 발달단계이다. 성장 급등과 2차 성징이 나타나고 추상적 · 가설적 사고를 통해 효율적으로 지적 과업을 성취한다. 또한 또래들과 어울리면서 부모로부터 독립하려는 마음이 생겨난다.
성년기	21~40세까지로 신체적 · 심리적으로 성숙되며 일생 중 가장 활력이 넘치고 활동적인 시기이다. 직업인, 배우자, 부모로서의 새롭고 중요한 역할을 담당하게 된다.
중년기	41~60세에 이르는 시기로 감각능력의 감소로 지각 능력이 약화되고 기억력도 감소하며, 여성의 폐경기와 남성의 갱년기 같은 중년의 위기가 나타나기도 한다.
노년기	61세 이후부터 사망할 때까지를 말한다. 신체능력과 감각 · 지각능력이 쇠퇴하며 의존성이 증가한다. 이러한 변화에 융통성 있게 대처하면서 건강에 주의를 기울여야 한다.

생애주기에서 특정 시기에 성취해야 할 과제를 중심으로 발달과업이라는 개념을 세우고, 개인이 각 단계의 발달과업을 제때에 성취하지 못하면 다음 단계의 생활에서 많은 어려움을 겪게 된다. 발달과업이란 로버트 허비거스트Robert Havighurst(1972)에 의해 제안된 개념으로 개인이 환경에 적응하기 위하여 요구되는 기술이나 능력으로 정의된다. 즉, 신체적 성숙과 개인적 노력 및 사회적 기대를 기초로 삶의 어떤 시점에서 개인이 획득해야만 하는 지식과 태도, 기능 및 기술이다. 이러한 생애주기별 발달과업은 각 생애의 단계에서 발생할 수 있는 상황과 문제를 예측하여 해결함으로써 발달과업을 원만하게 수행해야 개인과 가족이 모두 행복하고 만족스러운 삶을 영위할 수 있다.

표 4-2 | 생애주기별 발달특징과 발달과업

생애주기	발달특징	발달과업
영아기	• 대뇌 발달 • 감각기관 발달 • 근육 발달 • 인지 발달 • 언어 발달	• 젖떼기 • 걷기 • 말하기 • 양육자에 대한 신뢰와 애착 형성
유아기	• 근육 발달 • 인지적 성장 • 언어 발달 • 사회성 발달	• 식사, 수면, 배변 등의 기본생활 습관 형성 • 공동생활에 필요한 생활 습관 형성 • 언어로 의사소통
아동기	• 신체 발달 • 운동기능 발달 • 지적 흥미의 다양화	• 또래친구들과 어울리기 • 적절한 성 역할 학습하기 • 기본적 기능 익히기 • 도덕성의 기초 형성하기 • 학습 습관 형성하기
청소년기	• 급격한 신체적 성장 • 성적 성숙 • 인지 발달 • 가치관 형성	• 자아정체감 형성하기 • 신체적 · 지적 · 사회적 · 도덕적 발달 이루기 • 진로 탐색하기 • 성인이 되기 위해 준비하기
성년기	• 결혼 • 가정생활 • 직업생활 • 책임있는 사회 구성원	• 성인의 관점으로 사회적 가치 수용하기 • 직업 선택하기 • 이상적 배우자상 확립하기 • 배우자 선택과 결혼 • 책임 있는 시민으로서의 역할 수행하기 • 개인적 신념과 가치체계 확립하기
중년기	• 신체적 노화 시작 • 성격의 안정 • 직업 안정 또는 직업 전환	• 행복한 결혼생활 유지하기 • 직업생활 유지하기 • 인생철학 확립하기 • 중년기의 위기 관리하기 • 건강 약화에 대비한 심신 단련하기
노년기	• 사회적 활동의 감소 • 체력저하 • 운동기능 감퇴 • 감각기능 퇴화	• 건강 관리하기 • 은퇴에 적응하기 • 신체적 노화를 긍정적으로 수용하기 • 배우자 사별에 대해 준비하기 • 여가 선용하기 • 경제적 대책 마련하기 • 자신의 죽음에 대해 준비하기

에릭슨Erickson은 인간의 발달은 일생동안 계속되며, 각 발달단계마다 해결해야 할 심리 · 사회적 위기를 지니고 있어 어느 한 단계의 발달도 생략되거나 소홀히 다루어질 수 없다고 하였다. 여기서 심리 · 사회적 위기란 발달의 각 단계에서 사회 · 환경적 요구에 적응하기 위한 심리적 노력으로서 독특한 사건이라기보다는 일상생활에서 겪게 되는 긴장을 의미한다.

인간은 천성적으로 선하며 적응적 · 창조적 힘을 지니고 있는 존재라고 가정하고, 후성적 원리에 지배되는 8개의 심리 · 사회적 발달단계를 제시하였다. 발달의 후성적 원리란 인생주기의 각 단계는 그 단계가 우세하게 출현되는 최적의 시기가 있고, 각 단계는 전 단계의 심리 · 사회적 갈등의 해결과 통합을 토대로 한다는 것이다. 매 단계에서의 위기가 어떻게 해결되느냐에 따라 각 개인의 독특한 성격이 형성된다.

표 4-3 | 에릭슨의 심리사회적 발달이론발달단계 이론 (손 외, 2006)

단계	내용
제 1단계 (0~1세) 기본적 신뢰감 대 불신감	세상을 안전하고 믿을 수 있는 곳이라 생각하는 기본적인 신뢰감이 형성된다. 이것은 생의 의욕과 긍정적 세계관을 기르는 데 기초한다. 유아는 부모로부터의 애정과 적절한 때 젖을 먹는 것에서부터 신뢰감이 발달되며, 이러한 욕구가 충족되지 못했을 때 세상에 대한 공포와 의심, 불신을 가진다.
제 2단계 (1~3세) 자율성 대 수치심과 회의	자기의 요구에 따른 자율과 독립의 기초가 마련되면 적극적이고 능동적인 신체활동과 언어의 사용이 증가되고, 이를 자발성의 요구라고 한다. 그러나 그렇지 못하면 심한 죄책감을 갖게 되며, 질문과 탐색활동이 잦아진다.
제 3단계 (3~5세) 주도성 대 죄책감	운동능력과 지적능력의 발달 및 다양해진 경험으로 인해 아동은 주도적으로 환경을 탐구하고 경험하면서 책임감을 갖게 된다. 스스로 할 수 있는 것을 허용하고 격려하면 자율성을 형성하게 되며, 독립심과 존중감을 기르는 데 기초가 된다. 적당한 감독과 제재가 필요하다. 그러나 지나치면 자신의 능력을 의심하고 수치심을 갖게 되어 심한 자기 회의에 빠지게 된다.
제 4단계 (5~12세) 근면성 대 열등감	취학으로 인해 아동은 학교라는 더 넓어진 환경과 학교로부터의 도전에 직면하게 된다. 아동은 학문적 성취를 통해서 자존감을 발달시키게 되고, 선생님이나 동료들과 협동하고 성공적인 참여에 만족하게 된다. 열등의식은 아동이 자기의 학령에서 과제를 성공적으로 이루어내지 못함으로써 생긴다.

제 5단계 (12~19세) 정체감 대 역할의 혼동	사춘기 청소년들은 신체적 변화와 함께 어른으로 가는 과정에서 요구되는 독립성의 요구가 많아진다. 이들은 점차적으로 독자적인 자아정체성과 자존감을 갖게 된다. 이들 중 일부는 자신의 정체성과 자신의 역할에 혼동을 갖기도 한다. 이는 직업 선택이나 성 역할 등에 혼란을 가져오고 인생관과 가치관의 확립에 심한 갈등을 일으킨다.
제 6단계 (청년기) 친밀감 대 고립감	청소년기에 자아정체감이 확립되면 자신의 정체성을 타인의 정체성과 연결시키고 조화를 이루려고 노력하게 된다. 자신의 고립을 배우자, 부모, 동료 등 사회의 여러 다른 성인들과의 친밀감으로 극복하고자 한다. 그렇지 못하면 의미 있는 애착관계에서 고립된 채 남게 된다.
제 7단계 (장년기) 생산성 대 침체성	중년의 성인은 자신에게 몰두하기보다 가정에서나 직장, 지역의 책임감 있는 자리에서 생산적인 임무를 이루어내고, 자녀 양육에 몰두한다. 이것이 원만하지 못하면 어릴 때와 마찬가지로 자신에게만 몰두하고 사회적, 발달적 정체를 면하지 못한다.
제 8단계 (노년기) 자아통합 대 절망감	노년기의 성인들은 지나온 과거를 돌이켜보며 자신의 삶을 평가하게 되는데, 만족감이나 수용되었다는 느낌을 갖게 되거나 혹은 아무 얻은 것도, 가진 것도 없다는 절망감을 갖게 되기도 한다.

원예치료에서 식물의 생명주기에 사람의 생애주기를 대입하여 자신의 문제를 인식하고 원예치료의 효과를 거두기 위해서는 생애주기와 발달단계별 원예치료를 실시하는 목적과 실시기관 등을 알아두면 도움이 될 것이다. 씨앗을 파종하는 프로그램도 실시 대상에 따라 각기 다른 원예치료의 목적을 가지고 있다. 예를 들어, 어린이의 경우에는 씨앗의 생김새나 감촉, 씨앗을 흙이나 물에 뿌려 싹이 트는 과정을 관찰하고, 대 · 소근육의 운동과 창의성을 키우고 또래와의 활동을 통해 사회성이 발달하며, 싹 틔우기의 성공적인 경험은 자아존중감을 향상시킬 것이다. 노년기의 경우에는 씨앗을 통해 과거를 회상하고 싹이 트는 과정에서 지난날의 추억을 돌아보며, 자신이 지금까지 잘 살아오고 있음을 인정하고 앞으로의 삶에 대한 희망을 갖게

된다. 이렇듯 원예치료는 식물을 이용한 다양한 활동을 통해 대상자의 관점에서 식물과의 교감을 통해 치료사가 이루고자 하는 목적을 달성하도록 이끌어주는 활동이라고 할 수 있다.

표 4-4 | 생애주기별 원예치료 실시기관과 목적

생애주기	실시기관	목적
영아기 유아기	어린이집 유치원 개인	• 대 · 소근육 발달 • 눈과 손의 협응력 • 자아존중감 향상 • 창의성, 또래관계, 사회성
아동기	학교 방과 후 교실 지역아동센터 체험학습, 캠프	• 대 · 소근육 발달 • 정서지능, 인성 • 주의집중력, 창의성 • 또래관계, 사회성 • ADHD
청소년기	학교 청소년 보호단체 방과 후 교실 자유학기제	• 자아정체감 • 심리 · 정서적 안정 • 진로 탐색 • 학교 폭력
성년기 중년기	직장 문화센터 체험농장 교육시설	• 자아통합, 자아존중감, 우울 • 스트레스, 취미생활, 삶의 질 향상 • 인지기능, 복지 증진 • 사회성, 대인관계
노년기	복지관 경로당 보건소 주간보호 요양원 재활병원	• 인지기능, 신체기능 유지 • 자아존중감, 우울, 삶의 만족도 • 자아통합, 삶의 질 향상 • 여가활동

1 유아기

유아기는 4세에서 6세까지로, 대근육이 발달하여 걷기와 달리기가 가능하고, 소근육을 사용하는 능력의 발달로 눈과 손의 협응 즉, 감각기능과 운동기능의 협응능력이 발달한다. 지각, 청각, 미각, 후각, 촉각 등 통합적 지각능력이 발달하고 인지, 기억, 언어발달, 정서, 성격, 또래관계, 성 역할 등 인간으로 살아가기 위한 기본적인 발달이 통합적으로 이루어지는 시기라고 할 수 있다. 부모는 매 발달단계에서 발달과업을 성취할 수 있도록 사회화시키지 않으면 안된다. 사회화란 각 개인이 그가 속한 사회에 어울려 살아갈 수 있도록 그 사회의 신념, 가치, 행동을 획득하는 과정이다.

유아를 대상으로 하는 원예치료 프로그램은 대개 유치원과 어린이집에서 이루어진다. 어린이 교육가인 몬테소리Montessori는 살아있는 자연이 인간을 직접적으로 교육하는 힘이 있다고 하였으며, 어린이들의 정신적 · 육체적 생활을 위해서는 어린이 스스로의 힘으로 자연이 주는 보물을 얻도록 자연과 접촉하게 하는 것이 필요하다고 하였다.

유아기 아동을 대상으로 하는 원예치료 프로그램의 목적은 대 · 소근육의 발달을 도모하며 인지적 자극을 통해 창의성을 높이고 또래집단과의 사회성을 높이기 위해 진행된다. 식물을 심고, 식물이 자라는 과정을 관찰하며, 식물을 활용한 활동을 통해 창의적 생각을 유도하고 생명에 대한 소중함과 자신 또한 소중한 존재임을 인식하게 하여 자아존중감이 향상된다.

유아기 아동 대상 원예치료 프로그램 활동 시 유의사항은 아이들의 손 기능 발달이 미숙하여, 원예치료사는 가능하다고 생각되는 활동에 어려움을 겪는 경우가 많으므로 사전에 어린이집 교사와 협의를 통해 활동과정과 내용을 조율하고 프로그램을 실행하는 것이 좋다. 또한 활동성이 많은 유아는 눈 깜짝할 사이에 위험한 상황이 발생할 수 있으므로 연령이 어린 대상일수록 보조진행자가 아이들을 관리할 수 있도록 해야 한다. 5, 6세 아동은 3명당 한 명의 보조치료사가 배치될 때 효율적인 프로그램의 진행이 가능하다.

2 아동기

아동기는 7세에서 12세까지로, 연령별 발달과정에 따라 각각 신체적, 인지적, 정서적, 사회적 특징이 있다. 이러한 발달단계별 아동의 인지적, 정서적, 사회적 발달은 자라는 과정에서 주변 환경의 영향을 많이 받는다는 공통점이 있다.

아동기 원예치료는 주로 초등학교, 방과 후 교실, 지역아동센터, 체험학습이나 캠프 등에서 이루어지고 있다. 원예를 다양한 교육과 통합하여 살아있는 생명체인 식물을 기르고 관찰하며 활용하는 프로그램을 통해 정서지능을 높이고 인성발달에 도움을 주며, 주의집중력과 창의성을 높인다. 집단 활동을 통해 또래관계를 활성화시켜 학교폭력과 왕따 등의 문제해결에도 도움을 준다. 국립원예특작과학원은 '텃밭에 다 있네!' 시리즈를 통해 국어, 수학, 과학 등의 원예 통합교육에 관련된 학교 텃밭 프로그램을 개발하여 보급하고 있다. 또한 교과과정과 연계한 학교 텃밭 프로그램을 매뉴얼화하여 보급하였다.

아동기 원예치료 활동 시 유의사항은 아이들이 산만하고 집중시간이 짧으며, 좋아하는 친구끼리 그룹 활동을 하려 하고, 게임이라는지 자신이 좋아하는 캐릭터에 관심을 보이므로 아이들의 의견을 수렴하여 활동을 진행하면 참여율을 높일 수 있다. 삽이나 호미 등의 농기구로 장난하다 다칠 수 있으므로 활동에 주의하도록 하고, 사용한 도구의 정리와 청소 등 마무리를 할 수 있도록 활동을 지도한다. 아이들의 성향과 특성 등을 교사나 사회복지사로부터 사전에 파악하고, 특히 가족관계와 함께 사는 식구에 대한 정보도 알아두면 아이들의 행동 파악에 도움이 된다. 이는 이혼가정과 한부모가정, 조손가정, 다문화가정의 아이들이 프로그램 진행 중에 상처를 받지 않도록 하기 위함이며, 대상자에 대한 비밀유지는 원예치료사의 기본 태도이므로 주의하도록 한다.

원예치료 활동의 도입과 진행에 스토리텔링 기법을 사용하는 것도 효과적이다. 동화책이라든지 아이들이 관심 있어 하는 내용을 프로그램의 도입부에 접목하면 집중력이 높아지고 활동에 재미를 부여한다. 칭찬과 격려를 적절히 하고 감정의 소통과 교류 시에는 '나-전달법'을 사용하여 대화한다. 대답하기 어려운 질문을 할 때는 다시 묻기를 통해 아동의 질문 의도를 파악하고 잘 모르는 것은 다음 시간에 알려주겠다는 등 솔직하게 표현하도록 한다.

먹는 프로그램에 대한 만족도가 높아 샌드위치, 까나페, 화채, 삽겹살 쌈싸먹기 등의 프로그램 진행 시 위생관리를 철저히 하고, 식중독 발생에 대비하여 영양사나 학교 관계자의 지시에 따라 프로그램을 진행하도록 한다. 유제품이나 햇빛 등 알레르기에 취약한 아동을 파악하여 프로그램을 실시하는 것도 중요하다. 특히 미세먼지가 많은 날은 외부활동을 하기 어려우므로 실내 원예활동 대체프로그램의 준비도 필요하다. 학교 텃밭에서 기른 쌈채소를 급식에 이용할 때에도 살균작업 등을 거쳐 식중독 사고를 예방하는 것이 좋다.

3 청소년기

13세에서 20세까지를 말하며, 이전의 발달단계에서 성취된 것들을 통합하고 자기주체성을 형성하는 시기이다. 생물학적, 심리적, 사회적 변화가 가장 큰 시기로 다른 시기에 비해 스트레스를 더 많이 받고, 스트레스에 적절하게 적응하지 못했을 때에는 몸과 마음의 질병이나 부적응 행동이 나타난다.

청소년기 원예치료 프로그램은 나 자신을 알 수 있는 자아발견과 자아존중감 향상 및 또래관계에 대한 사회성 향상 및 진로탐색을 위해 진행될 수 있다. 씨앗을 뿌리고 식물이 자라나는 과정을 통해 자신을 반영하고 책임감 있는 활동을 통해 심리 · 정서적 안정을 얻도록 한다.

심리 · 정서적으로 문제가 있는 청소년을 위한 프로그램과 학교폭력 가해자 및 피해자 프로그램, 학업 중단 위기청소년, 학업 중단 학교 밖 청소년 등의 대상자가 매년 증가하고 있어 전문적인 원예치료 프로그램의 실시가 요구된다.

특수교육 대상자를 위한 원예치료 프로그램은 일반 중 · 고등학교의 특수학급과 특수교육지원센터에서 진행되고 있으며, 상담이 필요한 학생들을 위한 Wee센터, 교육복지교실 등에서 운영되고 있다.

학생 정서 · 행동 특성검사는 교육부에서 초등학교 1학년, 4학년, 중학교 1학년, 고등학교 1학년 학생들에게 의무적으로 시행하고 있다. 내용은 성격 특성, 주의력결핍

과잉행동장애[ADHD], 우울, 불안, 학교폭력 피해, 자살위기 등 주요 정서·행동 특성 전반에 대한 검사를 실시하여, 검사도구별 기준 점수 이상인 경우[관심군]에는 학교 내 상담 후 문제수준별[자살징후 즉각 조치] 심층평가를 위한 전문기관 연계지원 및 학교 내 상담 등 지속관리를 실시하고 있다. 이러한 관심군 학생들을 위한 심리·정서지원 원예치료 프로그램의 차별화가 필요한 실정이다.

교육복지우선지원사업은 학교가 지역사회와 함께 도시지역 저소득층 자녀에게 학습, 문화체험, 신체·정신적 건강 등 삶의 여러 영역을 지원하여 전인적 성장을 추구하는 사업이다. 교육복지우선지원사업은 가정–학교–지역사회를 연결하는 통합지원체제 구축을 통해서 학습, 문화·체험, 심리·정서, 복지 등 아동·청소년 삶의 전 영역에서 필요에 대응하고자 한다. 따라서 원예치료 프로그램은 심리·정서 영역에 해당한다.

위기청소년이란 학교생활에 적응하지 못함으로 인하여 직업이나 성인으로서의 삶을 성취해내지 못할 것 같은 사람, 그 결과 사회에 긍정적으로 기여하지 못할 것 같은 청소년을 의미한다(OECD, 1996). 최근 학교폭력 및 청소년 범죄의 증가, 빈부격차의 확대에 따른 가족해체와 빈곤가정 급증이 심각한 사회문제로 등장하면서 이러한 상황에 직접적인 보호대상인 위기청소년에 대한 관심이 어느 때보다도 높아지고 있다. 원예치료는 학교 내·외 청소년에게 가정과 학교에서 정서적인 위협과 결핍을 경험하는 대상자의 심리적 불안과 스트레스를 생명을 매개로 한 원예활동을 통하여 발산하고 해소할 수 있도록 지원함으로써 정서적인 순화와 안정감을 찾도록 도와주고, 궁극적으로 위기청소년의 적응력을 향상시키는 데 기여하고 있다.

4 성년기와 중년기

성년기는 21세에서 40세까지를 말하며, 신체, 인지, 지각영역에서의 변화와 함께 사회적 상호작용과 역할에서 큰 변화가 일어나는 시기이다. 자신의 정체감을 확립하고 직업을 결정하며 결혼과 함께 자녀를 양육한다.

중년기는 41세부터 60세까지를 말하며, 다음세대를 돌보고 미래를 위한 긍정적 유산을 남기며, 자신이 받은 혜택을 사회로 환원하거나 다른 생산적 활동에 몰두하는 시기이다. 얼굴에 나타나는 노화의 증상과 신체능력의 감소를 확인하며 다가올 죽음을 생각하게 된다. 중년기는 지혜와 판단력이 절정에 달하여 일에 몰두하는 시기로 갱년기를 경험하게 되는데, 갱년기란 노화에 기인된 신체적, 생리적 장애를 경험하는 시기로 노년기로의 이행에 해당한다. 특히 여성의 갱년기는 폐경기를 포함하기 때문에 신체적으로 극적 변화를 일으키지만, 남성들의 갱년기는 보다 미묘하고 점진적이어서 여성들과 차이를 보인다.

원예치료 현장에서는 성년기와 중년기를 나누어 실시하는 경우보다 통합으로 실시하는 경우가 많으므로 이를 함께 다루고자 한다. 성년기와 중년기를 대상으로 한 원예치료 프로그램은 성인으로써 겪는 스트레스로 인한 갈등 해소와 취미, 복지를 증진하여 삶의 질을 향상시키는 목적으로 실시된다. 또한 자아존중감과 우울 감소, 사회성, 대인관계 향상 및 인지기능 향상 등의 목적으로 실시되고 있다. 원예치료 프로그램의 주요 실시기관은 직장에서의 교육, 문화센터, 평생교육, 가족과 함께 체험농장이나 행사장 등에서 체험을 한다거나 보수교육의 일환으로 이루어지기도 한다.

5 노년기

61세 이후부터 사망할 때까지의 시기로, 신체기능과 운동능력이 저하된다. 노인이란 '인간의 노령화 과정에서 나타나는 생리적, 심리적, 정서적, 환경 및 행동의 변화가 상호작용 되는 복합형태의 과정에 있는 사람'으로 정의하고 있다[노인국제학회]. 「노인복지법」에서는 65세 이상을 노인으로 정의한다.

원예치료를 통해 가장 많이 만나는 대상자는 초고령화 사회로 접어든 대한민국의 현실을 반영하듯 노년기 대상이 가장 많다. 따라서 다른 대상자에 비해 좀 더 자세한 설명으로 대상자의 이해를 돕도록 구성하였다.

1) 노년기의 심리적 특성

① 감각 및 지각기능의 변화

감각기능은 시각, 청각, 후각 및 미각, 촉각, 통각으로 나누어진다. 시각은 수정체의 조절능력이 약해져 노안이 오고, 색채지각이 감퇴하여 노랑, 주황, 빨강색은 잘 구분하지만 보라, 남색, 파랑색은 구분이 어렵다. 어두운 곳에 대한 적응능력이 감퇴하여 20대에 비해 1/3 정도 밖에 빛을 받아들이지 못하여 밝은 곳을 좋아한다. 청각은 50세 이후부터 약화되기 시작하고, 고음영역의 급격한 감퇴가 일어나 점차적으로 저음영역으로 진행된다. 연령 증가에 따른 청각장애를 노인성 난청이라 하며, 대화를 할 때 소리를 크게 해야 한다. 미각은 맛의 감지능력이 약해지며 후각은 변화가 없는 편이다. 촉각은 45세까지 증가하다가 그 이후 현저히 감퇴하는 경향을 보이며, 통각의 경우 연령 증가에 따라 그 기능이 감퇴한다는 보고가 있으나 개인에 따라 차이가 있다.

지각능력은 감각기관에 의해서 수집된 정보를 의식적인 수준에서 처리하고 평가하는 기능이다. 노인의 지각능력 둔화는 노화로 인해 외부의 자극과 정보를 처리하는 신경체계의 활동과 속도가 감소되었기 때문이라고 설명할 수 있다.

② 지적능력의 변화

지능, 기억력, 학습능력, 사고 및 문제해결능력, 창의성 등으로 구분되며 노화가 진행될수록 점차 감퇴된다. 기억력은 최근 기억력이 장기 기억력보다 더 감퇴되며, 들은 내용보다 본 내용에 대한 기억이 더 감퇴된다고 보고하고 있다.

③ 성격특성의 변화

㉮ 우울증 경향의 증가

노화에 따른 신체적 질병, 배우자의 죽음, 퇴직에 의한 경제적 어려움, 사회와 가족으로부터의 고립과 소외, 지나온 세월에 대한 회한 등이 원인으로 작용하여 전반적으로 증가한다. 우울증으로 인한 식욕 감퇴, 체중 감소, 번민에 의한 불면증, 강박관념, 증오심 등의 구체적인 우울 증세를 나타내기도 한다.

㉯ 내향성 및 수동성의 증가

노화에 따라 사회적 활동이 감소되어 외부적 사회활동으로 향해졌던 에너지가 외부보다 자신의 내면으로 돌려져 자신의 사고나 감정에 의해 사물을 판단하는 경향이 강해진다는 것이다. 또한 생활상의 문제를 자기 스스로 능동적으로 해결하는 능력은 약화되고, 다른 사람의 도움을 받아 해결하려는 수동적이고 의존적인 경향은 증가되어 새로운 일에 도전하려는 경향은 감소한다.

㉰ 조심성의 증가

심신의 기능 약화와 자신감이 감소되어 확신이 높아야 어떤 결정과 반응을 보이게 된다.

㉱ 경직성의 증가

어떤 태도, 의견, 문제해결 장면에서 그 해결방법이 옳지 않거나 이득이 없음에도 불구하고 옛날과 같은 방법을 고집하고 이를 여전히 계속하는 행동 경향을 말한다. 노인들이 완고하고 보수적이라는 인식은 이 같은 행동 경향에 기인한다.

㉲ 성 역할 지각의 변화

일생동안 자기 자신에게 억압되었던 성 역할이 전환되어 간다. 남성 노인은 늙어가면서 사회적인 지위가 저하될수록 수동적이고 위축되어 간다. 이 과정에서 남성 노인은 의존성, 친밀성이 증가하게 되고, 여성 노인은 우리나라의 가부장적 사회 분위기에 억압되었던 능동성, 공격성, 자기중심성, 권위주의 성향 등을 표현하게 된다.

㉳ 친근한 사물에 대한 애착심

노인이 될수록 오랫동안 사용해 온 물건과 대상에 대한 애착심이 증가한다. 이는 집, 가재도구, 사진, 골동품, 일용품 등 여러 가지 친숙한 물건에 노인이 감정적 가치를 많이 두게 된다는 것이다. 그렇게 함으로써 노인은 자신이 지나온 과거를 회상하면서 마음의 안락을 찾을 뿐만 아니라, 비록 자기주변 세상과 세월은 여러 차례 변화하였지만 자신과 자신의 주변은 변화하지 않고 일정한 방향으로 유지되고 있다는 느낌을 갖게 한다는 것이다.

㊷ 유산을 남기려는 경향

노인들은 사후에 자신이 이 세상을 다녀갔다는 흔적을 남기려는 욕망이 강한데 이를 유산을 남기려는 갈망이라고 부른다. 이러한 경향을 보이는 노인들은 심리적으로 매우 건강하고 적극적인 사람들이라고 할 수 있다.

㉶ 의존성의 증가

의존성의 증가는 정상적인 노화 현상이다. 노인의 의존성은 신체적, 정신적, 사회적, 경제적, 심리적 및 정서적 의존성으로 나눌 수 있다. 노화로 심리적 의존성과 정서적 의존성이 커지게 된다. 특히 질병으로 신체적 건강이 좋지 않을수록 이 같은 심리적 의존성과 정서적 의존성은 더욱 커지고 자기중심적으로 되어간다.

2) 노년기의 사회적 특성

일반적으로 노인은 직장에서의 퇴직으로 인한 사회적 역할을 상실하고, 소득이 줄어들며, 사회적 지위가 저하된다. 이러한 사회적인 역할을 상실한 노인들이 남은 인생을 소일하는 형태는 건강 상태, 경제적 능력, 학력 수준 등과 밀접한 관계가 있으며 다양하게 대처하고 있지만 대략 다음과 같다.

---

① 근로형 : 파트타임, 부업과 같은 노동으로 건강과 인간관계를 유지하는 형
② 한거형 : 독서, 그림, 음악, 서예 등으로 취미생활을 즐기는 형
③ 사회오락형 : 골프, 낚시, 등산, 여행 등으로 취미, 인간관계 유지 및 정보교환을 하며 지내는 형
④ 자기완성형 : 교양강좌, 토론회, 세미나 등에 참석하여 자기실현을 기하는 형

⑤ 참여활동형 : 자원봉사활동 등 각종 사회활동을 하는 형

⑥ 폐쇄형 : 건강상 거동이 불편하고 늙는 것이 한탄스러워 인생을 포기하고 집에 있는 형

3) 노년기를 위한 원예치료

노년기를 위한 원예치료를 계획할 때는 대상 어르신의 건강 상태, 생활환경, 원예활동 경험 유무, 일상생활의 독립성 정도를 고려하여 프로그램의 목적과 목표를 결정한다.

노년기를 위한 원예치료의 목적은 다음과 같다.

① 신체적인 건강 유지 및 증진

땅을 일구는 과정, 제초, 물주기 등의 전신운동이 가능하며 자신이 조절할 수 있을 정도의 신체적 활동성[운동능력]을 주고, 식물을 관리하고 수확하는 활동을 통해 책임감과 만족감을 준다.

② 인지기능 및 기억력 증진 및 유지

시각, 청각, 후각 등 감각 및 지각기능을 자극하고, 기억력과 집중력의 향상을 통해 활동에 집중할 수 있고, 회상요법 등의 자극을 통해 예전의 기억을 유발할 수 있다.

③ 심리적 측면의 안정 및 고립감 해소

식물 기르기를 통한 긍정적 정서 유발과 집단활동을 통해 친구들과의 자연스러운 대화로 소외와 고립감을 해소하고 사회생활에 참여할 수 있으며, 식물의 성장과정을 자신의 생활에 대입하여 삶의 만족도를 높일 수 있다.

④ 여가활동 및 사회성 향상

식물 물주기 등의 주기적인 작업을 통해 소일거리를 제공하고 환경의 변화를 인

식하게 한다. 번식과 결과물 나눔을 통해 동료들과의 사회성이 향상되며, 식물을 기르는 즐거움을 함께 공감하는 것을 통해 노년기 인생의 즐거운 한 부분을 차지하게 한다.

4) 노년기를 위한 원예치료 활동 유의사항

① 어르신의 건강 상태를 고려하여 활동을 계획하며, 돌발 상황에 대한 융통성을 가지고 적절히 대응한다.

② 안전성을 최우선으로 하여 정원의 구조와 동선 및 바닥의 미끄러움, 물주기 동선, 의자 등의 휴식공간을 고려하고, 햇빛과 그늘의 시간대도 염두해 둔다.

③ 어르신에게 설명을 할 때는 가까운 거리에서 간단명료하게 천천히 또박또박 설명하며, 그림이나 사진 등을 이용하여 비언어적 도구와 비언어적 태도[스킨쉽]도 적극 활용한다.

④ 활동은 스스로 할 수 있도록 단순하며 반복되게 한다. 보조가 필요한 대상자는 보조진행자에게 꼭 필요한 부분만 도움을 주도록 사전 교육한다.

⑤ 식물의 선택에서 감각자극을 줄 수 있으며, 꽃이 핀다든지 성장이 빠른 식물, 과거의 기억을 회상할 수 있는 식물을 프로그램의 목적에 맞게 선택하여 활용하며, 독성이 있는 식물은 사용하지 않도록 한다.

⑥ 화분이나 도구 등은 눈에 띄는 색채를 사용하여 분별력과 집중력에 도움을 준다.

⑦ 활동 시 적절한 칭찬과 격려의 말과 행동을 통해 활동에 대한 확신과 안도감을 주며, 활동에 대한 표현을 적극 유도한다.

노년기에 대한 원예치료는 노인복지관, 노인요양원, 주간보호센터, 치매안심센터, 경로당 등의 시설에서 이루어지고 있으며 주로 집단 원예치료의 형태로 인원은 5~10명, 10~15명, 10~20명 등 프로그램의 유형에 따라 다양하게 진행된다. 노화의 정도에 따라 건강한 노인을 위한 원예치료 집단과 만성질환 또는 인지장애, 초기치매, 독거노인 등 장애를 동반한 노인을 위한 원예치료로 나누어진다.

2 장애에 따른 원예치료

「장애인복지법」에서 정의하고 있는 장애의 개념은 '장애인이란 신체적 · 정신적 장애로 오랫동안 일상생활이나 사회생활에서 상당한 제약을 받는 자'로 정의하고 있다. 여기서 '신체적 장애'란 주요 외부 신체기능의 장애, 내부기관의 장애 등을 말하는 것이고, '정신적 장애'란 발달장애 또는 정신적 질환으로 발생하는 장애를 말한다[장애인의 정의와 특성에 대한 내용은 3권의 사회복지 관련 부분 참고].

장애인은 선천적 장애를 가진 경우와 사고나 질병으로 후천적 장애를 가진 경우 또는 신체적 장애와 정신적 장애를 가진 대상으로 나누어 볼 수 있다. 비장애인에 비해 장애로 인한 다양한 제약들을 가지고 있는 장애인의 생애주기에 따른 특성과 발달과업을 살펴보면 다음과 같다.

표 4-5 | 장애인의 생애주기에 따른 발달특성과 발달과업 (변, 2006)

생애주기	발달특성	발달과업
영아기 유아기	0세부터 6세까지로 선천적 장애는 판별이 가능하나 발달장애와 정신적 장애 등은 초기에 발견이 어려워 재활의 시기를 놓치기 쉽다. 언어와 의사소통 능력과 외부 세계와의 접촉이 결핍되며, 또래아동과 어울릴 수 있는 기회가 적고 장애로 인하여 친구를 사귀기 어려움	학습에 초점을 맞추기 보다는 우선적으로 발달장애 아동의 신체와 언어발달이 촉진되도록 개입이 요구됨
아동기	7~12세까지로 외부세계와의 본격적인 접촉 시작, 특히 학교라는 새로운 환경을 통해 세계관이 확장되나 장애아동은 환경적응이 어렵고 가족들도 사회로부터 소외감을 느낀다.	가족구성원들이 장애 자녀를 예측 가능한 틀과 일상적인 일들을 만들어 중요한 생활기술을 습득할 수 있도록 계획 구축

청소년기	13~20세까지로 자신의 정체성과 삶의 의미에 대해 고민하고 성적인 것에 호기심을 느낌	교육과 성에 대한 정보를 병행하며, 직업 등과 관련된 전환교육이 요구됨
성년기	21~40세까지로 학령기 이후 교육과 문화적 환경에서도 단절된 과정을 겪으며 일반 고용환경에서 요구하는 대인관계의 성숙, 사회적응기술, 직업적 적응능력이 제한되어 자신감이 결여된다. 사고나 질병으로 장애를 갖게 된 경우 장애수용과 적응, 일상생활 제약, 가족 내의 역할 변화와 부부관계, 경제적 빈곤, 사회적 관계의 고립 등으로 다른 시기의 생애보다 더 큰 문제들을 직면함	대인관계의 발전, 사회적응 기술습득, 직업적 기술습득 등과 같은 주요한 과업과 병행하여 기능적인 학습과 언어능력의 향상이 요구됨
중년기	41~60세에 이르는 시기로 주 보호자였던 부모의 부재로 인해 경험해보지 못한 위험요인에 대처할 수 있는 기술습득이 요구됨	안정적인 독립생활을 할 수 있도록 지역사회 기술향상을 위한 지속적인 교육이 필요함
노년기	61세 이후부터 사망할 때까지로 오랜 장애로 인하여 축적된 문제들이 한꺼번에 들이닥칠 수 있으며 해결하는 데 어려움을 호소	

1 영유아 등 청소년기의 발달장애 developmental disability

발달장애란 선천적으로 또는 성장과정 중에 생긴 대뇌손상으로 인해 지능 및 운동 발달장애, 언어발달장애, 시각 · 청각 등의 특수감각 기능장애, 기타 학습장애 등이 발생한 상태를 말한다. 발달은 성장에 따른 기능적 발전과정을 말하며, 발달장애란 해당 나이에 이루어져야 할 발달이 성취되지 않은 상태로 발달선별 검사를 통해 정상 기대치보다 25%가 뒤쳐진 경우를 말한다. 전반적 발달지연은 대운동, 미세운동과 인지, 언어, 사회성과 일상생활 중 2가지 이상이 지연된 경우로 정의한다. 운동발달장애, 인지기능 발달장애[지적장애, 학습장애], 언어발달장애 등이 단독 혹은 중복되어 발생할 수 있다.

발달장애는 지적장애, 학습장애, 자폐, 주의력결핍과다활동장애, 틱으로 나누어 볼 수 있다[발달장애의 특징은 3권의 특수교육편 참고].

발달장애를 위한 원예치료는 주로 교육청 내 특수교육지원센터와 학교 내 특수학급에서 이루어지고 있으며, 다양한 재활치료 프로그램의 일환으로 원예치료 프로그램이 실시되고 있다. 옥상정원이나 치료정원을 만들어 활동할 수 있는 곳이 있고, 프로그램실에서 실내 프로그램 위주로 진행되는 형태가 있다. 3~5명의 소수 그룹으로 프로그램이 진행되며, 방학 등 특별 프로그램은 10명 내외로 진행되기도 한다.

발달장애를 위한 원예치료 프로그램은 대 · 소근육의 발달 및 협응력 증진, 운동수행 능력 향상, 오감자극을 통한 감각기능 자극, 자아존중감, 사회성 발달, 또래관계 증진, 인지기능 자극을 통한 기억력과 주의집중력 향상 및 자립 · 자조기술의 향상 등을 위해 실행될 수 있다. 발달장애를 위한 원예치료 프로그램 활동 시 유의사항은 다음과 같다.

---

① 원예치료 프로그램 장소가 휠체어나 대상자들의 활동에 불편이 없도록 관수나 동선 등에 대해 점검한다.

② 활동과정에 초점을 두어 진행하고 과정을 단순화하여 계획한다.

③ 대상자의 특성을 미리 파악하고, 부모 면담을 통해 원예치료에 대한 이해와 활동 후 집에서의 반응 등에 대해 미리 정보를 공유한다.

④ 치료 목표를 단순화하고 세분화하여 성취감을 느낄 수 있도록 한다.

⑤ 자폐성장애를 가진 대상자는 예측할 수 없는 돌발행동을 할 수 있으므로 원예치료사와 일대일 활동을 진행하거나, 집단활동 시에는 보조치료사 또는 사회복지사 등 일대일 케어를 할 수 있도록 하여 안전을 최우선으로 하여야 한다. 또한 자해를 막기 위한 소재 및 도구의 사용에 있어 안전이 우선 고려되어야 한다.

2 성년기 이후 재활장애

질병이나 외상을 극복하고 난 이후에 남는 장애에 대해 남은 생에 대한 '삶의 질'의 문제에 관련하여 재활이 필요하다. 세계보건기구WHO에서 규정한 재활이란 '일반적으로 장애가 있는 사람이 주어진 조건 하에서 최대한 신체적, 정신적, 사회적 능력과 취미, 직업, 교육 등의 잠재적 능력을 발달시켜 주어 그 사람으로 하여금 가능한 정상에 가까운 생활을 할 수 있게 해주는 분야'로 정의한다. 러스크 박사Howard Rusk는 재활치료의 목적은 '환자의 건강 및 생명을 최선의 상태로 회복하고 이를 유지하는 데 있다'라고 말했다[뇌졸중과 뇌손상 및 재활치료 대상자에 대한 설명은 3권의 재활의 이해 편 참고].

원예치료의 대상이 되는 재활환자는 뇌졸중, 뇌손상, 사고로 인한 신체적 장애로 인하여 병원에서 재활치료를 받고 있거나 일차적인 재활이 끝나고 집에서 통원하며 재활을 하는 사람 등이다. 재활환자를 대상으로 원예치료를 실시할 때는 대상자의 재활 목표가 분명해야 하므로 의료진이나 기관으로부터 진단과 치료에 대한 정확한 정보를 받고, 대상자와의 면담을 통해 신체기능의 재활뿐만 아니라 심리적으로 어떤 재활이 필요한 상황인지 원예치료사가 잘 진단하는 과정이 필요하다.

1) 뇌졸중

뇌졸중은 뇌혈관장애로 갑자기 몸의 반대 측 절반에 마비가 온 것으로 뇌혈관이 막혀서 뇌에 피가 통하지 않는 뇌출혈, 뇌에 피가 통하지 않아 뇌세포가 손상되는 뇌경색을 말한다. 증상으로는 편마비가 주로 나타나며 기억력장애, 언어장애, 시각장애, 감각장애, 인지능력장애, 안면마비 등의 장애를 동반한다.

뇌졸중환자는 손상을 입은 뇌의 부위에 따라 증상이 매우 다양하게 나타나며, 잔존기능과 치료를 통해 회복 가능한 정도도 매우 다를 수 있다. 원예치료의 목적은 손실된 기능의 회복을 최대화하며, 남아있는 근력이나 섬세한 동작 등의 운동기능을 훈련하여 독립적인 일상생활이 가능하도록 하는 것이다. 정서적 안정과 주변의 지지를 통하여 재활의 의지를 북돋고, 마비된 손과 신체를 사용할 수 있도록 독려하여 보상훈련의 역할도 수행하는 것이 좋다.

표 4-6 | 좌측 · 우측 뇌졸중의 증상 (손, 2006)

좌측뇌졸중	우측뇌졸중
① 우측 안면, 몸통, 손발의 자율적인 운동 및 협응의 상실 ② 온도 판별, 통증, 우측편의 고유수용성 감각을 조합한 감각장애 ③ 입술, 입, 혀의 근육제어장애 및 구음장애 ④ 환자가 말을 할 수 없거나 언어, 쓰기 혹은 제스처를 이해할 수 없는 실어증과 같은 언어장애 ⑤ 우측 시야에 맹점현상 ⑥ 불안, 우울 등의 정서장애 ⑦ 최근 혹은 과거 일에 대한 기억력 결함 ⑧ 읽기, 쓰기 및 수학 장애	① 신체 좌측(안면, 팔, 몸통 및 다리)의 편마비 ② 신체 좌측 감각장애(촉감, 통증, 온도 및 고유수용성 감각) ③ 공간 및 지각 결함 ④ 환자가 신체의 좌측 혹은 환경의 좌측을 무시하는 편측무시 ⑤ 신체에 옷을 연계시키지 못하는 옷 입기 실행증 ⑥ 각 눈에 시각 결함 부위가 좌측 혹은 시야 좌측 반쪽 시각 결함 ⑦ 충동적 행위, 인내력 감소, 급작스럽고 정밀하지 못한 움직임, 집중력 감소, 통찰력, 판단, 합리적 사고 결여

2) 뇌손상

외상성 뇌손상(TBI : traumatic brain injury)은 퇴행성이나 선천성이 아닌 외부의 물리적 힘에 의한 손상의 결과로서 신체, 인지, 사회 · 심리 등의 다양한 기능에 장기적인 장애를 야기하는 뇌에 대한 후천적인 손상을 가진 것을 의미한다. 현대 사회로 발전하면서 교통사고, 산업재해, 스포츠 등 각종 사고로 인한 뇌손상이 증가하고 있다.

외상성 뇌손상 환자에게 가장 우선시 되어야 할 치료의 목적은 일상생활을 독립적으로 수행하는 것이다. 이를 위해 상지기능을 증가시키고, 자세유지 및 균형감각을 익히며, 다양한 감각을 인식하고 처리하는 훈련이 필요하다. 지남력이나 집중력, 문제해결능력, 위기인식 및 대처능력 등 인지능력 훈련도 중요하다. 인지기능의 수준에 따라 원예치료를 통한 자기표현이나 심리적 안정을 찾고, 다양한 그룹 활동을 통해 의사소통 기술이나 정서적 이완, 사회적 참여를 향상시킬 수 있다.

3) 지체장애

지체장애physical disabilities란 질병이나 외상 등으로 몸통과 사지의 영구적인 운동기능 장애를 갖게 되는 것을 말한다. 선천적 원인은 출생 이전에 유전적 결함이나 출생 전후의 바이러스 감염 등으로 인해 태아의 발달에 지장이 나타나는 것이고, 후천적인 원인은 주로 사고에 의한 것으로 특히 사회활동 중에 장애가 발생하는 경우가 많다. 후천적 원인으로는 외상이 중요시되어 왔으나 선진국에서는 외상보다 당뇨병, 혈액순환장애, 관절염 등 만성질환이 70~80%를 차지하고 있다.

지체장애인은 신체의 일부를 잃은 사람, 관절장애가 있는 사람, 지체기능 장애가 있는 사람, 신체에 변형 등의 장애가 있는 사람 등의 4가지로 분류한다.

지체장애의 특성으로는 운동기능 장애에 문제를 보이는 사람이 가장 많다. 특히 후천적으로 지체장애를 가지게 되는 사람은 과거에 가졌던 신체능력과 생활방식에 대한 상실감이 크기 때문에 장애를 수용하고 극복하는 의지와 적응하는 기술이 요구된다. 지체장애인의 심리적 특성은 자신감을 상실하고, 내재되어 있는 분노감으로 인하여 우울증, 죄책감이 들어 자이존중감이 낮아진다. 또한 충격적인 장애를 입은 사람의 정서적 반응은 공포감과 절망을 느끼고, 여러 가지 장애 요인에 압도당하면서 가족에 대해 무력감과 죄의식을 느낀다.

지체장애는 후천적 요인에 의해 발생되므로 신체장애와 더불어 정신적 장애를 동반한다. 정신적 장애에는 열등감, 좌절감, 무기력감, 자살 충동, 불만, 충격, 우울, 스트레스 등이 있는데 공통적으로 보이는 반응은 충격, 우울, 불안이 가장 많다.

3 정신장애

정신장애는 생물학적 · 심리적 병변으로 정신기능의 제 영역인 지능, 지각, 사고, 기억, 의식, 정동, 성격 등에서 병리학적 현상이 진행되는 것을 말한다. 정신장애는 정신분열병, 분열형 정동장애, 양극성 정동장애 및 반복성 우울장애, 우울증, 조증, 공황장애, 공포장애, 범불안장애, 외상 후 스트레스장애, 강박장애, 알코올중독 등이 있다.

정신장애는 진단 방법에 따라 여러 가지로 분류될 수 있는데 일반적으로 뇌의 기질적 장애로 인한 기질성[organic mental disorder]과 심리 · 사회적 영향으로 인한 기능성[function psycho social]으로 분류한다.

정신장애인의 특징은 다른 사람들과 정서적 관계를 맺거나 의사소통을 하는 데 있어 자기방어적이다. 이들은 의도적으로 자신의 감정을 숨기며, 반면 자기 통제력을 상실하여 눈에 띄는 행동을 할 때도 있다. 정신장애인에게 나타나는 주요 증상은 상황에 적절하지 않은 말과 행동, 사회 문화적 배경에 비추어 볼 때 전혀 근거가 없는 엉뚱한 믿음을 굳게 갖게 하는 피해망상 · 과대망상 등과 같은 사고장애, 뭔가 말하는 목소리가 끊임없이 들리거나[환청] 실제 존재하지 않는 대상이 보이기도 하는 현상[환각] 등의 지각장애, 무감동 · 무감각이나 무의욕 등의 정서장애가 나타난다. 이 밖에도 혼자만의 생각에 사로 잡혀 있어서 다른 사람의 말에 귀를 기울이지 못하는 현상[대화 및 사고흐름의 장애], 상황에 맞지 않는 부적절한 감정표현을 하거나[감정표현의 장애], 자신이 경험한 세계가 병적이라는 사실을 받아들이지 못하는 현상[병식(자신이 갖고 있는 증상들이 비정상적이고 병적이라는 것을 아는 것, 더 나아가 자신의 병의 원인이 무엇이고 어떤 경과를 취해왔는가에 대한 충분한 인식이 있는 상태)의 상실]과 사람다움을 잃어버리게 되는 인격변화를 나타내기도 한다.

대상자가 복용하는 약물은 신체적 · 심리적으로 부작용을 일으킬 수 있으므로, 그들이 복용하는 약물에 관해 사전에 숙지한다(표 4-7). 또한, 대상자는 꽃가루, 곰팡이, 곤충에 의해 알레르기 반응이 나타날 수 있으므로 이를 주의하고, 실외에서 원예치료를 실시할 경우 자외선 차단제를 사용하며 모자 또는 작업복을 착용하도록 한다. 허브식물의 정유를 사용하는 아로마테라피를 원예치료에 도입할 경우 정신자극을 줄 수 있는 오일의 부작용에 주의하여야 한다.

표 4-7 | 정신과에서 사용되는 주요 약물의 종류, 용도, 부작용 및 예방책 (손 외, 2006)

약물의 종류	용 도	부 작 용	예 방 책
Carba maze-pine	간질, 신경통, 기분장애 치료	현기증, 졸음, 운동실조[ataxia], 침침한 시야, 피부가 자극에 민감해짐	민첩하거나 격렬한 활동은 피하며, 정상적인 시력을 회복하기 전까지 미세종자 파종이나 이식 등 미세 눈-손 협응동작을 요구하는 활동은 피한다.
신경 이완제	정신안정제, 정신분열증, 조증, 기질성 장애 등을 포함하는 급성 또는 만성 정신이상 증상 치료	졸음과 무력증, 입안 건조, 침침한 시야, 현기증, 운동장애. 단시간 태양에 노출되어도 피부가 심하게 그을림	빠른 움직임을 피하고 주기적인 휴식이 필요하다. 물이나 신맛의 사탕을 이용하여 입안 건조와 탈수증상을 방지하고, 근육의 무의식적 움직임으로 스스로의 근육조절이 어려운 대상자는 정교한 작업은 피한다. 햇빛노출을 피하기 위해 아침시간에 실외작업을 하거나 자외선 차단제를 이용한다. 지속적으로 약물을 투입하는 대상자들은 투약 후 48시간 내 무리한 신체적 활동을 금한다.
Clozapine	항정신제 또는 강한 진정제인 신경이완제의 한 종류로 만성 정신분열증이나 급성 정신질환자 치료	졸음과 무기력, 입안 건조, 현기증 및 기절, 근육경련, 체온변화	잠이 쉽게 오는 따뜻한 온도나 폐쇄적인 공간을 피하고, 신선한 공기와 적극적 활동이 필요하다. 장기간 서 있지 않도록 하며, 무리한 눈-손 협응동작을 요하는 작업은 피한다. 근육경련이 있으므로, 날카롭거나 위험한 재료의 사용을 금지한다. 체온변화에 영향을 미치는 실외활동을 조절한다.
항우울제	우울이나 불안 치료	입안 건조, 시야가 침침해짐, 현기증과 발한, 근육경련	약물이 체온조절에 영향을 미치므로, 온도가 높거나 습할 때 실외활동의 양이나 시간을 조절한다.
흥분제 진정제	수면장애 치료	심한 피로감, 소화불량, 혼돈 및 혼미, 신경과민, 흥분, 협응력의 저하로 쓰러지거나 어지럼증	휴식 부족 등으로 불안정한 증세를 보일 때에는 흥미로운 활동으로 교체하여 다양한 작업을 하도록 유도한다.

정신장애인을 위한 원예치료의 목적은 다음과 같다.

① 공격적 태도, 불안 등의 심리 · 정서 순화

② 감각자극을 통한 자각능력 향상

③ 신체적 움직임을 통한 활동량 증가

④ 회상작용을 통한 기억력 장애 최소화 및 완화

⑤ 사회성 및 대인관계능력 향상

⑥ 사회적 고립, 질병에 대한 사회적 인식으로 저하된 자존감 향상

⑦ 활동 및 수행 결과물을 통한 자기표현력 증가 및 성취감 증가

정신장애 대상자를 위한 원예치료 프로그램 시 유의사항은 다음과 같다.

① 프로그램의 진행 공간은 조용하고 아늑한 장소를 택하고, 앞문과 뒷문이 있어 위험한 상황 발생 시 도피가 용이해야 한다.

② 생명력이 강해 키우기 쉽고 번식이 잘 되는 식물을 선택하여 실패의 경험을 겪지 않도록 한다.

③ 생장속도가 빨라 그 변화를 쉽게 느낄 수 있고 성취감을 느낄 수 있는 식물을 선택한다.

④ 생산물을 통하여 성취감을 느끼고 주변 사람들과 나누는 기쁨을 느낄 수 있는 식물을 선택한다.

⑤ 자극적인 식물을 싫어하고 토양에 대한 거부감을 느끼는 대상자에게는 강요하지 않고 장갑을 사용한다거나 무균토양을 사용하여 자발적으로 활동할 수 있도록 한다.

⑥ 가시가 있거나 잎이 뾰족한 것, 알레르기를 일으키는 식물, 독성식물을 피한다.

⑦ 도구를 사용한 자해의 위험이 있으므로 활동 시 도구를 잘 회수하고, 번호를 쓴다든가 하여 도구의 수를 철저히 확인한다.

표 4-8 | 우울증을 나타내는 신체질환과 약물들 (손 외, 2006)

• 심혈관계 : 심근경색 • 위장계[우울증이 먼저인지, 위장계 증상이 먼저인지 구별하기 어려운 경우가 있음] • 신장계 : 헌팅턴[Huntington]병, 뇌종양, 다발성 경화증 • 췌장질환 • 갑상선 기능저하증, 갑상선 기능항진증, 갑상선 중독증[thyrotoxicosis], 부갑상선 기능항진증 • 에디슨[Addison]병, 쿠싱[Cushing]병 • 류마티스 관절염 • 감염증 : 특히 바이러스성 병[예) mononucleosis] • 각종 종양 : 암환자[특히 화학요법을 받고 있는 환자] • 영양장애 : 노인, 식사 습관장애, 흡수장애, 단백질 및 비타민B 결핍증	• 향정신성 약물 : 도파민 길항제 [phenothiazines, butyrophenones], barbiturates, meprobamate, benzodiazepines, 소위 각종 'street' drugs[코카인], 코티코스테로이드 • 고혈압 치료제 : reserpine, alpha-methyldopa, propranolol, clonidine, guanethidine • 기타: L-dopa, digitalis-bromide, cyclosporin, disulfiram, isoniazid-yohimbine

표 4-9 | 정신과 환자가 주의해야 할 도구 및 소재 (손 외, 2006)

세라믹 또는 유리용기	깨질 수 있으며, 깨진 조각 등이 무기가 될 수 있다.
밧줄, 노끈, 꼰 실, 리본, 전선, 철사	자기 또는 다른 사람을 목 조르거나 목을 맬 수 있다. 그러므로 프로그램 전 목 둘레 길이보다 짧게 잘라 나누어준다.
풍선, 비닐 백	질식 위험이 있다.
페인트, 스프레이, 본드, 고무풀	냄새 흡입 시 황홀감이나 환각상태가 올 수 있다.
날카로운 가위, 집게, 칼, 막대기, 지주	도구에 베이거나 자신이나 남을 찌르거나 상해를 입힐 수 있다.
선인장, 장미 등 가시가 있는 식물	자해에 이용될 수 있다.
독성 또는 알레르기를 일으키는 식물	환자가 먹을 수 있다.
조개껍질, 돌 등의 만들기 소재	무기가 될 수 있다.

표 4-10 | 원예치료 대상자별 특성과 프로그램상의 유의점 (손 외, 2006)

대상자	특성	유의점
정신 장애자	• 다양한 연령층 • 다양한 장애 정도[단기, 중기, 장기] • 다양한 증세[정신분열, 불안 및 우울, 집중력 저하, 공격성향, 편집증 등]	• 개인작업과 그룹작업 제공 • 레크리에이션이나 휴양 기회 필요 • 공격성 완화를 위해 파괴행동이 허락되는 공간 필요 • 신체적 장애자를 위한 다양한 활동시설 필요[높은 화단이나 컨테이너 등]
지적 장애자	• 낮은 의사전달 능력 • 이해력과 집중력 저하 • 타인에 대한 높은 의존도 • 신체장애 동반 가능	• 체력을 요하는 활동 필요 • 참가자의 인지적 능력에 맞는 단계적 작업 • 신체적 장애자를 위한 시설과 장비 • 최대한의 자극재료와 안전대책
시각 장애자	• 시력결함의 정도 차[전혀 보이지 않는 경우, 약간 보이는 경우, 시력에 결함이 있는 경우] • 기타 장애 동반 • 시각 이외의 감각기관 발달 • 우호적이며 관심과 호기심 많음	• 안전대책 필요 • 접근용이성 및 단순한 활동 • 환경에 대한 인식과 판단이 용이하도록 하는 대책 필요[점자정보, 촉감, 향기 등] • 시각 또는 다른 감각자극 및 발달
고령자	• 다양한 원예적 지식 • 신체 허약[장기간 활동 어려움] • 건망증이나 치매 증상 • 증가하는 고령자 비율 • 경쟁이나 대화를 좋아함	• 기존 원예활동의 지속성 부여 • 단순하고 난이도가 낮은 신체적 활동 • 오감을 자극하는 식물 사용으로 흥미 유발 • 어린 시절을 회상할 수 있는 재료 사용 • 다양한 식재시설[높은 화단이나 컨테이너] • 그룹 활동 및 가정에서도 가능한 활동
휠체어 이용자	• 일시적 휠체어 이용자[사고나 수술 후 등] • 장애로 인한 장기적 휠체어 이용자 • 일부는 독립적인 이동[일어서기 가능] • 휠체어를 밀어줄 보호자 필요[노약자나 팔에 장애가 있는 사람 등] • 전동식 휠체어 증가로 행동 범위 증가	• 접근용이성 및 이용하기 쉬운 시설 • 다양한 높이의 식재시설[높은 화단이나 컨테이너] • 앉은 자세로 작업 가능한 장비와 설비

지체 부자유아	• 이동 보조기구를 사용하는 경우 많음 • 사회적 소외감 • 복합 장애를 가진 경우 많음 • 근력 등 신체적 능력의 조절 어려움	• 놀이 및 표현, 흥미 유발, 사회적 상호 교류를 자극하는 시설 및 장비 • 파괴적 창조가 허용되는 공간 • 활동량이 많은 대상자 및 놀이에 견딜 수 있는 튼튼한 식물 사용 • 폭넓은 표현이나 자극을 가능하게 하는 식물 및 소재물, 모래 등 • 개인적 공간
이동이나 운동력이 반감된 장애자	• 사고 등으로 인한 일시적 장애인 • 병의 진행과 함께 장애 정도 결정됨 • 보행기와 휠체어 이용 • 균형 감각 결여 • 운동 기능의 제한	• 신체적 작업이 많은 프로그램재활 프로그램의 일환 • 이동성, 신체적 움직임 조절 및 균형 향상을 위한 시설 • 일상생활에서 사용 및 활용 가능한 활동과 장비

3 기타 원예치료

1 치매

치매는 뇌가 여러 가지 원인으로 인하여 뇌의 신경세포가 기능을 못하거나 변화를 일으켜 인격의 변화나 여러 가지 정신적인 증상 및 문제행동을 유발시킴으로써 일상생활을 유지하기 어려운 상태가 되는 증세를 말한다.

치매는 수십 가지의 원인에 의한 뇌의 기질적인 병변으로써 정신능력, 즉 기억을 비롯한 추상적인 사고와 판단 등과 같은 지적기능의 장애와 함께 정서 및 행동상의 장애가 나타나는 질병이다. 이처럼 치매의 원인은 다양하지만 크게 알츠하이머병에 의한 치매, 혈관성 치매, 기타 원인에 의한 치매로 나눌 수 있다.

치매 노인의 증세로는 여러 가지 유형이 있으며 문제행동을 나타내는 대표적인 행동장애로는 배회, 과식, 환각, 망상, 불결행위, 허구성의 이야기 만들기 등 다양하다.

1) 치매의 증상과 특성

① 알츠하이머형 치매

알츠하이머형 치매는 지적장애를 주 증상으로 하는 진행성 치매로 치매의 유형 중 50% 정도의 비율을 차지한다. 뇌가 전체적으로 위축되어 있고, 대뇌 피질에 노인반이 많으며, 대뇌 피질에 침착물이 많이 부착되어 있다는 세 가지 특징을 가지고 있다.

알츠하이머형 치매는 불안과 억울, 수면장애 등의 증상을 먼저 보이고, 기억장애를 중심으로 하는 지적장애가 초기 증상으로 나타난다. 또한 장소에 대한 지남력 장애가 발생하고, 판단력도 저하되기 쉽다. 이 때문에 외출해서 집으로 가는 길을 잃어버려 보호되는 경우도 많다. 자발성 저하와 의욕이 감퇴하는 증상을 보이기 때문에 우울증과 구별이 어렵다. 또한 초기 단계에서 인격의 변화가 보여 지는 것이 알츠하이머형 치매의 특징이다.

중기에는 현저하게 지능이 저하되고 기억장애와 상황에 대한 이해력이 떨어지며, 논리적 사고의 장애로 혼란에 빠지는 경우도 있다. 평소 알던 사람을 몰라보는 증상도 발생하고 심지어 자식들과 배우자 등 가까운 사람도 인식할 수 없게 된다. 보행장애와 근육 경련 등의 증상을 수반하는 경우도 적지 않다. 감정적 측면에서는 굴곡이 심하여 즐거워하기도 하고 억울해하기도 하는 등 감정 변화가 나타나기 쉽게 된다. 알츠하이머형 중기에는 일상생활도 케어를 필요로 한다.

말기가 되면 고도의 지능 저하가 생겨 이상행동과 요실금, 이물질을 먹는 등의 증상이 심해져 일상생활 전체에 케어가 요구된다. 마지막에는 말도 없고, 행동도 하지 않는 상태에 빠지고 혼미해져 혼수상태에 이르게 된다.

② 뇌혈관성 치매

뇌혈관성 치매는 뇌경색과 뇌출혈 등 질환에 의해 뇌가 장애를 받아 생기는 치매를 말한다. 발병은 급속하게 진행되고, 뇌혈관성 질환에 이어 지적기능의 저하가 발생하여 치매증상을 나타낸다.

뇌혈관성 치매의 초기 증상으로 두통과 현기증이 있으나, 질병으로 자각되는 단계에서는 주로 인물의 이름과 일시를 기억하지 못하는 등의 기억력 장애가 나타난다. 그러나 뇌혈관성 장애로 기억장애가 심해져도 이해력과 판단력은 남아 있는 경우가 많다. 이 같이 지적기능의 장애가 나타나는 이유는 뇌손상을 받은 부분에 얼룩이 있기 때문이다. 그러나 치매가 진행되면 지적기능의 장애는 널리 퍼지게 된다.

뇌혈관성 치매는 지능이 저하해도 인격의 바탕은 남아 있다. 이는 뇌혈관성 치매의 또 다른 하나의 특징이다. 시간과 장소를 잊어버리는 지남력 장애가 있음에도 불구하고 케어자에게 정중하게 예의를 지키는 치매노인의 모습은 시설 등에서 가끔 보여지는 현상이다. 그러므로 사회성은 비교적 유지되는 특징이 있지만, 감정의 억제가 어렵고 감정과 기분이 변하기 쉽고, 눈물을 흘리기도 하는 감정실금이 특징이다. 한편 병식은 상당히 오랫동안 존재한다는 특징 외에 정신증상과 실어, 인정하지 않는다거나 행동을 잊어버리는 증상이 있다.

③ **가성치매** pseudodementia **와 우울증**

노인 연령층에서 우울증에 걸리게 되면 치매와 비슷한 증상(가성치매라고 함)을 보일 수가 있어 치매의 진단에 있어 우울증을 감별하는 것은 대단히 중요하다. 치매환자들에게서도 초기에 우울증이 매우 흔하게(약 40%에서 관찰됨) 나타나기 때문에, 치매에 의한 우울증을 일반적인 우울증으로 진단하는 것을 조심해야 한다. 우울증이 아주 오래 지속되면 치매의 발생률을 높이기 때문에 적절한 활동이나 사회활동을 통해 우울증에서 벗어나는 것이 중요하다.

2) 치매환자를 위한 원예치료의 목적

① 정서적 안정 및 자아존중감 증진
② 인지능력(지남력, 어휘, 기억, 판단) 유지 및 퇴화 감소
③ 신체적 기능 강화 및 퇴화 감소
④ 사회적응 강화
⑤ 장기기억 자극

3) 원예치료 활동 시의 유의사항

원예치료 활동 시의 유의사항은 노년기의 유의사항과 전반적으로 동일하다. 시설이나 치료정원의 구성 시 시설이나 기관에 연결되도록 하여 복귀 시 길을 잃어버리지 않도록 한다. 경증치매 대상자는 즐거움을 느끼고 현재의 기능을 유지하도록 하는 것이 중요하며, 중증치매 대상자는 삶의 의미를 느끼게 하여 자신의 존재 의미를 부여할 수 있도록 한다. 섭식에 대한 안전은 늘 확인하여야 한다.

2 다문화

다문화를 위한 원예치료 프로그램은 초기에 결혼 이주여성을 대상으로 이민으로 인한 문화적 충돌, 의사소통, 자녀양육, 심리적 문제인 인권침해와 사회적 고립, 경제적 어려움, 한국인의 인식과 편견에 대한 문제점들을 원예치료를 통해 해소하고자 실시되었다. 농촌에 거주하는 이주여성과 도시노동자의 이주여성이 겪는 문화적인 차이가 컸고, 부부가 함께 결혼 만족도와 가족의 지지를 높일 수 있는 원예치료 프로그램들이 적용되었다.

현재 다문화 가정 아이들의 학교부적응을 개선하고, 일반 가정 아이들을 위한 다문화 통합교육의 일환으로 원예치료 프로그램이 진행되고 있다. 농촌진흥청에서 발간한 '다문화 통합 교육용 원예활동 매뉴얼'과 '다문화그룹 원예 프로그램'에서 다양한 원예치료 프로그램을 소개하고 있다.

그림 4-1 | 다문화 원예치료 프로그램 (농촌진흥청)

3 암 환자

암 환자를 위한 원예치료 프로그램은 암 환자의 연령과 암의 종류와 진행에 따라 각기 다른 목적을 가지고 진행되어야 한다. 병원 내에서의 원예치료 활동은 소독된 흙의 사용과 식물의 제한, 환자의 상태에 따른 치료 프로그램의 적용 등 병원 측과 긴밀한 협조에 의하여 프로그램이 운영되도록 한다.

국립원예특작과학원에서 발행한 '암암 괜찮아 괜찮고 말고'는 암 환자의 회복과 관리를 위한 원예치료 매뉴얼로 소아 · 청소년암용, 성인암용, 말기암용으로 구성되어 대상자별로 적용할 수 있는 원예치료 프로그램을 소개하고 있다.

그림 4-2 | '암암 괜찮아 괜찮고 말고' 시리즈 (농촌진흥청)

4 사회복귀 예정자

교정시설에서의 원예치료는 재활과 치료, 예방적 차원에서 실시될 수 있다. 식물을 활용한 활동에 삶의 의미를 부여하고, 긍정적 가치를 인식하여 사회구성원으로서 다시 건강한 삶을 살 수 있도록 하는 데 목적이 있다.

교정시설에서의 원예치료 활동 시 유의사항은 대상자의 파악이 매우 중요하며, 허가받지 않은 물품의 반출과 반입 금지, 수용자와 구분되는 단정한 옷차림, 수용자의 법률적 문제 개입 금지, 수용자의 범죄내용 등 개인정보 보호, 수용자의 요청에 의한 물품 전달 금지, 수용자와의 거래 개입 금지, 공평하고 일관된 행동, 정확한 시간 준수, 자해위험 재료 사용 금지 등이 있다. 국립원예특작과학원에서 발간한 '사회복귀 예정자를 위한 심리사회적 결과 원예치료 가이드' 서적을 통해 재배활동 중심과 정원활동 중심의 원예치료 활동에 대한 내용을 참고하면 좋다.

그림 4-3 | 사회복귀 예정자를 위한 심리사회적 결과 원예치료 가이드 (농촌진흥청)

4 세대 간 교육

세대 간 교육community of generations education 혹은 intergenerational education이란 여러 세대 혹은 여러 연령 집단이 하나의 공동체 안에서 공동의 목표를 가지고 함께 교육활동에 참여하는 것을 의미한다. 즉, 세대 간 교육은 노인세대와 다른 세대 간의 상호작용과 협력을 통하여 배우고 익히는 각종 활동과 프로그램을 말한다. '세대 간'은 세대 공동체를 의미하며, 이는 혈연으로 맺어진 조부모가 아닌 다른 노인과 아동 및 청소년이 함께 어울려 친밀한 관계를 맺는 인위적으로 구성된 공동체이다. 세대 간 프로그램은 이러한 세대 공동체를 대상으로 다양한 활동을 통하여 서로 간의 차이를 극복하고 친밀한 관계를 맺어 조화를 이루는 것을 목표로 한다.

1) 세대 간 원예프로그램의 효과

① 노인에게 미치는 효과

노인들은 원예활동을 통해 두뇌를 지속적으로 사용하게 된다. 원예활동을 통해 장기기억과 단기기억을 둘 다 사용하게 되면서 유능감을 다시금 느끼게 된다. 자신감과 만족감, 안정감을 느끼며 어린 세대에게 지식과 지혜의 전수를 통해 자신에 대한 긍지를 갖게 된다.

② 아동에게 미치는 효과

아동들은 원예활동을 통해 식물과 자연이 인간에게 얼마나 유익한지 배울 수 있으며 세대 간 원예활동을 통해 노인의 지혜를 배울 수 있다. 식물 키우기는 아동에게 책임감, 양육감, 의무감을 배울 수 있게 하고, 삶과 죽음, 희망, 인내심과 아름다움을 느낄 수 있다. 농촌진흥청에서 발간한 '농촌 건강장수마을 세대 간 원예프로그램' 서적에서 다양한 세대 간 원예치료 프로그램을 소개하였다.

4 대상자별 원예치료 프로그램

원예치료사[복지원예사]가 임상현장에서 겪을 수 있는 어려움 중 하나는 원예치료 프로그램의 개발과 관련된 부분이다. 과거 원예치료는 대부분 원예치료사의 개인적인 아이디어나 추측을 통해 프로그램이 개발되고 실시되어 왔다. 치료 목적에 부합되는 원예치료 프로그램을 개발하기 위해서는 전문적이고, 체계적인 접근이 필요하다. 대상자의 치료 목적에 따라 과학적으로 검증된 원예치료 기술과 기법을 활용하거나, 타 분야 임상현장[의학, 상담, 사회복지]에서 보편적으로 사용되는 이론 또는 기법을 원예치료 프로그램에 도입해 볼 수 있다. 여기에서는 생애주기 및 질환별로 활용 가능한 원예치료 프로그램을 소개하고자 한다.

1 생애주기별[유아, 아동, 청소년, 성인, 노인] 원예치료 프로그램

1) 유아를 위한 원예치료 프로그램

① 유아의 과학적 탐구능력과 과학적 태도 증진을 위한 원예치료 프로그램

만 3~5세 유아의 과학적 탐구능력과 과학적 태도 증진을 위한 원예치료 프로그램은 총 24회기[주 1회, 한 회기당 50분]의 실내 · 외 원예활동으로 구성하고, 주요 원예활동으로는 종자 파종, 채소 모종 심기, 수확물 이용 요리하기, 텃밭 관리하기, 실내식물 심기, 식물 이용 작품 만들기, 견학 등이 있다.

유아 수준을 고려한 적절한 난이도의 원예교육을 제공하기 위해서는 누리과정 탐구생활 영역과 같은 표준화된 보육 · 교육과정을 참고하여 원예활동을 선정하는 것이 필요하다. 실외 원예활동의 경우 계절별로[5월~10월] 텃밭에서 재배 가능한 채소 및 과채류를 고려하여 선정해야 한다. 한 예로, 토양관찰 및 종자 파종 활동[3회기]은 다양한 토양의 종류와 특징에 대해 학습해 보고, 토양 종류별[혼합토, 압축배양토,

피트모스, 펄라이트 등로 종자봉선화, 강낭콩 발아와 생장 과정을 관찰해봄으로써 유아는 식물이 가장 잘 자라는 토양이 어떤 것인지 탐구해 볼 수 있다. 또한, 수경재배19회기를 통해 식물 성장에 필수적인 물의 중요성에 대해 알고, 더 나아가 오염된 물이 주변 동식물과 환경에 미치는 악영향까지 인식하도록 함으로써 물의 역할과 중요성에 대한 확장적 사고가 가능하게 한다.

본 원예치료 프로그램은 유아의 과학적 탐구능력과 과학적 태도 증진과 더불어 정서지능 향상, 친사회적 행동 향상 등의 효과도 기대해 볼 수 있으며, 유치원, 어린이집 등 유아교육기관 정규수업 및 방과 후 수업으로 활용 가능하다.

표 4-11 | 유아의 과학적 탐구능력 및 과학적 태도 증진을 위한 원예치료 프로그램 예시

회기	원예치료활동5월~10월
1	채소 모종 심기 및 종자 파종
2	채소 모종 심기옥수수 및 지주 세우기
3	토양 관찰 및 종자 파종봉선화, 강낭콩
4	쌀뜨물 이용 거름 만들기
5	거름 주기, 과채류 유인하기
6	토마토 식물 관찰
7	친환경 병충해치료제난황유 만들기
8	강낭콩, 쌈채소 수확 및 강낭콩밥과 쌈채소 시식
9	벌레잡이식물 번식하기
10	농업기술센터 현장견학 및 학부모와 함께하는 접시정원 만들기
11	당근 파종 및 물병 꽃 싸기
12	봉선화 물들이기
13	옥수수 수확 및 옥수수 수염 만들기
14	호박 수확 및 호박전 만들기
15	손수건 천연염색
16	쪽파 파종영양번식
17	채소 모종 심기, 종자 파종
18	물비료주기엽면시비
19	수경재배개운죽

20	배추 속 벌레 관찰하기
21	쪽파 수확 및 파전 만들기
22	새싹채소 키우기
23	토피어리 만들기[포인세티아]
24	학부모와 함께하는 김장

② 유아 정서지능 개발을 위해 부모와 함께하는 원예치료 프로그램

유아 정서지능 향상을 위한 원예치료 프로그램은 총 6회기[주 1회, 한 회기당 90분]의 실외 원예활동으로 구성하며, 주요 원예활동은 종자 파종, 채소 모종 심기, 수확하기, 수확물 이용 요리하기, 식물 관찰 및 채집 등이 있다.

정서지능은 자신과 타인의 감정을 이해하고 조절하는 능력으로, 특히 유아기부터 정서지능 개발의 중요성이 강조되고 있다. 보다 효과적인 유아 정서지능 개발을 위하여 정서지능 구성요소[Mayer & Salovey(1997)]와 같은 이론적 개념에 기초한 원예치료활동 개발이 가능하다. 더 나아가 부모가 자녀의 감정을 적절히 이해하고 표현할 수 있는 대화기법[parent effectiveness training(Gordon, 1970)과 active parenting(Pokin, 2005)]은 매회기 활동에서 실제 연습해볼 수 있도록 적용함으로써, 부모의 참여는 자녀의 정서지능 향상 효과를 보다 극대화 시킬 수 있다. 예를 들어 주변 식물관찰 및 채집하기 활동[5회기]에서 시든 식물[떨어진 잎, 누런 잎, 메마른 줄기 등]과 건강한 식물의 생김새를 관찰해 보면서, 식물의 감정을 유추해 볼 수 있다. 이와 연계하여 부모의 감정을 유추할 수 있는 요소[표정, 몸짓, 입모양 등]를 알아보고, 부모의 감정을 인식해 본다. 이때, 부모는 자녀의 행동을 적절히 격려하는 방법인 아가 BANK기법을 이용하여, 자녀의 원예활동 참여를 격려한다.

표 4-12 | 유아의 정서지능 개발을 위한 원예활동 프로그램 예시

회기	원예치료활동	세부 목표	
		정서지능 구성요소	부모-자녀 대화기법
1	종자 파종 및 수확하기	–	–
2	가족텃밭 만들기	자신의 감정인식 및 표현	나-전달법
3	다육식물 심기 및 수확하기	자기조절능력	공감대화법
4	• 채소 모종 심기 • 주변 식물 관찰 및 채집하기	타인의 감정인식	아가 BANK기법
5	• 수확하기 및 수확물 포장하기 • 수확물 이용 요리하기[감자 샌드위치]	감정이입	반영적 경청하기
6	• 수확하기 • 수확물 이용 요리하기[채소비빔밥]	대인관계기술	정중하게 요청하기

이 두 사람은 어떤 기분을 느끼고 있나요?

? 무엇을 보고 이 사람의 기분을 알았나요?

우리 아이 격려 4단계 : 아가 BANK 기법

Baby steps 목표로 하는 행동을 작은 단계로

Acknowledge 아이가 작은 단계를 성취하였을 때 그것을 인정해 주세요

Nudge 다음 단계로 나갈 수 있도록 힘을 돋워주세요

Keep encouraging 계속 격려해주세요

그림 4-4 | 유아의 정서지능 향상을 위한 원예치료활동 및 교안 예시

2) 아동을 위한 원예활동 프로그램

① 아동 식습관 개선을 위한 원예활동 프로그램

식습관 개선을 위한 원예활동 프로그램은 텃밭 가꾸기와 요리활동 및 영양교육을 결합한 총 12회기[주 1회, 한 회기당 40분] 활동들로 구성한다. 텃밭 가꾸기는 봄[4월~7월]에 적합한 계절성 작물을 선정하고, 초등학교 6학년 실과 교육과정[생활 속 식물 가꾸기]을 기초로 한 원예교육 내용으로 구성한다. 영양교육은 초등학생 대상 식품안전·영양교육 프로그램 내용을 토대로 주제를 선정하고, 요리활동은 텃밭에서 직접 가꾼 채소 수확물을 이용한 건강한 음식[예) 적환무 샌드위치, 두부 상추쌈, 근대 또띠아, 당근 카나페, 오색 채소 샐러드 등]을 아동이 직접 요리할 수 있도록 구성한다. 한 예로 텃밭 구획 및 종자 파종 활동은 여섯 가지 식품군의 개념과 종류 및 기능에 대해 학습하고, 텃밭에 파종할 감자와 당근의 식품군 종류와 기능을 알 수 있도록 진행한다.

본 원예활동 프로그램은 아동 식습관 개선에 영향을 주는 원예지식과 영양지식 향상, 영양건강 증진, 채소선호도 및 섭취량 향상, 식이 자아효능감 증진, 음식공포증 감소 등에 효과를 기대할 수 있다.

표 4-13 | 아동 식습관 개선을 위한 원예활동 프로그램 예시

회기	원예활동	영양교육 주제	사용 식물
1	• 텃밭 구획하기 • 종자 파종	여섯 가지 식품군 구성과 기능	감자, 당근
2	• 채소 모종 심기 • 종자 파종	오색채소의 종류와 기능	부추, 적환무
3	종자 파종	규칙적인 식사의 중요성과 실천방법	근대, 강낭콩
4	채소 모종 심기	어린이 하루 채소 권장 섭취량 및 섭취 실천방법	상추
5	• 채소 모종 심기 • 지주 세우기 • 비료 시비하기	여섯 가지 식품군 함유 영양소의 기능	토마토, 가지
6	수확 및 수확물 이용 요리하기	안전한 식품 선택의 중요성 및 선택 방법	부추

7	수확 및 수확물 이용 요리하기[적환무 샌드위치]	• 안전한 간식의 의미와 중요성 • 영양성분 표시 확인법	적환무
8	수확 및 수확물 이용 요리하기[두부 상추쌈]	저나트륨 섭취 방법	상추
9	수확 및 수확물 이용 요리하기[근대 또띠아]	저지방 간식 선택 방법	근대
10	수확 및 수확물 이용 요리하기[당근 카나페]	• 나트륨 과다 섭취 문제점 • 나트륨 배출을 돕는 식품 종류	당근
11	수확 및 수확물 이용 요리하기[오색채소 샐러드]	오색채소 조리법	토마토, 가지
12	수확 및 수확물 이용 요리하기[치즈 감자전]	영양교육 총 복습	감자

그림 4-5 | 아동 식습관 개선을 위한 근대 수확 및 근대 또띠아 만들기 활동

② 아동의 사회정서 발달을 위한 원예활동 프로그램

초등 고학년생의 사회정서 발달과 원예지식 증진을 위한 교내 원예활동 프로그램은 총 7회기[주 1회, 회기당 60분]의 교내 화단 꾸미기와 실내 원예활동[삽목하기, 다육식물 심기]으로 구성한다. 각 회기 원예활동은 7차 초등 교육과정[고학년용]에 기초한 원예교육과 사회정서학습[strong kids]을 결합하여 개발되었다. 한 예로, 화단 조립 및 꽃모종 심기 활동은 교내 화단 조성에 활용되는 심지 화분의 원리 이해를 위해 식물의 수분 흡수와 관수에 대한 원예교육을 실시한다. 또한 본 활동에서 심지 화분을 조립하고, 꽃모종을 심으면서 아동이 느낀 감정을 발표하면서 긍정 · 부정적 감정의 개념을 알 수 있도록 교육한다.

본 프로그램은 아동의 정서지능, 회복탄력성, 자기효능감과 같은 사회정서 발달을 기대할 수 있으며, 교내 정규 수업시간 또는 방과 후 활동을 위한 원예교육 프로그램으로 활용 가능하다.

표 4-14 | 아동의 사회정서 발달을 위한 원예활동 프로그램

회기	원예활동	세부 목표		사용 식물
1	오리엔테이션 및 이론교육	원예교육	식물이 인간에게 주는 이로움 알기	–
		사회정서학습	–	
2	화단 조립 및 꽃모종 심기	원예교육	식물의 수분 흡수 및 관수 방법	원추리, 동강할미꽃
		사회정서학습	긍정/부정적 감정 나누기	
3	꽃모종 심기 및 이름표 만들기	원예교육	토양의 종류와 역할	맥문동, 금낭화, 꿀풀, 붓꽃
		사회정서학습	긍정 형용사를 이용한 긍정적 자기표현하기	
4	식물관찰 및 푯말 만들기	원예교육	식물의 구조 및 역할	패랭이꽃, 구름패랭이꽃, 초롱꽃, 쑥부쟁이
		사회정서학습	타인의 감정 파악하기	
5	삽목하기	원예교육	식물 번식방법	제라늄
		사회정서학습	긍정적 스트레스 해소 방법 알기	
6	다육식물 심기	원예교육	식물의 광합성과 증산작용	다육식물 3종
		사회정서학습	문제해결능력 증진	
7	활동소감 나누기	원예교육	–	–
		사회정서학습	다양한 방법으로 자신의 감정 표현하기	

그림 4-6 | 아동의 사회정서 발달을 위한 원예치료 프로그램의 교안 및 활동 모습

③ 아동 사회성 향상을 위한 원예치료 프로그램

아동 또래관계 증진을 위한 원예치료 프로그램은 총 10회기[주 1회, 총 90분]의 텃밭활동으로 구성한다. 텃밭활동은 계절상[4월~6월] 재배가 용이한 작물을 고려하여 선정해야 한다. 아동의 또래관계 증진에 영향을 미치는 관련 요인들[성취감, 능력감, 협동, 의사소통, 소속감 등]이 원예활동 참여를 통해 아동에게 발휘될 수 있도록, 관련 요인 향상을 위한 회기별 목표를 적절히 설정하는 것이 중요하다. 한 예로, 천연비료 시비하기 활동[5회기]은 천연비료 시비를 통한 텃밭 관리를 수행하면서 아동이 새롭게 발견한 타 대상자의 장점을 표현해 봄으로써 성취감과 친밀감 등을 느낄 수 있도록 계획 가능하다.

특히, 또래관계 증진을 위해 아동의 또래 지위 정보[인기아, 양면아, 보통아, 무시아, 배척아]를 이용할 수 있다. 원예치료사는 한 모둠 안에 5종류의 또래 지위가 골고루 포함될 수 있도록 모둠을 구성하고, 모둠별로 협동과 의사소통이 잘 이루어질 수 있도록 의도적으로 개입하는 기술을 적용하게 된다.

표 4-15 | 아동의 사회성 향상을 위한 원예활동 프로그램

회기	원예활동	세부 목표	사용 식물
1	• 밑거름 주기 • 텃밭 구획하기	모둠 활동을 통한 소속감 형성	–
2	• 이랑 및 고랑 만들기 • 종자 파종	협동을 통한 성취감 증진 및 대상자 간 경험 공유	씨감자, 강낭콩
3	• 종자 파종 • 텃밭 푯말 만들기	• 협동을 통한 배려심 증진 • 모둠 활동을 통한 소속감 및 친밀감 향상	상추, 치커리, 콜라비, 총각무, 적환무
4	채소 모종 심기	모둠 활동을 통한 친밀감 향상	배추, 청경채, 오크리프상추
5	천연비료 만들기	소속감 증진을 위한 모둠 내 자기 역할 인식하기	토마토, 가지
6	천연비료 시비하기	모둠 구성원의 장점 찾기	–

7	• 수확 및 솎아주기 • 새싹채소 종자 파종	모둠원 간 첫 수확의 기쁨과 성취감 공유	–
8	수확 및 수확물 이용 요리하기[샌드위치]	모둠원 간 수확 및 수확물 활용에 대한 즐거움 공유	–
9	• 수확하기 • 꽃종자 파종	모둠원 간 수확에 대한 성취감 공유	–
10	• 수확하기 • 텃밭 정리하기 • 다육식물 심기	모둠원 간 칭찬과 격려하기	–

④ 아동의 학습 흥미도와 학업성취도 향상을 위한 원예활동 프로그램

초등학생[2~5학년]의 국어과 학습흥미도와 학업성취도 향상을 위한 원예–국어 통합 프로그램은 총 15회기의 실내 · 외 원예활동으로 구성한다. 주요 원예활동은 학교 주변 식물 관찰 및 수집, 텃밭 가꾸기와 같은 실외 원예활동과 식용꽃 이용 요리하기, 꽃꽂이, 압화 장식품 만들기와 같은 실내 원예활동이다.

원예–국어 통합 활동은 원예활동을 통해 아동이 관찰하고, 느낀 점을 국어과 교육방식[듣기, 말하기, 쓰기, 읽기 등]을 활용하여 표현해 볼 수 있도록 진행된다. 한 예로, 텃밭 가꾸기[2회기~4회기]를 위해 참여 아동들이 텃밭 위치와 형태, 채소 종류 및 재배방법, 텃밭 이름 등에 대한 의견을 토론[듣기, 말하기]을 통해 결정하도록 하고, 결정된 사항들을 계획서에 명확히 기재[쓰기]할 수 있도록 교육한다.

표 4–16 | 아동의 학습흥미도와 학업성취도 향상을 위한 원예–국어 통합 프로그램 예시

회기	원예활동	세부 목표
1	학교주변 식물에 대해 알기	경청하고, 주의깊게 말하는 태도 갖기
2	채소 텃밭 계획하기 및 채소 이용 요리하기	텃밭 만들기 계획서 작성
3	종자 파종	
4	텃밭 푯말 만들기	자신과 타인 의견 비교하며 듣기
5	식용꽃 이용 파티음식 만들기	축하인사 나누기

6	꽃바구니 만들기	감사의 마음을 글로 표현하기
7	텃밭 식물 성장 상태 관찰	관찰 결과에 대해 발표하기
8	학교 주변 식물수집 및 관찰	관찰 결과 및 생각에 대해 글로 작성하기
9	식물 관련 시 짓기	자신의 생각 및 느낌을 글로 표현하기
10	식물재배 관련 이야기 읽고, 느낀 점 작성하기	이야기가 주는 교훈을 찾고, 자신의 생각 및 느낌 표현하기
11	식물의 색 및 특징 관찰하기	자신의 경험 및 지식에 대해 말하기
12	압화 이용 책갈피 만들기	책을 읽는 습관 가지기
13	재소시상 놀이	판매자와 소비자 역할극을 통한 의사소통 기술 익히기
14	텃밭 소개 기사 작성하기	주제를 잘 표현하기 위한 6하 원칙 글쓰기
15	텃밭 신문 만들기	정확하고, 쉽게 말하기

3) 청소년을 위한 원예활동 프로그램

① 청소년의 자아존중감 향상을 위한 원예치료 프로그램

학습 부진 중학생의 자존감 향상을 위한 원예치료 프로그램은 리즈너[Reasoner(1982)]의 자존감 세우기 이론에 기초한 총 12회기의 실내 원예활동[식물심기, 삽목하기, 꽃꽂이, 압화, 곡물 이용 장식품 만들기] 등으로 구성한다. 본 원예치료 프로그램은 자아존중감 향상 단계에 따라 안정감, 자아감, 소속감, 목적감, 능력감 순으로, 총 5단계로 구분된다. 예를 들어, 자아감 단계는 자신을 닮은 잔디인형과 곡물을 이용한 자신의 모습 표현을 통해 자신에 대한 이해와 장단점 파악이 가능하도록 한다. 목적감 단계의 경우, 대상자 스스로가 원예활동에 대한 목표를 설정하고, 목표달성치를 평가할 수 있도록 한다. 허브 삽목하기, 새싹채소 파종하기, 새싹 샌드위치 만들기 활동을 통해 식물의 생장 및 요리를 위한 새싹채소 이용 정도를 파악함으로써 참여 학생은 원예활동에 대한 목적감을 가질 수 있게 된다.

본 원예치료 프로그램은 교내 방과 후 활동, 청소년 복지관, 청소년 상담센터 등에서 활용 가능하다.

표 4-17 | 학습 부진 중학생의 자아존중감 향상을 위한 원예치료 프로그램 예시

회기	단계 Reasoner's building self-esteem 이론	원예치료활동	세부 목표
1	안정감	압화이름표 만들기	자신을 타인에게 소개하기
2	자아감	잔디인형 만들기	자신의 장단점 파악하기
3		곡물액자 만들기	자신의 특징 표현하기
4	소속감	압화이용 장식품 만들기	타인의 장점 찾기
5		꽃바구니 만들기	모듬 구성원과 협동하기
6		포푸리 주머니 만들기	타인과 자신의 공통점, 차이점 찾기
7		디시가든 만들기	협동작업을 통한 역할분담 및 논의
8	목적감	허브 삽목하기	• 활동목적 설정 • 식물 성장 모습 예측하기
9		새싹채소 파종	• 활동목적 설정 • 식물 성장을 위해 해야 할 일 계획하기
10		새싹 샌드위치 만들기	• 활동목적 달성도 파악 • 요리방법 계획 및 실행
11	능력감	실내정원 만들기	모둠 내 자신의 역할 파악 및 발표
12		꽃케이크 만들기	스스로 격려하고, 칭찬하기

② 청소년의 스트레스 관리를 위한 원예치료 프로그램

교육복지 대상 중학생의 스트레스 관리를 위한 원예치료 프로그램은 자기성장 집단상담 기법에 기초한 총 10회기[주1회, 한 회기당 100분]의 실내 원예활동[식물심기, 식물이용 작품 만들기, 꽃장식, 압화소재 이용 장식품 만들기 등]으로 구성한다. 본 원예치료 프로그램은 자기성장 집단상담 단계에 따라 신뢰감 형성, 자기이해, 자기개방, 자기수용, 종결의 총 5단계로 구분된다. 청소년 스트레스 관리를 위한 집단상담 효과를 극대화하기 위해, 상담 매개체로서 원예치료활동을 이용한다. 참여 학생이 원예활동을 통해 발견하고, 느낀 점에 대해 약 20분간 집단상담이 이루어지는 방식으로 진행된다. 예를 들어 자기개방 단계는 자신의 상황을 솔직하게 표현하는 데 그 목적이 있다. 압화 부채 만들기 활동은 우선 자신의 고민을 메모지에 적어, 집단 구성원들과 함께 고민해 본 후 압화 부채를 만들어 고민을 적은 메모지를 날림으로써 참여 학생의 스트레스가 해소될 수 있도록 한다.

표 4-18 | 교육복지 대상 중학생의 스트레스 관리를 위한 원예치료 프로그램 예시

회기	단계 자기성장, 집단상담	원예치료활동	세부 목표	사용 식물
1	신뢰감 형성	접시정원 만들기	원예치료 프로그램 목적 이해	천냥금, 사철나무, 아이비, 히포에스테스
2		꽃다발 만들기	협동작업을 통한 대상자 간 신뢰 관계 형성	해바라기, 장미, 엽란
3	자기이해	토피어리 만들기	자신의 장점 및 특성 찾기	아이비
4		테라리움 만들기	자신의 내면세계 탐색 및 표현	행운목
5	자기개방	압화 부채 만들기	자신의 고민 공유하기	–
6		다육식물 심기	자신의 가치관 명료화하기	은자선, 특엽옥접
7	자기수용	꽃바구니 만들기	• 대상자가 처해있는 상황 및 환경에 대한 인식 • 현 상황에서 느끼는 감사함 표현하기	장미, 카네이션, 국화, 편백
8		식물심기		시클라멘
9	종결	생화리스 만들기	대상자 간 서로의 미래를 응원하기	라벤더
10		꽃다발 만들기	원예치료 참여를 통한 자신의 변화 인식	장미, 천일홍

4) 성인을 위한 원예치료 프로그램

① 중년여성의 정서안정을 위한 원예치료 프로그램

중년여성의 자아정체감 향상 및 우울과 불안 감소를 위한 원예치료 프로그램은 코헛Kohut(1987)의 자기심리학에 기반한 총 12회기(주 2회, 한 회기당 60분)의 실내 원예활동으로 구성한다. 주요 원예치료활동은 실내식물 심기, 식물을 이용한 공예, 꽃장식, 식용꽃 이용 요리하기 등이다. 코헛의 자기심리학은 정신적 안정을 위해 건강한 자아를 가질 것을 강조하는 이론이다.

본 원예치료 프로그램은 자기심리학에 기초하여 자아표현, 건강한 자아구조, 건강한 자기대상과 같이 총 3단계로 구분된다.

표 4-19 | 중년여성의 우울과 불안 감소 및 자아정체감 향상을 위한 원예활동 프로그램

회기	단계 코헛Kohut 자기심리학	원예치료활동	사용 식물
1	자아표현	수경재배	페페로미아
2		식물심기	로즈마리
3		식물심기	팔손이
4	건강한 자아구조 Healthy self-contruction	누름꽃 만들기	데이지, 로벨리아
5		꽃꽂이	장미, 국화, 스타티스
6		꽃꽂이	라넌큘러스, 장미
7		식물심기	호야
8		테라리움 만들기	개운죽
9	건강한 자기대상 Healthy self-object 자신의 요구에 반응하면서 그 역할과 기능을 수행하는 대상	접시정원 만들기	다육식물
10		식물심기	스파티필름
11		식용꽃 도시락 만들기	팬지, 메리골드
12		꽃꽂이	리시안서스, 부플류럼

② 군생활 적응력 향상을 위한 원예치료 프로그램

군 복무 병사의 군생활 적응력 향상을 위한 원예치료 프로그램은 자기표현 훈련에 기반한 총 10회기[주 1회, 한회기당 60분]의 실내 원예활동으로 구성한다. 주요 원예치료활동은 식물심기, 식물을 이용한 작품 만들기[토피어리, 나무 푯말 이름표, 수경재배, 꽃장식], 원예재료 이용 장식품 만들기[압화카드, 에코백 만들기] 등이다. 자기표현 훈련은 자신의 생각이나 감정을 타인에게 적절하게 표현하기 위한 훈련 방법이며, 특히 군생활의 특성상 병사들의 억압된 감정을 적절히 표현하는 것은 매우 중요하다. 따라서 본 원예치료 프로그램은 자기표현 훈련 중 감정표출 기술을 중심으로, 친밀감 및 관계 형성, 상황인식 및 감정 표출, 감정 극복 및 해소와 같이 총 3단계로 구분한다. 또한, 감정표출 기술 단계와 군생활 적응력에 영향을 미치는 관련 요인[대인관계, 불안, 우울, 회복탄력성, 스트레스]을 결합시켜, 관련 요인에서 대상자의 긍정적인 변화가 나타날 수 있도록 각 회기 활동에 치료기술이 적용된다. 예를 들어, 꽃꽂이[9회기] 활동은 꽃을 이용하여 병사의 생활관을 꾸며 보도록 한다. 다양한 꽃을 생활관 구성원에 비유하여, 군생활 동안 구성원에게 가졌던 감정들을 이야기하면서 대상자가 부정적인 감정을 극복하고 해소할 수 있도록 돕는다.

표 4-20 | 군생활 적응력 향상을 위한 원예치료 프로그램

회기	단계 감정표출기술	관련 요인	원예치료활동	세부 목표
1	친밀감 및 관계 형성	대인 관계	나무 푯말 만들기	• 치료사 및 집단 내 구성원 간의 친밀감 형성 • 군 생활에서의 어려움 공유 및 타인의 문제점에 대한 감정 공유
2			식물심기[칼랑코에]	
3	상황인식 및 감정 표출	불안, 우울	다육식물 심기	• 군 생활 내 대상자의 자기 및 타인의 상황을 긍정적으로 인식 • 자신이 겪고 있는 감정을 적절한 방식으로 표현
4			압화카드 만들기	
5			토피어리 만들기[아이비]	
6			에코백 만들기	
7			수경재배[개운죽]	
8			식물심기[스파티필름]	

9 10	감정 극복 및 감정 해소	불안, 회복 탄력성, 군생활 스트레스	꽃꽂이 꽃장식 게시판 만들기	군 생활 내 자신 및 타인의 상황과 문제점에 대한 합리적인 감정 해소 방법, 시기를 인식

그림 4-7 | 군복무 병사의 적응력 향상을 위한 원예치료활동 모습

5) 노인을 위한 원예치료 프로그램

① 건강한 노화를 위한 노인 신체활동으로서 원예치료 프로그램

노인 신체활동으로서 원예치료 프로그램은 저~중간의 운동강도를 가지는 총 15회기[주 2회, 한 회기당 50분]의 텃밭 가꾸기와 실내 원예활동[수경재배, 꽃꽂이]으로 구성한다. 텃밭 재배 작물은 계절상[9월~11월] 재배 적합한 채소와 화훼류를 고려하여 선정해야 한다.

노인에게 원예활동은 저~중간의 운동강도[1.7-4.5METs]를 가지는 신체활동이다. 매 회기 원예치료활동은 세부 원예작업들을 결합하여 저~중간 강도의 노인 신체활동으로서 원예활동을 개발한다. 예를 들어, 텃밭 구획 및 채소 모종 심기는 텃밭구획을 위한 세부작업인 흙섞기[2.4METs], 땅파기[4.4METs], 땅고르기[3.4METs]와 채소 모종 심기를 위한 세부작업인 모종 심기[2.9METs]를 결합하여, 3.7METs의 중간 운동강도를 가지는 원예활동 등이 있다.

본 원예활동 프로그램의 신체활동을 통해서 신체적[혈압, 체중관리, 면역력, 콜레스테롤 등], 정서적[우울감, 자아존중감], 인지적[인지기능], 사회적[사회성] 영역에서 다양한 건강이익을 기대해 볼 수 있으며, 노인복지관, 경로당 등 노인관련 기관에서 활용 가능하다.

표 4-21 | 건강한 노화를 위한 노인 신체활동으로서 원예치료 프로그램

회기	원예치료활동	운동 강도^{METs}	세부활동	사용 식물
1	텃밭 계획하기	3.4	• 준비체조 • 배수판, 부직포 설치 • 조 편성하기 • 텃밭 디자인하기	–
2	텃밭 구획 및 채소 모종 심기	3.7	• 준비체조 • 흙섞기$^{2.4METs}$ • 땅파기$^{4.4METs}$ • 땅고르기$^{3.4METs}$ • 모종심기$^{2.9METs}$	부추
3	채소 모종 심기	2.9	• 준비체조 • 모종심기$^{2.9METs}$ • 물주기$^{2.8METs}$	배추, 상추, 쑥갓, 콜라비, 비트
4	텃밭 푯말 만들기	2.8	• 준비체조 • 물주기$^{2.8METs}$ • 조별 푯말 만들기	–
5	텃밭 관리 및 수경재배	2.3	• 준비체조 • 푯말 설치 및 텃밭관리 • 물주기$^{2.8METs}$ • 하이드로볼 씻기$^{1.7METs}$	스킨답서스
6	웃거름 주기	4.0	• 준비체조 • 웃거름 주기$^{4.0METs}$ • 멀칭용 풀뽑기$^{3.4METs}$	–
7	꽃모종 심기	2.5	• 준비체조 • 흙섞기$^{2.4METs}$ • 흙담기$^{1.8METs}$ • 모종심기$^{2.9METs}$ • 물주기$^{2.8METs}$	국화, 꽃기린, 백일홍
8	채소 모종 심기	2.7	• 준비체조 • 흙섞기$^{2.4METs}$ • 흙담기$^{1.8METs}$ • 모종심기$^{2.9METs}$ • 물주기$^{2.8METs}$	양파, 상추
9	텃밭 관리 및 천연비료 만들기	2.8	• 준비체조 • 솎아주기$^{2.7METs}$ • 물주기$^{2.8METs}$ • 천연비료 만들기	–

10	텃밭 관리하기	2.7	• 준비체조 • 수확하기$^{2.7\text{METs}}$ • 비료주기$^{4.0\text{METs}}$ • 멀칭하기$^{3.3\text{METs}}$	–
11	식물심기	2.4	• 준비체조 • 흙섞기$^{2.4\text{METs}}$ • 흙담기$^{1.8\text{METs}}$ • 식물심기$^{2.9\text{METs}}$ • 물주기$^{2.8\text{METs}}$	페페로미아
12	텃밭 관리하기	3.3	• 준비체조 • 수확하기$^{2.7\text{METs}}$ • 비료시비$^{4.0\text{METs}}$ • 멀칭하기$^{3.3\text{METs}}$	–
13	텃밭 관리 및 꽃꽂이	2.3	• 준비체조 • 솎아주기$^{2.7\text{METs}}$ • 물주기$^{2.8\text{METs}}$ • 꽃꽂이$^{1.5\text{METs}}$	국화, 장미
14	수확 및 종자 파종	3.3	• 준비체조 • 수확하기$^{2.7\text{METs}}$ • 텃밭정리 땅파기$^{4.5\text{METs}}$ 갈퀴질$^{3.4\text{METs}}$ • 종자 파종$^{2.7\text{METs}}$ • 멀칭$^{3.3\text{METs}}$	월동시금치
15	가든파티	2.5	• 수확물 이용 요리$^{2.5\text{METs}}$ • 시상식 및 수료식	–

Metabolic equivalents^{METs} : 신체활동의 운동강도를 나타내는 단위

그림 4-8 | 노인 신체활동으로서 원예치료활동 모습

2 질환별 원예치료 프로그램

1) 발달장애인을 위한 원예치료 프로그램

① 발달장애 아동의 사회성 및 주의집중력 향상을 위한 원예치료 프로그램

발달장애 아동의 행동수정을 위한 원예치료 프로그램은 스키너의 행동수정 이론 Skinner's behavior modification theory을 기반으로 총 24회주 1회, 한 회기당 40분의 실내 · 외 원예활동으로 구성한다. 주요 원예활동은 실내식물 심기, 식물을 이용한 작품 만들기, 꽃장식, 식물 소재 이용 공예활동, 채소 텃밭 가꾸기 등이다.

원예치료 활동주제는 제7차 기본교육과정 과학과 생명 영역을 토대로, 생물과 무생물 구별 및 특징, 동물과 식물의 특징, 신체의 구조 및 역할과 같이 총 5단계로 구분된다.

특히, 원예치료를 통한 발달장애 아동의 사회성 증진을 위해 스키너의 행동수정 이론의 기본 개념인 변별자극선행상황–반응행동–강화자극결과을 주요 치료기법으로 적용한다. 이때, 원예활동은 아동의 행동수정을 위한 자극요소로 활용되고, 아동의 바람직한 행동이 강화될 수 있도록 돕는 역할을 한다. 예를 들어, 천연염색 손수건 만들기 활동에서 꽃잎, 염색 도구 관찰을 통한 기대감 및 흥미 유발은 아동이 원예치료활동을 적절히 수행할 수 있는 선행자극이 되고, 이를 통해 발달장애 아동은 손수건에 꽃 모양을 찍어 내면서 흥미를 느끼게 되는 반응이 나타나게 된다. 마지막으로 아동은 손수건을 잘 완성하기 위해, 꽃 모양을 보다 열심히 찍어 내는 강화자극이 일어난다.

또한, 발달장애 아동의 주의집중력 향상을 위해 식물 및 원예재료들을 이용하여 특성크기, 형태, 향기 등에 따른 동일 물체 구분작업을 매회기 적용한다.

표 4-22 | 발달장애 아동의 사회성 및 주의집중력 향상을 위한 원예치료 프로그램 예시

회기	단계 특수교육 기본교육과정	원예치료활동	세부 목표 스키너의 행동 수정이론
1	생물과 무생물 구별 및 특징	히아신스 구근 심기	• 식물(생물)의 특성 이해 • 식물 크기에 따라 구분하기
2		꽃바구니 만들기	• 생물과 무생물 찾기 • 식물 크기 및 형태에 따라 구분하기
3		포푸리 주머니 만들기	향기 유무와 형태에 따라 물체 구분하기
4	동물의 종류와 특징	꽃꽂이	• 협동작업을 통한 꽃꽂이 작업 • 꽃 모양 및 크기에 따라 구분하기
5		아쿠아리움 만들기	• 바다 생태에 대한 호기심 자극 • 동물 특성에 따른 동물 종류 구분하기[동물스티커 이용]
6		다육식물 이용 동물원 꾸미기	• 육지동물 별칭 짓기를 통한 호기심 자극 • 동물 특성에 따른 동물 종류 구분[동물스티커 이용]
7	식물의 종류와 특징	꽃다발 만들기	오감 이용 꽃 종류 구분하기
8		채소 텃밭 만들기	• 다양한 채소 그림을 이용한 호기심 자극 • 채소 특성에 따른 종류 구분하기
9		꽃바구니 만들기	꽃색, 길이, 크기에 따라 꽃 종류 구분하기
10		채소 비누 만들기	채소 파우더 색으로 채소 유추하기
11		수경재배	• 수경재배 토양을 이용한 수경재배에 대한 호기심 자극 • 식물재배 특성에 따른 식물 구분하기
12		꽃꽂이	꽃색, 길이, 크기에 따라 꽃 종류 구분하기

13	식물의 종류와 특징	유칼립투스 이용 꽃장식	오감 이용 식물 종류 구분하기
14		숯부작 만들기	숯 크기 및 형태에 따른 구분하기
15		채소 도장 이용 나무 만들기	채소 색, 모양, 크기에 따른 구분하기
16		수직 꽃꽂이	꽃색, 길이, 크기에 따라 꽃 종류 구분하기
17	우리 몸의 구조와 기능	종자 파종하기	같은 종류의 식물과 종자 연결하기
18		압화 부채 만들기	꽃 크기에 따른 분류하기
19		해바라기 퍼즐 완성하기	해바라기 퍼즐을 이용한 우리 몸 구조에 대해 알기
20		천연염색 손수건 만들기	염색된 꽃잎, 나뭇잎 문양과 나뭇잎 연결하기
21	우리 몸이 하는 일	텃밭식물 지지대 세우기	신체 중 손과 발의 역할 인지하기
22		허브 심기	눈, 코, 입의 역할 인지하기
23		페트병 이용 식물심기	감각기관의 위치와 역할 알기
24		쪽파 수확 및 파전 만들기	채소 수확 후 채소 종류 분류하기

② 발달장애 청소년의 직업재활을 위한 원예치료 프로그램

발달장애 청소년의 직업적응력 증진을 위한 원예치료 프로그램은 직업적응훈련 CRT모델critical role transitional model에 기반한 총 22회주 2회, 한 회기당 60분의 수경재배작업으로 구성한다. 직업적응훈련 CRT모델은 발달장애인의 학습능력을 고려하여, 이론적 학습이 아닌 실습 및 경험 중심의 직업재활을 강조한다. 따라서 본 원예치료 프로그램은 수경재배 농가와 같은 실제 현장에서의 활용이 적합하다. 수경재배 전 과정을 기초 준비, 양육, 수확, 유통 및 판매 등 총 4개의 실습단계로 구분하고, 교육내용 또한 참여 학생의 학습 난이도를 고려하여, 특수학교 직업교과 과정 농업교과에 기초하여 선정한다.

예를 들어, 양육 단계에서는 원예치료사가 수경재배 기술에 대한 시범을 보이고, 참여 학생이 실제로 주어진 작업을 수행할 수 있도록 계획한다. 수확 단계의 경우, 직업수행능력 증진과 자신감 향상을 위해 참여 학생이 재배한 상추를 수확하고 포장하는 작업을 반복적으로 수행할 수 있도록 교육한다.

표 4-23 | 발달장애 청소년의 직업적응력 증진을 위한 원예치료 프로그램

회기	단계 직업적응훈련 CRT모델	원예치료활동	세부목표 특수학교 직업교과 과정 농업교과 수경재배 단원
1	기초 준비	오리엔테이션 및 농장 견학	• 수경재배의 뜻과 분류 – 수경재배의 뜻 – 수경재배의 특성 – 재배원리 및 기본시설 – 수경재배 작물 – 수경재배 방식의 분류
2		정식판 청소하기	
3		상추 씨앗 파종하기	
4		상추 이식 및 정식에 필요한 기초기술 익히기스펀지 자르기	
5		정식판 및 양액탱크 청소하기	

6	양육	상추 육묘 및 관리하기	• 수경재배 시설 및 장치 – 베드, 양액탱크, 배양액 급 · 배액 장치, 기타 제어 장치 • 배양액의 조성과 관리 – 배양액 조제 및 관리 – 배양액 공급 및 회수
7		상추 모종 이식판에 옮겨심기	
8		상추 양액 조제하기	
9		상추 모종 정식하기	
10			
11		상추 떡잎 및 하엽 제거하기	
12		상추 병충해 관찰 및 방제 작업하기	
13		상추 하엽 제거하기	
14	수확	상추 수확을 위한 기초기술 익히기	수경재배 동향 및 생산현황
15		상추 수확 및 포장	
16		상추 수확 및 포장	
17	유통 및 판매	상추 수확, 포장, 출하작업	다양한 작물의 수경재배
18		상추 포장[스티커 붙이기]	
19		상추 수확, 포장, 출하작업	
20		상추 수확 후 지인에게 선물하기	
21		채소 샐러드 만들기	
22		가든 파티	

2) 정신장애인을 위한 원예치료 프로그램

① 조현병 환자의 병증 완화를 위한 원예치료 프로그램

조현병 증상 치료를 위한 원예치료 프로그램은 총 10회기[주 1회, 한 회기당 120분]의 작물 재배활동으로 구성한다. 텃밭 재배작물은 계절상[4월~6월] 재배 용이한 작물로 선정할 수 있다. 참여 환자의 원예치료활동 자발적 참여도를 높이기 위하여 원예치료사의 개입을 최소화하는 방법을 사용할 수 있다. 원예치료사는 원예활동 전에 원예활동에 대한 설명과 시연을 진행하고, 참여 환자에게 원예작업 목록을 제공한다. 참여 환자가 실제 원예활동 수행 시에는 자신에게 할당된 원예작업을 능동적으로 수행할 수 있도록 한다. 이와 같은 원예치료사 개입은 참여 환자가 자유로운 환경 속에서 원예활동을 보다 즐기고 집중할 수 있게 한다.

한편, 불안, 환청, 망각 등 조현병 환자의 주요 병증을 고려해 볼 때, 원예치료사는 혹시 있을지 모를 사고를 미연에 방지하기 위한 예방책[비상연락망, 정신건강 전문가 입회 등]을 잘 마련해 두어야 한다.

본 원예치료 프로그램을 통해 조현병 환자의 양성–음성 증상 완화와 같은 치료 효과를 기대할 수 있다.

표 4–24 | 조현병 환자의 병증 완화를 위한 원예치료 프로그램 예시

회기	원예치료활동	사용 원예작물
1	• 텃밭 구획하기 • 비료 시비 • 채소 모종 심기	감자, 상추
2	수경재배	산호수
3	• 멀칭하기 • 채소 모종 심기	허브식물, 가지, 참외
4	• 멀칭하기 • 채소 모종 심기 • 수확하기	토마토, 고추, 가지, 상추

5	• 채소 모종 심기 • 지주세우기 • 잡초뽑기 • 수확하기	고구마, 상추
6	• 채소 모종 심기 • 수확하기	토마토, 고추, 가지, 상추
7	• 곁순따기 • 잡초뽑기 • 수확하기 • 수확물 포장하기	토마토, 고추, 가지, 상추
8	• 곁순따기 • 북돋아주기 • 친환경비료 시비하기	토마토, 고추, 가지, 감자
9	• 수확하기 • 잡초뽑기 • 허브차 만들기	허브식물, 상추
10	• 수확하기 • 가든파티	감자

그림 4-9 | 조현병 환자의 병증 완화를 위한 원예치료활동 모습

3) 치매환자를 위한 원예치료 프로그램

① 치매환자의 인지치료를 위한 원예치료 프로그램

치매환자의 인지치료를 위한 원예치료 프로그램은 회상기법을 적용한 총 16회기[주 2회, 한 회기당 40분]의 실내 원예활동으로 구성한다. 주요 원예활동은 종자 파종, 삽목, 식물 심기, 식물 이용 작품 만들기, 꽃장식 작업, 원예재료 이용 공예작업 등이다. 회상기법은 기억촉진을 위한 보조도구[memory maker]를 이용하여, 치매환자의 이전 기억을 회상시키는 방법이다. 여기서 식물과 원예활동은 치매환자의 기억을 촉진시키는 보조도구 역할을 한다. 유년기 회상을 위해 종자 파종에 필요한 흙을 섞으며 두꺼비집 노래를 부르고[2회기], 손톱에 봉선화를 물들이면서 이전에 동일한 경험을 회상해 보도록 하는 것[8회기] 등이 그 예이다.

또한 치매환자의 인지장애와 밀접한 관련이 있는 지남력, 주의집중력, 개념 형성, 자아개념과 같은 치료 요소들이 원예치료활동을 통해 긍정적 변화가 이루어질 수 있도록, 원예치료사는 전반적인 치료과정에서 의도적인 개입이 필요하다. 한 예로, 쌈채소 정원 만들기 활동은 봄철에 재배 가능한 상추 모종 심기를 통해 계절을 인식할 수 있도록 하여 지남력 향상에 긍정적인 영향을 미칠 수 있다. 본 원예치료 프로그램은 치매전문병원, 데이케어 센터, 요양병원 등의 치매환자 및 치매 고위험군에게 적용 가능하다.

표 4-25 | 치매환자의 인지치료를 위한 원예치료 프로그램 예시

회기	원예치료활동	세부 목표
1	종자 파종	• 주의력 및 수 개념 향상 • 공간지각력 향상
2	새끼줄을 이용한 물병 꽃싸기	• 집중력 및 기억력 향상 • 협동작업을 통한 사회성 증진
3	허브 삽목	• 촉각 및 후각 자극 • 주의력 및 공간지각력 향상
4	포푸리 만들기	• 후각 자극 • 기억력 및 집중력 향상
5	쌈채소 정원 만들기	• 공간지각력 및 지남력 향상 • 과제수행력 및 주의력 향상
6	허브비누 만들기	• 후각 자극 • 기억력 향상 • 일상생활동작 훈련[세면활동]
7	꽃, 채소 모종 심기	• 언어력 및 기억력 향상 • 일상생활동작 훈련[물건옮기기]
8	봉선화 물들이기	• 기억력 및 지남력 향상 • 주의집중력 향상
9	덩굴채소 유인 및 공중걸이분 만들기	• 집중력 및 문제해결력 향상 • 운동능력 향상
10	천연염색	• 시각 및 후각 자극 • 기억력 향상 • 일상생활동작 훈련[가사일]
11	염색천 장식	• 기억력 및 집중력 향상 • 협응력 및 문제해결능력 향상
12	콩나물 기르기	• 촉각 및 청각 자극 • 기억력 자극
13	개운죽 미니 어항 만들기	• 촉각 자극 • 문제해결능력 및 기억력 향상
14	꽃바구니 만들기	• 시각 및 촉각 자극 • 협응력 운동
15	채소 수확 및 샐러드 만들기	• 주의력 및 수 개념 향상 • 자신감 및 성취감 증대
16	고향 풍경 접시정원 만들기	• 기억력 및 문제해결능력 향상 • 언어능력 향상

② 치매환자의 일상생활능력 증진을 위한 원예치료 프로그램

치매환자의 일상생활 수행능력과 손기능 향상을 위한 원예치료 프로그램은 총 22회기[주2회, 총 22회]의 실내 원예활동으로 구성한다. 주요 원예활동은 실내식물 심기, 삽목하기, 식물 이용 작품 만들기[토피어리, 테라리움], 꽃장식, 원예재료 이용 장식품 만들기[달력 만들기, 압화카드 만들기] 등이다. 치매환자의 일상생활 수행능력과 손기능 향상을 위해 원예치료사는 매회기 치료 과정에서 의도적인 치료기법을 사용하는 것이 필요하다. 단순하고 반복적인 원예작업을 통한 참여 환자의 자신감 회복과 식물을 이용한 오감자극 등이 일상생활 수행능력 증진을 위해 치료기법으로 적용 가능하다. 손악력 향상은 줄기 자르기, 수태 뭉치기, 흙 담기, 화분 잡기와 같은 치료기법을 통해 기대해 볼 수 있다. 손가락 힘의 경우에는 원예재료 집기, 핀셋을 이용하여 압화 소재 집기, 꽃 포장지 접기 등과 같은 치료기법이 적용된다.

본 원예치료 프로그램은 치매전문병원, 데이케어 센터, 요양병원 등의 치매환자 및 치매 고위험군에게 적용 가능하다.

표 4-26 | 치매환자의 일상생활능력 증진을 위한 원예치료 프로그램 예시

회기	원예치료활동	세부 목표	치료기법
1	꽃 색깔 구분하여 나열하기	촉감자극	• 일상생활동작 단순 반복 활동을 통한 자신감 회복 식물 이용 오감 자극 등
2	식물 심기[시클라멘, 제라늄]	촉감자극	
3	꽃꽂이	촉감자극	
4	채소 모종 심기[감자, 상추]	운동능력 향상	
5	토피어리 만들기[테이블야자]	소근육 운동 증진	
6	식물 심기[칼랑코에, 산호수, 아이비]	• 소근육 운동 증진 • 지각능력 증진	
7	꽃바구니 만들기	• 촉각 자극 • 소근육 운동 증진	

8	꽃꽂이	• 문제해결능력 증진 • 소근육 운동 증진	
9	꽃꽂이	• 소근육 운동 증진 • 성취감 향상	
10	식물 심기[국화] 및 허브 삽목하기	• 운동능력 향상	
11	포푸리 주머니 만들기	• 촉감 자극 • 소근육 운동 증진	
12	테라리움 만들기	• 지각능력 증진 • 소근육 운동 증진	• 손악력 줄기 자르기 가지 잡기 수태 뭉치기 흙 담기 화분 잡기 등
13	꽃꽂이	• 촉감 자극 • 운동능력 향상	
14	테라리움 만들기[싱고니움]	• 지각능력 증진 • 운동능력 향상	
15	꽃잎, 열매 이용 달력 만들기	• 운동능력 향상 • 성취감 향상	
16	누름꽃 카드 만들기	• 소근육 운동 증진 • 지각능력 증진	• 손가락힘 원예재료 집기 핀셋 이용 압화소재 집기 누름꽃 붙이기 꽃포장지 접기 등
17	생화리스 만들기	지각능력 증진	
18	식물 심기[소엽풍란]	• 촉감 자극 • 운동능력 향상	
19	부케 만들기	• 지각능력 증진 • 운동능력 향상	
20	고구마순 심기	• 운동능력 향상 • 사회성 증진	
21	꽃꽂이	• 운동능력 향상 • 사회성 증진	
22	식물 심기[국화, 허브]	• 운동능력 향상 • 지각능력 증진	

4) 재활환자를 위한 원예치료 프로그램

① 뇌졸중 환자의 상지기능 및 균형감 향상을 위한 원예치료 프로그램

뇌졸중 환자의 신체재활을 위한 원예치료 프로그램은 과제지향적 훈련의 치료기법을 적용한 총 18회기[주 3회, 한 회기당 60분]의 실내·외 원예활동으로 구성한다. 과제지향적 훈련[task-oriented training]은 뇌졸중 환자의 신체 재활을 위해 사용되는 보편적인 재활치료이다. 일상생활동작[예) 물마시기, 식사하기, 걷기, 의자에 앉기 등]을 가능하게 하는 기본동작을 일컫는 기능적 동작[예) 뻗기-잡기, 한발 내딛기, 허리 구부리기, 앉았다 일어나기 등]을 환측을 이용해 반복적으로 수행하는 치료방법이 있다. 원예활동 또한 과제지향적 훈련 방법과 유사하게 기능적 동작들을 반복적으로 수행하는 특성[화분 옮기기, 흙담기, 종자 파종하기, 식물 심기, 물주기 등]이 있다.

원예치료 프로그램은 기능적 동작의 부분 동작을 반복연습[한 회기당 30회 반복]하는 뻗기-잡기 I 훈련과 균형감 증진 I 훈련, 전체 동작을 반복연습[한 회기당 45/40회 반복]하는 뻗기-잡기 II 훈련, 균형감 증진 II 훈련과 같이 총 4단계로 구분된다. 한 예로, 뻗기-잡기 I 훈련은 뻗기-잡기 동작을 뻗기, 잡기, 이동시키기, 놓기로 동작을 구분하여 연습하는 방식으로 진행된다. 특히, 뻗기는 원예재료의 위치[대상자 몸통과 물체 사이의 거리 : 40㎝, 45㎝, 50㎝, 55㎝]를 달리한 반복훈련이 이루어지고, 잡기는 원예재료에 따른 잡기 유형을 달리하여 동작을 수행하도록 한다[흙 : 공잡기, 종자 : 손끝집기, 물조리개 : 실리더 잡기]. 원예치료사는 원예치료활동에서 기능적인 동작이 반복적으로 수행되도록 의도적으로 개입하고, 참여 환자가 올바른 자세로 동작을 수행할 수 있도록 자세를 교정·보조해주는 역할을 해야 한다.

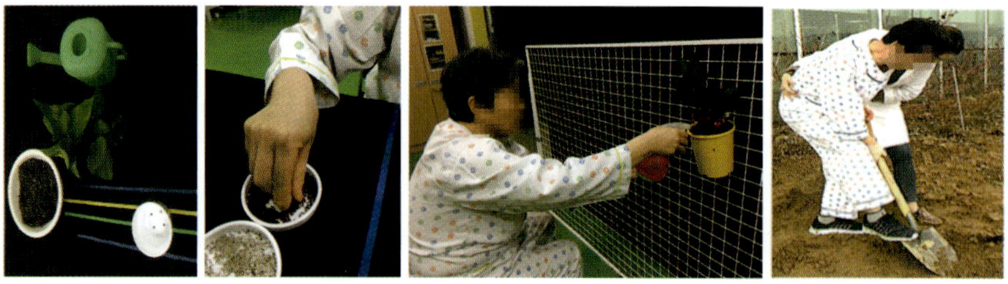

그림 4-10 | 뇌졸중 환자의 상지기능 및 균형감 향상을 위한 원예치료활동 모습

표 4-27 | 뇌졸중 환자의 상지기능 및 균형감 향상을 위한 원예치료 프로그램

회기	단계 과제지향적 훈련	세부 목표	주요 기능적 동작	원예치료활동
1	뻗기–잡기 I 부분동작연습	• 상지기능 증진 • 정적 균형감 증진	• 뻗기–잡기 동작 단계별 연습 • 원예재료 위치에 따른 뻗기 연습 • 잡기 유형 연습 • 한 회기당 30회 동작 반복	식물 심기
2				
3				
4				수경재배
5				종자 파종 및 삽목하기
6	균형감 증진 I 부분동작연습	동적 균형감 증진	• 균형감 훈련 동작 한 발 내딛기, 쭈그려 앉기, 구부리기 단계별 연습 • 한 회기당 30회 동작 반복	텃밭계획 및 텃밭 구획하기
7				꽃모종 심기
8				허브식물 심기
9				
10	뻗기–잡기 II 전체동작연습	• 상지기능 증진 • 정적 균형감 증진	• 뻗기–잡기 전체 동작 연습 • 원예재료 위치에 따른 이동시키기와 놓기 연습 • 한 회기당 45회 동작 반복	식물 심기
11				
12				
13				
14				
15				
16	균형감 증진 II 전체동작연습	동적 균형감 증진	• 균형감 훈련 동작 반복연습 • 한 회기당 40회 동작 반복	꽃모종 심기
17				
18				

② 뇌졸중 환자의 우울증상 개선를 위한 원예치료 프로그램

뇌졸중 환자의 절반 이상[56%]이 뇌졸중 후 우울증[post stroke depression]을 겪게 된다. 뇌졸중 후 우울증 치료를 위한 원예치료 프로그램은 16회기[주 2회, 한 회기당 40분] 식물재배 중심 활동으로 구성한다. 원예치료활동은 뇌졸중 환자의 제한된 신체상태를 고려하여, 주로 작업대에 앉아서 수행할 수 있는 실내 원예활동으로 한정하는 것이 중요하다. 더불어 원예활동 선호도 조사결과를 토대로 뇌졸중 환자의 선호도가 높은 활동[식물 심기, 꽃장식]을 선정할 수 있다.

보다 효과적인 뇌졸중 환자의 우울증상 개선을 위해, 원예치료활동에 스트레스 면역훈련[stress immunization training]이 적용된다. 스트레스 면역훈련은 ㉠ 개념구성 단계, ㉡ 스트레스 대처기술의 습득 및 연습단계[예) 문제해결자원 탐색, 인지전략 수립, 이완훈련, 대응력 증진, 자기선언 문법 등], ㉢ 기술 적용 및 후속 행동단계의 총 3단계로 구분된다. 즉, 스트레스 면역훈련의 단계별 적용은 원예치료활동 참여를 통해 우울감과 밀접한 관련이 있는 스트레스를 대처하는 기술을 익히고, 실생활에 적용함으로써 대상자의 스트레스 대처능력 증진과 스트레스에 대한 부정적인 반응 감소 및 예방을 가능하게 한다. 스트레스 대처기술의 습득 및 연습을 위한 원예치료활동의 한 예로, 문제해결자원 탐색을 위한 꽃꽂이 활동은 대상자의 문제해결자원을 다각적인 영역[예) 신체적, 정서적, 사회적, 영적, 지적]에서 탐색해 볼 수 있도록 다양한 색의 국화를 이용한다. 각 영역별로 정해둔 색의 국화를 플로랄폼에 꽂으면서, 해당 영역별로 자신의 자원을 모색하고, 발견한 자신의 해결자원을 타 대상자들과 공유하는 방식으로 진행된다.

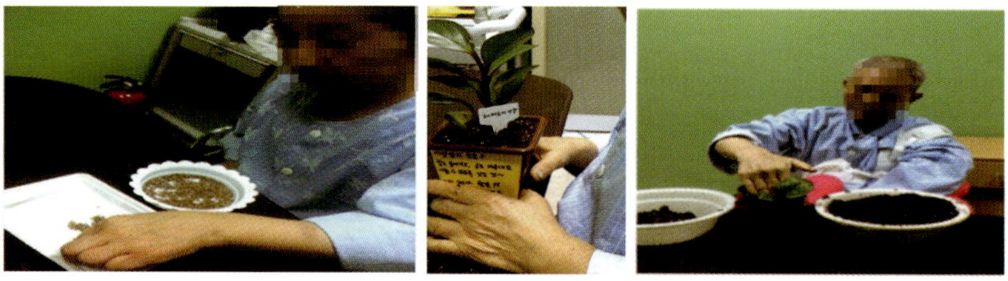

그림 4-11 | 뇌졸중 후 우울환자의 우울감 감소를 위한 원예치료활동 모습

표 4-28 | 뇌졸중 환자의 우울 증상 개선을 원예치료 프로그램 예시

회기	단계 스트레스 면역훈련	세부 목표	원예치료활동	사용 식물
1	개념 구성	• 대상자의 스트레스 상황에 대한 이해	식물 심기	스파티필름
2			토피어리 만들기	호야
3			분주하기	러브체인
4	기술습득 및 연습	• 스트레스에 저항하기 위해 필요한 대처기술 개발 및 연습	꽃꽂이	국화
5			다육식물 심기	홍옥
6			수경재배	싱고니움
7			토피어리 만들기	아이비
8			식물 심기	산세베리아
9			식물 심기	팔손이
10			식물 심기	페페로미아
11			종자 파종 및 삽목하기	메밀, 페페로미아
12			꽃꽂이	국화
13			식물 심기	페페로미아
14	기술적용 및 후속 행동	• 대처기술 실제 적용을 위한 과제 수행	잔디인형 만들기	물잔디
15			식물 심기	스킨답서스
16			식물 심기	스파티필름

읽을거리

초등학교 창의적 체험활동을 위한 교육원예 프로그램 개발 및 적용

2015년 가을호 vol 150

제의숙
서울시립대학교 대학원
환경원예학과

식물을 소재로 한 교육원예는 다양한 체험활동을 통해 학생들의 인지, 정의 능력을 골고루 발달시킬 수 있다는 점에서 창의적 체험활동에 매우 적합하다. 그러나 실제 교육 현장에서는 적절한 원예프로그램의 부재와 재료 준비의 어려움으로 인해 교육원예의 활용이 활발하지 못하다. 본 연구는 창의적 체험활동에 적합한 교육원예 프로그램을 개발하여 창의적 체험활동의 프로그램으로 보급·활용하고자 실시하였다.

1. 창의적 체험활동을 위한 교육원예 프로그램 개발

원예교육을 실시하고 있는 원예치료사를 대상으로 수요조사를 실시한 결과, 교육 매뉴얼 및 원예교육 재료의 Kit화가 필요함을 알 수 있었다.

2000년~2014년 사이에 발표된 비장애인 학생(유·초·중·고)을 대상으로 한 교육원예 관련 발표 논문 88편의 분석을 토대로 창의적 체험활동을 위한 교육원예 프로그램 구성 틀을 수립하였다. 교육원예 프로그램은 창의적 체험활동 시간에 실시될 수 있도록 교실 활동을 주로 하되 텃밭이나 학교정원에서의 활동을 적절히 구성하고 식물을 기르는 재배 활동과 공예, 요리활동을 함께 구성하였다.

창의적 체험활동의 교육목표 중에서 원예활동과 관련된 교육목표는 문제 해결력, 창의성, 자연과 교감하는 능력, 협동심, 생활습관, 소통능력, 공감 및 타인 배려, 나눔, 공동체 의식, 진로탐색, 자기이해, 긍정적 자아개념이 추출되었으며 교육목표에 맞는 원예활동을 원예치료전문가 3인과의 전문가 협의를 통해 프로그램을 구성하였으며, 원예치료사 20인에게 교육을 적용한 후 2차 타당도분석을 거쳐서 교육원예 프로그램 12차시를 구성하여 교수학습지도안(매뉴얼)과 창의적 사고기법을 적용한 활동지를 개발하였다. 또한 선행연구에서 사용된 원예활동 재료를 분석하여 교실 환경에 적합한 활동 재료(Kit)를 제시하였다.

2. 교육원예 프로그램 효과 및 현장 평가

개발된 교육원예 프로그램의 효과를 알아보고자 실험집단 213명, 통제집단(대조군) 101명을 대상으로 8차시와 12차시 프로그램을 실시하였다. 교육원예 프로그램을 적용한 결과 감성지능($F=34.270$, $p<.001$)과 학교적응력 ($F=46.115$, $p<.001$)은 실험집단이 통제집단보다 유의하게 높았으며, 또래관계($F=.170$, $p>.05$)는 실험집단과 통제집단 간에는 유의하지 않았다.

실험집단의 4학년과 6학년 학년 간 차이는 감성지능($F=7.471$, $P<.05$)은 4학년보다 6학년의 점수가 유의하게 높았으며, 또래관계($F=1.763$, $P>.05$)는 4학년보다 6학년의 점수가 높았으나 유의하지는 않았다. 학교적응력은 6학년보다 4학년의 점수가 더 높았으나 유의하지는 않았다($F=.502$, $P>.05$). 실험집단의 남학생과 여학생 성별 차이는 유의하지는 않았으나 감성지능($F=.263$, $P>.05$)과 또래관계($F=1.160$, $P>.05$)는 남학생보다 여학생의 점수가 더 높았고, 학교적응력($F=.088$, $P>.05$)은 여학생보다 남학생의 점수가 더 높은 경향이 있었다.

8차시(회기)와 12차시(회기)의 차시(회기) 차이는 감성지능($F=47.607$, $P<.001$)은 8차시보다 12차시의 점수가 유의하게 더 높았으며 또래관계($F=2.075$, $P>.05$)는 12차시의 점수가 더 높았으나 유의하지는 않았다. 학교적응력($F=3.359$, $P>.05$)은 12차시보다 8차시의 점수가 더 높은 경향이 있으나 통계적으로 유의하지는 않았다.

교육원예 프로그램에 참여한 학생들을 대상으로 활동 종료 후 실시한 설문조사 결과 교육원예 프로그램이 감성교육과 친구·학교생활에 긍정적인 도움(4.38±0.77, 4.2±0.85)을 주었고, 식물에 대한 관심이 증가(4.3±0.76)하였으며 향후 교육원예 프로그램에 재참여하고 싶다(4.5±0.68)고 하였다. 또한 실물매체를 활용한 교육방법에 긍정적(4.4±0.60)이었으며 교육원예 강사에 대한 만족도도 높았다(4.5±0.70).

교육원예 프로그램에 참여한 10개 반의 담임교사를 대상으로 설문을 실시한 결과, 창의적 체험활동으로 매우 적합하며(4.8±0.42), 매 차시 교육활동의 학습 목표가 창의적 체험 활동의 목표에 적합하였으며(4.8±0.42), 프로그램 만족도는 매우 높았다(94±6.99점). 본 교육원예 프로그램의 성격에 대해 창의적 체험활동의 4가지 영역 중 자율활동(80%), 진로활동(20%)으로 적합하며, 교육요소는 자연의 섭리와 정직한 이치를 습득할 수 있고, 자신의 역할과 중요성을 이해하며, 다양성과 배려심이 생기는 인간관계 덕목요소(50%)라고 하였다.

본 연구는 교육 현장의 요구와 학교 현실을 반영해 교육원예 프로그램을 개발하고 효과 검증을 통해 창의적 체험활동의 교육 매체로 활용 가능한 매뉴얼(교수학습지도안)과 Kit를 개발하였다는 측면에서 의미가 있다. 다양하고 실용적인 교육원예 프로그램이 학교 현장에서 운영하고 있는 창의적 체험활동에 실질적인 프로그램으로 활용되기를 기대한다.

인정요법을 적용한 원예치료 프로그램이 요양원 거주 노인의 공격성과 정신에너지에 미치는 영향

2016년 겨울호 Vol 155

최이용
단국대학교 대학원
원예치료전공

고령화로 인하여 요양원에 거주하는 노인이 증가하는 추세이다. 특히 최근 주목을 받고 있는 노인문제 중 하나는 노년기 정신장애인 치매이다. 인정요법은 주로 치매 노인들에게 실시하는 요법으로 치매 노인의 이상한 말과 행동을 그대로 수용하고 존중하는 방법이다.

본 연구의 목적은 인정요법을 적용한 원예치료 프로그램이 요양원에 거주하는 노인들의 공격성과 정신에너지에 미치는 효과를 알아보고자 함이다. 연구는 2016년 3월 14일부터 2016년 5월 16일까지 주 1회 총 10회기의 프로그램을 실시하였다. C시에 위치한 A요양원에 거주하는 노인 30명을 대상자로 선정하였으나 2명이 탈락하여 최종 28명을 분석하였다. 매 회기 프로그램은 인정요법의 기법인 감각자극, 5하원칙, 회상, 신체적 접촉, 음악 등을 적용시켜 계획 및 실시하였다. 수집된 자료는 IBM SPSS Statistics 20.0 프로그램을 이용하여 분석하였다. 실험군과 대조군의 사전 동질성 검사를 위해 독립 표본 Mann-Whitney의 U 검정을 실시하였고 실험군과 대조군에 대한 실험 전과 후의 비교를 위해 대응표본 Wilcoxon 순위 검정을 실시하였다.

공격성 점수를 사전 사후 비교한 결과 대조군의 경우 평균 44.13에서 47.07로 평균값이 2.94점 증가하였고 통계적으로 유의한 차이는 없었다(p=0.256NS). 실험군의 경우 평균 44.31에서 48.95로 평균값이 4.64점 증가하였고 통계적으로 유의하지 않았다(p=0.055NS). 정신에너지 점수의 경우 대조군은 평균 36.43에서 39.65로 평균값이 3.22점 증가하였으나 통계적으로 유의하지 않았다(p=0.394NS). 실험군의 경우 평균 34.03에서 37.81로 평균값이 3.78점 증가하였고 통계적으로 유의한 차이가 인정되었다(p=0.046*). 감정카드를 통해 실험군의 1회기와 10회기의 반응을 분석한 결과 1회기의 감정카드 평균 점수는 3.92였고 10회기의 평균점수는 4.08로 나타났고 평균값이 약간 증가하였으나 통계적으로 유의하지 않았다(0.713NS). 회기 별로 나누어 감정카드 점수를 비교한 결과 3회기 다육식물 심기 활동에서 평균 4.58로 가장 반응이 좋았고 9회기 보리씨앗 심기 활동에서 3.67점으로 점수가 가장 낮았다.

이러한 결과를 통해 인정요법을 적용한 원예치료 프로그램이 부정적인 영역인 공격성에 미치는 효과는 단기간에 점수를 낮추기 어렵다는 것을 알 수 있고, 바이브라 시스템의 10가지 영역 중 공격성과 정신에너지 이외에 다른 영역의 비교 연구도 필요하다고 사료된다. 또한 원예치료 프로그램의 회기별 계획에 있어서 노인들은 빨간색과 같은 색깔이 선명하고 눈에 띄는 것을 좋아하였으며 다육식물처럼 잎의 모양이 특이한 식물을 선호하는 경향을 보였다. 그리고 화분에 스티커를 붙이게 했을 때 준비한 스티커 크기가 너무 작아 대상자들이 어려워하는 모습을 보였고, 흰색 압화는 눈에 잘 보이지 않는다는 반응을 보였다. 따라서 재료 선택을 할 때 대상자가 선호하는 것과 난이도를 조절하여 활동에서 어려움과 좌절감을 느끼지 못하도록 고려해야 한다.

마지막으로 인정요법에 주목하여 6하 원칙에서 왜를 제외한 5하 원칙과 감각, 회상, 신체적 접촉, 음악 등 다양한 기법을 적용한 원예치료 프로그램을 개발할 필요가 있다. 대상자들은 활동 중 누가, 언제, 어떻게, 무엇을과 같은 구체적인 질문에 답해보고, 좋았던 기억들을 떠올리며 환하게 웃거나 미소를 짓는 등 긍정적인 반응을 보였고 시각, 후각, 촉각 등 감각 기관을 자극하여 활동에 흥미를 가지고 집중하는 모습을 볼 수 있었다. 또한 치료사와의 신체적인 접촉을 거부하는 대상자는 한 명도 없었고 친근하게 먼저 다가와주는 모습도 볼 수 있었다. 따라서 요양원 노인들을 대상으로 원예치료 프로그램을 진행 할 때 인정요법을 적극 도입할 필요가 있다고 생각된다.

읽을거리

작은 지구 테라리움

2018년 봄호 Vol 160

박은지
원예치료센터 그린케어

프로그램의 개요

자연 속에서 자라고 있는 식물의 생리작용과 대기의 자연순환의 법칙을 이용한 작은 지구인 테라리움 만들기를 통해 식물을 용기에서 재배하며 감상하고 반려식물의 개념으로 식물친구와 다양한 공감대를 형성하도록 한다.

실시대상

아동 및 장애아동

프로그램 목적

유리용기에 지구와 같은 환경으로 식물을 심고 자라는 과정을 관찰 하며 식물 친구를 통해 자신의 감정을 순화하고 공감대를 형성하여 정서적 안정을 취하도록 한다.

원예치료 프로그램(장애아동)

활동명	작은 지구 테라리움	대상자	특수학급 장애아동
재료	재료 : 넉줄고사리, 콩짜개란, 유리볼, 맥반석, 모래(색상별), 화산석, 우화석, 질석, 화이트데코스톤, 조약돌, 오리, 새, 메시지픽, 숟가락, 물뿌리개, 가위, 가방.		
활동	활동과정	기대효과	
도입 (5분)	친구들과 인사를 나눈다. 오늘은 화분에 심어져 있는 식물을 유리볼에 심는 활동을 할 것임을 알려준다. 유리볼을 다룰 때 깨지지 않도록 조심할 것을 확인한다. 유리볼에 식물을 심고 뚜껑을 덮으면 낮에 식물이 광합성을 하여 산소와 물을 만들고 밤이 되면 식물이 자면서 숨을 쉬어서 이산화탄소가 만들어져서 물질의 순환이 일어나고 이것은 커다란 지구의 순환과도 같음을 이야기 한다. 그래서 오늘 우리가 만드는 테라리움이 작은 지구랑 같음을 인식하게 한다.	▪ 활동에 대한 정확한 정보 제공 ▪ 주의해야 할 것에 대한 정확한 인식 ▪ 테라리움에 대한 쉬운 설명으로 전체적인 개요에 대한 인식을 유도 ▪ 활동에 대한 기대감 유발	

전개 (10분)	① 구멍이 없는 유리볼에 식물을 심으면 물을 빠져나가지 않아 물이 썩게 되고 식물이 살 수 없게 되는 것을 설명한다. 그럼 어떻게 할까 고민한다. ② 신비의 돌에 대해 관찰 해 보고 특징을 이야기하게 한다. 돌에서 산소가 나와서 물이 썩지 않게 해 주는 사실을 이야기 해 준다. ③ 가벼운 흙 질석을 관찰해본다. 손으로 눌러보고 무게도 돌과 비교해 본다. 옥수수가 팝콘이 되는 것과 비교하여 돌이 커지면 그 구멍에 물과 양분을 저장하고 있다가 식물이 목말라 할 때 줄 수 있다는 것을 설명한다. ④ 넉줄고사리 식물은 산의 나무그늘 아래서 살아가는 식물로 공기 중의 포름알데히드를 정화하는 능력이 좋다는 것을 설명한다. ⑤ 콩짜개란과 워터코인에 대해서도 이야기 나눈다. ⑥ 식물친구들과 함께 자랄 때 행복하다는 이야기를 나눈다.	▪ 활동 시에 발생할 문제를 알려주고 생각을 유도한다. ▪ 돌을 관찰을 통해 표현하도록 한다. ▪ 팝콘처럼 뻥튀기한 돌 질석을 통해 다양한 촉각자극을 한다. ▪ 식물에도 다양한 특성이 있다는 것을 인지한다. ▪ 식물도 친구와 함께 있을 때 더 행복하게 살 수 있음을 인지하고 나도 친구랑 사이좋게 지내야 더 행복한 것을 인식한다.
활동(20분)	① 유리볼에 맥반석을 두 주먹 깔아준다. ② 질석을 반컵 부어준다. ③ 유리볼을 반으로 나누어 반쪽에 모래로 층을 만들어 준다. 내가 좋아하는 색의 모래를 한가지 넣어준다. ④ 넉줄고사리를 화분에서 빼내어 뿌리를 반으로 잘라 질석에 심어준다. ⑤ 나머지 반쪽에 돌을 이용하여 층을 만들어 준다 ⑥ 콩짜개란을 친구와 반으로 나누어 모래쪽에 심어준다. ⑦ 워터코인을 조금 떼어 돌쪽에 심고 질석을 한숟가락 올려준다. ⑧ 화이트데코스톤, 조약돌, 우화석으로 돌을 군데군데 놓아 디자인 한다. ⑨ 오리와 새 중에서 자신이 마음에 드는 친구를 골라 돌과 함께 장식한다. ⑩ 식물친구의 이름을 지어 메시지픽에 써서 꽂아 준다. ⑪ 물뿌리개로 물을 뿌려주어 식물이 잘 자라도록 한다.	▪ 만드는 과정을 기억한다. ▪ 식물의 뿌리가 잘려지면 식물이 다시 새 뿌리를 만드는 것을 알 수 있다. ▪ 같은 환경에서 살 수 있는 친구식물이 있다는 것을 안다. ▪ 모래를 숟가락으로 퍼 나르는 동작은 눈과 손의 협응 및 균형감각과 조절능력을 향상시켜준다. ▪ 자신이 좋아하는 요소들을 정원 곳곳에 배치 할 수 있다. ▪ 자신이 만든 작은 지구를 잘 유지되도록 관리 한다.
정리(10분)	모래와 흙을 정리하고 자리에 앉는다. 자신의 식물친구 이름을 소개하고 어떤 활동이 가장 재미있었는지 이야기 나눈다. 내 친구 식물에게 어떻게 해 주면 좋아 할지 이야기 나눈다. 직접 해본다. 물뿌리개를 옆에 두고 자주 분무해주도록 한다.	▪ 청소를 하며 정리한다. ▪ 식물친구를 소개하고 이야기를 나누며 자신의 갈등을 해소한다. ▪ 자신이 돌보는 친구에 대해 책임감을 갖는다.

원예치료적 개입

신체적	인지적	심리적	사회적
▪ 맥반석과 질석을 만지며 흙에 대한 다양한 촉각경험 ▪ 숟가락을 사용하여 모래를 장식하는 과정을 통해 눈과 손의 협응력 및 균형감각과 조절능력을 향상 ▪ 식물을 화분에서 빼내어 뿌리를 자르고 심는 과정을 통해 소근육과 대근육 운동 ▪ 기능이 약한 손을 활동하도록 하여 보상기능훈련을 할 수 있도록 한다.	▪ 식물심기 활동에 대한 인지 ▪ 위험과 주의사항에 대한 인지 ▪ 만드는 과정과 순서를 인지 ▪ 식물 친구에게 이름을 지어 자신과 동격의 친구로 인지하게 함 ▪ 식물친구를 잘 보살피고 좋은 말을 해 주어 건강하게 잘 자라도록 인지하게 하여 책임감을 알게 함	▪ 새로운 활동에 대한 호기심 유발 ▪ 문제가 생겼을 때 함께 고민하여 해결해 나가는 과정을 통해 심리적 안정 ▪ 완성된 결과물을 통해 만족감 향상 ▪ 친구 식물을 통해 정서적 지지 ▪ 자신의 친구인 식물과 긍정적인 교감을 통해 심리적 안정	▪ 활동 과정에서 친구들과 함께 문제를 해결하고 도움을 주며 사회성을 향상시킨다. ▪ 내가 꼭 필요한 존재이고 돌이나 식물에 특별한 능력이 있는 것처럼 나도 특별한 사람이고 사회에 필요한 존재임을 안다. ▪ 결과물을 통해 가족과 친구 및 선생님으로부터 사회적 지지를 받는다. ▪ 친구에게 긍정적인 말을 통해 사회적 관계 향상

V

원예치료 결과보고서 작성법

1. 원예치료 결과보고서 작성법

원예치료사는 원예치료 전 과정에 대한 문서화를 통해 기관이나 치료팀과 정보를 공유해야 한다. 원예치료사가 작성해야 할 문서는 원예치료 초기면담 기록지, 원예치료 프로그램 계획서, 원예치료활동 과정분석지, 원예치료 일지, 원예치료 결과보고서 등이다.

1 원예치료 결과보고서 작성법

원예치료 실시과정에서 치료와 관련된 정보를 기록하고, 문서화하는 것은 필수적이다. 원예치료사[복지원예사]는 원예치료 전 과정에 대한 문서화를 통해 기관이나 치료팀과 정보를 공유해야 한다. 이러한 경험적 자료는 타 대상자의 원예치료 계획 시 유용한 기초자료로 활용될 수 있다. 여기에서는 원예치료 과정에서 원예치료사가 작성해야 할 원예치료 문서의 종류와 작성 방법에 대해 소개하고자 한다.

원예치료사가 작성해야 할 문서는 1) 원예치료 초기면담 기록지[horticultural therapy intake sheet], 2) 원예치료 프로그램 계획서[horticultural therapy program plan], 3) 원예치료활동 과정 분석지[horticultural therapy activity progress analysis], 4) 원예치료 일지[horticultural therapy progress log], 5) 원예치료 결과보고서[horticultural therapy result report] 등이다.

1 원예치료 초기면담 기록지

원예치료 초기면담 기록지는 원예치료 실시과정 중 준비단계에서 작성해야 한다. 준비단계에서 원예치료사는 대상자의 현재 상황과 상태를 이해하기 위하여 대상자 관련 자료를 수집 · 분석하고 종합하는 것이 필요하다. 이를 위해서 원예치료사는 원예치료 초기면담 기록지를 활용해 대상자와의 면담을 진행해야 한다. 원예치료 초기면담 기록지는 대상자의 일반적인 사항[이름, 성별, 연령, 직업 등], 가족사항, 건강상태[질환, 장애, 일상생활 정도], 경제상태[수입, 주거형태, 수급 여부], 원예치료 관련 정보[원예 경험, 치료적 욕구, 원예활동 선호도], 원예치료사 의견[대상자 첫인상 및 태도, 치료 방향]으로 구성된다.

가족사항 정보를 통해 대상자와 가족구성원과의 관계, 가족문제 등을 파악할 수 있다. 이러한 정보들은 대상자의 치료적 욕구를 보다 잘 이해하게 한다. 예를 들어, 스트레스와 우울감이 심한 한 여성이 원예치료 참여를 희망하여 원예치료사를 찾았다. 그녀는 현재 남편과 별거 중이지만, 다시 화목한 가정을 만들고 싶다고 말했다. 이 여성의 스트레스와 우울감의 원인 중 하나는 남편과의 불화가 될 수 있으며, 원예치료사는 이러한 정보를 바탕으로 남편과 관계회복을 목표로 치료적 개입을 고려해볼 수 있다.

또한, 대상자 건강상태에 대한 정보 수집은 대상자에게 적절한 원예치료활동의 종류, 난이도, 보조치료사 필요 여부 등을 결정하는 데 중요한 자료가 된다. 원예치료 관련 정보 수집의 경우 대상자의 치료적 욕구를 파악함으로써 원예치료의 목적 설정을 가능하게 하며, 원예경험과 원예선호도 파악을 통해 대상자가 보다 흥미를 느낄 수 있는 원예치료 프로그램을 개발하는 데 도움을 얻을 수 있다.

원예치료사는 면담 시 대상자의 말투, 차림새, 보호자 의존도, 참여 적극성, 협조성 등을 관찰하여 대상자의 첫인상 및 태도에 대한 의견을 기록한다. 위와 같이 수집된 대상자의 다양한 정보는 적절한 원예치료를 실시할 수 있도록 하는 길잡이와 같은 역할을 한다.

대상자의 정보수집은 원예치료 초기면담 기록지 항목뿐만 아니라, 치료대상과 목적에 따라 대상자와 면담, 사전 평가, 2차 자료 활용[이전 상담기록, 병원진단서 등과 같은 타기관 기록]과 같은 방법을 이용하여 추가적인 정보 수집이 필요하다. 마지막으로 대상자와 면담 후 수집한 정보들을 종합하여, 그 결과를 토대로 치료대상을 사정[진단]하여 치료 방향과 목적을 설정한다.

2 원예치료 프로그램 계획서

원예치료 프로그램 계획서는 원예치료 실시과정 중 계획단계에서 작성해야 하며, 계획단계는 원예치료의 준비와 실행단계를 연결하는 가교 역할을 한다. 수집된 대상자 정보를 기초로 개발한 원예치료 프로그램을 잘 실행하기 위하여 또한, 원예치료의 전반적인 내용이 한눈에 파악 가능할 수 있도록 원예치료 프로그램에 대한 계획서를 작성해야 한다.

원예치료 프로그램 계획서는 프로그램 개요[프로그램명, 운영기간 및 일시, 치료장소, 대상, 치료인력],

프로그램 목적[목표, 기대효과], 프로그램 내용, 평가계획, 치료예산으로 구성된다.

프로그램 개요에서 프로그램명은 치료 목적과 특성이 잘 드러나도록 작성하고, 운영기간 및 일시는 치료의 기간, 총 실시횟수, 빈도[예) 주1회, 월 2회], 치료 시간[예) 매주 수요일 오후 1시], 회기당 실시 시간[예) 한 회기당 60분] 등에 대한 정보를 기록하도록 한다. 프로그램 목적은 원예치료를 통한 최종 목적과 그 목적을 달성하기 위한 목표를 명확하고, 구체적으로 작성한다. 예를 들어, 유아의 식습관 개선을 위한 원예치료 프로그램에서 목적은 '유아의 식습관 개선'이고, 목표는 '유아의 채소 기르기 경험을 통한 채소 선호도를 높인다', '채소 수확물을 이용한 요리로 음식공포증을 감소시킨다'가 될 수 있다. 기대효과는 원예치료 프로그램을 통해 대상자가 얻을 수 있는 효과에 대해 기재한다. 치료 내용은 원예치료 프로그램의 전체에 대한 원예치료활동 정보[날짜, 원예치료활동명, 세부목표, 준비물]를 기입한다. 평가계획은 대상자의 변화를 측정할 수 있는 평가항목[예) 자아존중감, 우울감]과 그에 따른 평가도구[예) 로젠버그의 자아존중감 척도, 노인용 우울척도 GDS]에 대해 기재하고, 평가 시기, 횟수, 투입인력 등은 평가방법에서 작성한다. 치료예산의 경우, 준비단계에서 파악된 예산에 대해 원예치료 프로그램을 운영하기 위한 세부 항목과 산출근거, 금액 등을 계획하여 작성한다.

3 원예치료활동 과정분석지

원예치료활동 과정분석지는 계획단계에서 원예치료 프로그램 계획서와 함께 작성해야 하며, 원예치료사는 일반적인 원예활동을 대상자의 치료목적에 부합하는 원예치료활동으로 발전시켜야 한다. 이를 위해 원예치료사는 원예치료활동 과정분석지를 활용하여, 원예치료활동의 개발 과정을 구체적으로 작성하는 것이 필요하다.

원예치료활동 과정분석지는 원예치료활동의 개요[치료활동명, 회기, 일시, 목표, 활동내용, 준비물 등], 진행단계[도입, 전개, 정리], 활동과정[소요시간, 치료적 개입, 준비물], 주의사항으로 구성된다.

원예치료활동은 총 3단계로 구분된다. 주로 원예치료사와 대상자 간 인사나누기, 치료활동 목표에 대해 알기 등이 포함되는 도입단계, 본격적으로 대상자가 원예활동을 수행하고, 원예치료사의 치료적 개입이 이루어지는 전개단계, 활동소감 나누기, 마무리 인사 나누기 등이 포함되는 정리단계로 구분된다. 원예치료사는 활동내용에 따라 그 단계를 적절히 구성하고, 각 단계별 소요시간을 기재한다.

한편, 원예활동은 식물 자체를 통해 표현되어 느끼는 '감각체험'[예) 향기가 있다, 싱싱하다, 감촉이 매끄럽다]과 인간의 신체를 직접적으로 사용하는 '동작체험'[예) 흙을 옮긴다, 꽃을 손질한다, 물조리개로 물을 준다]이 통합된 과정이다. 활동과정을 분석하기 위해서는 우선 원예활동의 동작체험요소를 기준으로 대상자가 실제 수행해야 할 작업에 초점을 맞추어 순서대로 작성해야 한다. 원예치료활동의 활동내용이 모두 작성되면, 각 활동내용별 소요시간, 치료적 개입, 준비물을 기재해 준다.

특히, 치료적 개입은 원예치료사의 치료기법 및 기술, 지시사항, 대상자에게 강조할 내용, 원예치료사 개입에 따라 예상되는 대상자 반응 등을 실제로 수행해야 할 활동 중심으로 구체적으로 작성한다. 나아가 치료대상 및 목적에 따라 타 분야의 이론과 기법들을 원예치료활동에 적용했다면, 그에 대한 정보들을 추가적으로 기재해 주어야 할 것이다.

결국, 이러한 과정을 통해 개발된 각각의 원예치료활동을 결합하여 전체적으로 구성한 것이 원예치료 프로그램이다.

원예치료 초기면담 기록지 horticultural therapy intake sheet

초기 면담일: 20 년 월 일 원예치료사:

대상자명		면담자 □본인 □보호자	성별/연령	/	생년월일	
주 소					연락처	
대상구분	□유아 □아동 □청소년 □성인 □노인 □질환자 □장애인 □기타(결혼이주민/북한이탈주민/외국인노동자/)					
결혼구분	□미혼 □기혼 □별거 □이혼 □사별 □기타( )					
직 업			학 력		종 교	

가족사항	관계	성 명	성별/연령	직 업	학 력	종 교	동거 여부	장애 여부	비 고
			/						
			/						
			/						

긴급 연락처	관계		성 명		연락처	

건강상태						
질환	진단명		주요 증상			
	진단 기관					
	수술/치료 경험[최근 5년간]		복용 약물			
			알레르기 반응			
장애	유형(등급)		일상생활 정도 1: 자립 2: 부분의존 3: 완전의존	의사소통		*기타사항 기재
	동반장애			보행		
	보조구 유무			식사		
				탈의		
				용변처리		

경제상태				
수입	월 만원	주거 유형	□자가 □전세 □영구임대 □월세 □시설	
분류	□일반 □차상위 □저소득 □일반수급 □조건부수급 □자활특례			

원예치료 관련정보					
원예 경험	활동 경험	□ 유 □ 무	대상자의 치료적 욕구	유형[중복선택 가능]	□신체적 □심리정서적 □사회적 □인지적 □교육적 □행동수정
	활동 유형[중복선택 가능]			*대상자의 문제와 욕구를 자세히 기재	
	□텃밭 가꾸기[실외]	□실내식물 심기			
	□식물이용 작품 만들기[토피어리, 잔디인형]	□꽃장식[꽃꽂이, 꽃다발]			
	□식물소재이용 공예[압화장식품, 천연염색]	□기타( )			
	치료 경험	□ 유 □ 무	원예활동 선호도	선호 원예활동[중복선택 가능]	
	기 간	총 주(주 회)		□텃밭 가꾸기[실외]	□실내식물 심기
	기 관			□식물이용 작품 만들기[토피어리, 잔디인형]	□꽃장식[꽃꽂이, 꽃다발]
	목 적			□식물소재이용 공예[압화장식품, 천연염색]	□기타( )
	타 대체치료 경험[미술/음악치료]	□ 유(종류:) □ 무		선호 식물	

원예 치료사 의견		
	대상자 첫인상 및 태도	
	치료 방향	

원예치료 프로그램 계획서 horticultural therapy program plan

<table>
<tr><td colspan="2">프로그램명</td><td colspan="5"></td></tr>
<tr><td colspan="2">운영 기간</td><td colspan="3"></td><td>치료 일시</td><td></td></tr>
<tr><td colspan="2">치료 장소</td><td colspan="3"></td><td>대상
(총 인원)</td><td></td></tr>
<tr><td colspan="2">치료 인력</td><td>주치료사</td><td colspan="2"></td><td>보조치료사</td><td></td></tr>
<tr><td colspan="2">목 적</td><td colspan="5"></td></tr>
<tr><td colspan="2">목 표</td><td colspan="5"></td></tr>
<tr><td colspan="2">기대 효과</td><td colspan="5"></td></tr>
<tr><td rowspan="11">치료
내용</td><td rowspan="2">회기</td><td rowspan="2">날 짜</td><td rowspan="2">원예치료활동</td><td rowspan="2">세부 목표</td><td colspan="2">준비물</td></tr>
<tr><td>식물</td><td>원예재료</td></tr>
<tr><td>1</td><td></td><td></td><td></td><td></td><td></td></tr>
<tr><td>2</td><td></td><td></td><td></td><td></td><td></td></tr>
<tr><td>3</td><td></td><td></td><td></td><td></td><td></td></tr>
<tr><td>4</td><td></td><td></td><td></td><td></td><td></td></tr>
<tr><td>5</td><td></td><td></td><td></td><td></td><td></td></tr>
<tr><td>...</td><td></td><td></td><td></td><td></td><td></td></tr>
<tr><td>10</td><td></td><td></td><td></td><td></td><td></td></tr>
<tr><td>11</td><td></td><td></td><td></td><td></td><td></td></tr>
<tr><td>12</td><td></td><td></td><td></td><td></td><td></td></tr>
<tr><td rowspan="2">평가
계획</td><td colspan="2">평가 지표
(평가도구)</td><td colspan="4"></td></tr>
<tr><td colspan="2">평가 방법</td><td colspan="4"></td></tr>
<tr><td rowspan="5">치료
예산</td><td colspan="3">항목</td><td>산출근거</td><td>금액(원)</td><td>비고</td></tr>
<tr><td colspan="3"></td><td></td><td></td><td></td></tr>
<tr><td colspan="3"></td><td></td><td></td><td></td></tr>
<tr><td colspan="3"></td><td></td><td></td><td></td></tr>
<tr><td colspan="4">총 예산액</td><td></td><td></td></tr>
</table>

원예치료활동 과정분석지 horticultural therapy activity progress analysis

<table>
<tr><td>치료활동명</td><td colspan="4"></td><td>회기</td><td></td></tr>
<tr><td>일시</td><td colspan="3"></td><td>장소</td><td colspan="2"></td></tr>
<tr><td>대상</td><td colspan="3"></td><td>원예치료사</td><td colspan="2"></td></tr>
<tr><td>치료 목표</td><td colspan="6"></td></tr>
<tr><td>활동 내용</td><td colspan="6"></td></tr>
<tr><td rowspan="2">준비물</td><td colspan="2">식물</td><td colspan="4"></td></tr>
<tr><td colspan="2">원예재료</td><td colspan="4"></td></tr>
<tr><td>단계
(소요시간)</td><td colspan="2">활동 과정</td><td>시간
(분)</td><td colspan="2">치료적 개입 적용기술 및 기법</td><td>준비물</td></tr>
<tr><td rowspan="3">도입
(분)</td><td>1</td><td></td><td></td><td colspan="2"></td><td></td></tr>
<tr><td>2</td><td></td><td></td><td colspan="2"></td><td></td></tr>
<tr><td>3</td><td></td><td></td><td colspan="2"></td><td></td></tr>
<tr><td rowspan="10">전개
(분)</td><td>1</td><td></td><td></td><td colspan="2"></td><td></td></tr>
<tr><td>2</td><td></td><td></td><td colspan="2"></td><td></td></tr>
<tr><td>3</td><td></td><td></td><td colspan="2"></td><td></td></tr>
<tr><td>4</td><td></td><td></td><td colspan="2"></td><td></td></tr>
<tr><td>5</td><td></td><td></td><td colspan="2"></td><td></td></tr>
<tr><td>6</td><td></td><td></td><td colspan="2"></td><td></td></tr>
<tr><td>7</td><td></td><td></td><td colspan="2"></td><td></td></tr>
<tr><td>8</td><td></td><td></td><td colspan="2"></td><td></td></tr>
<tr><td>9</td><td></td><td></td><td colspan="2"></td><td></td></tr>
<tr><td>10</td><td></td><td></td><td colspan="2"></td><td></td></tr>
<tr><td rowspan="4">정리
(분)</td><td>1</td><td></td><td></td><td colspan="2"></td><td></td></tr>
<tr><td>2</td><td></td><td></td><td colspan="2"></td><td></td></tr>
<tr><td>3</td><td></td><td></td><td colspan="2"></td><td></td></tr>
<tr><td>4</td><td></td><td></td><td colspan="2"></td><td></td></tr>
<tr><td>주의사항</td><td colspan="6"></td></tr>
</table>

4 원예치료 일지

원예치료 일지는 원예치료 실시과정 중 실행단계에서 작성해야 한다. 실행단계는 원예치료활동을 실제로 실시하는 과정으로, 원예치료사는 대상자에게 치료 목적과 목표에 부합하는 의도적인 원예치료활동을 제공하는 단계이다. 이를 위해 매회기마다 실제 제공된 치료내용과 대상자의 변화를 파악하고, 이를 바탕으로 계획된 원예치료에 대한 수정 및 보완작업을 지속적으로 해나가야 한다. 이때, 원예치료사는 원예치료 일지를 이용하여, 실시된 원예치료에 관한 내용을 회기별로 기록하는 것이 필요하다.

원예치료 일지는 원예치료활동 개요[활동명, 일시, 장소, 대상, 목표], 치료 내용, 평가, 특이사항 및 개선사항으로 구성된다. 치료 내용은 대상자에게 실제 제공된 활동 과정을 구체적으로 작성하고, 치료 사진을 첨부하도록 한다. 치료 내용과 원예치료활동 과정 분석지를 비교해 보았을 때, 원예치료사는 계획한 치료 활동과 동일하게 원예치료를 제공하고 있는지에 대한 확인이 가능해진다.

평가의 경우, 대상자의 치료 참여도, 반응, 변화, 치료목표 달성도와 같은 대상자의 전반적인 평가가 구체적으로 이루어져야 한다. 원예치료사는 대상자 평가 내용을 토대로, 대상자가 치료 목표에 도달한 정도를 파악하여 치료 방향, 적용 치료기술 및 기법, 활동 난이도 등의 치료 내용이 적절했는지에 대한 점검이 가능하다. 치료 내용이 부적합했다고 판단될 때는 대상자의 상태, 호전 여부 등을 고려하여, 치료 방향과 내용에 대한 적절한 수정 · 보완이 이루어져야 한다.

원예치료 일지는 매회기 원예치료활동 종료 직후 작성해야 한다. 또한, 치료 상황에 대한 이해도를 높일 수 있도록 치료 인력은 원예치료 일지를 공유하는 것이 필요하며, 이를 토대로 주치료사는 보조치료사에게 피드백을 제공해 줄 수 있다.

5 원예치료 결과보고서

원예치료 결과보고서는 원예치료 실시과정 중 평가단계에서 작성해야 한다. 평가단계는 실행된 원예치료에 대한 전반적인 평가가 이루어지는 단계로서 대상자의 치료 목적과 목표가 얼마나 달성되었는지 판단한다.

원예치료 결과보고서는 평가를 통해 도출된 최종 결과를 토대로 작성하며, 치료 내용, 대상자 변화 사항, 원예치료사 소견을 중점적으로 기록한다.

치료 내용은 대상자에게 실제 어떠한 원예치료를 제공했는지에 대해 구체적으로 기술한다. 대상자 변화 사항은 원예치료를 통한 치료 효과를 대상자의 초기상황과 치료종료 상황을 비교하여 작성한다. 이는 준비단계의 원예치료 초기 면담기록지 내용와 평가단계의 대상자 평가 결과를 토대로 작성 가능하다. 예를 들어 '대상자는 우울감 감소를 위해 원예치료에 참여했다', '초기면담 시 우울검사[성인용 우울검사BDI] 점수는 28점으로 중증 수준의 우울감을 가지고 있었다', '총 15회기 원예치료에 참여한 후, 대상자의 우울검사 점수는 17점으로 경도 수준으로 우울감이 감소된 것으로 나타났다' 등과 같은 대상자 평가를 토대로 원예치료를 통해 우울감은 중증도 우울증에서 경미한 우울증으로 상태가 호전되었다고 판단할 수 있으며 이를 근거로 대상자의 변화상황 항목을 작성할 수 있다. 대상자의 평가 수치뿐만 아니라 대상자의 행동, 태도 변화 등도 구체적으로 작성하도록 한다.

원예치료사의 소견은 원예치료사가 원예치료 전 과정을 통해 대상자를 살펴보고 가지게 된 생각이나 의견을 작성하며, 주로 대상자 상태, 원예치료 효과에 대한 결론, 향후 치료에 대한 소견이 포함된다. 예를 든 우울증을 가진 치료 대상의 경우, 총 15회기[주 1회, 회기당 50분] 원예치료 참여를 통해 대상자의 주요 치료적 목표였던 우울감이 감소되었다. 그러나, 대상자에게 경미한 우울감이 여전히 지속되는 것으로 보이므로, 우울감 해소를 위한 원예치료가 추가적으로 제공되어야 할 것이라 판단된다는 내용으로 작성 가능하다.

원예치료 일지 horticultural therapy progress log

<table>
<tr><td>일 시</td><td colspan="2"></td><td>장 소</td><td></td></tr>
<tr><td>치료활동명</td><td colspan="2"></td><td>회 기</td><td></td></tr>
<tr><td>대 상</td><td colspan="4"></td></tr>
<tr><td>치료 인력</td><td>주치료사</td><td></td><td>보조치료사</td><td></td></tr>
<tr><td>목 표</td><td colspan="4"></td></tr>
<tr><td>준비물</td><td colspan="4"></td></tr>
<tr><td colspan="5">치료 내용</td></tr>
<tr><td colspan="5">*치료 사진 첨부요망</td></tr>
<tr><td colspan="5">평가</td></tr>
<tr><td colspan="5"></td></tr>
<tr><td colspan="5">특이사항 및 개선사항</td></tr>
<tr><td colspan="5"></td></tr>
</table>

작성자: (서명)

원예치료 결과보고서 horticultural therapy result report

<table>
<tr><td>성명</td><td></td><td>성별/ 연령</td><td></td></tr>
<tr><td>기관명</td><td></td><td>치료 기간</td><td></td></tr>
<tr><td>치료 목적</td><td colspan="3"></td></tr>
<tr><td>치료 내용</td><td colspan="3"></td></tr>
<tr><td rowspan="2">대상자
변화 사항</td><td colspan="2">초기 상황</td><td>치료종결 상황</td></tr>
<tr><td colspan="2"></td><td></td></tr>
<tr><td>원예치료사
소견</td><td colspan="3"></td></tr>
</table>

20　년　　월　　일

담당 원예치료사:　　　　　　(서명)

VI

부록

1. 원예치료사가 알아야 할 꽃식물 100가지
2. 원예치료사가 알아야 할 관엽식물 100가지

1. 원예치료사가 알아야 할 꽃식물 100가지

거베라

Gerbera jamesonii

과꽃

Callistephus chinensis

국화

Dendranthema grandiflora

군자란

Clivia miniata

금계국

Coreopsis lanceolata

금어초

Anthurium majus

금잔화

Calendula officinalis

꽃기린

Euphorbia milii var.*splendens*

꽃베고니아

Begonia semperflorens

꽃양배추

Brassica oleracea var.*acephala*

꽃잔디

Phlox subulata

꽃창포

Iris ensata

꽈리

Physalis alkekengi var.*franchetii*

나도풍란, 대엽풍란

Aerides japonicum

나리, 백합

Lilium cv.

나팔꽃

Pharbitis nil

나팔수선

Narcissus pseudonarcissus

뉴기니아봉선화

Impatiens New Guinea Hybrids

다알리아

Dahlia spp.

데이지

Bellis perennis

덴드로비움

Dendrobium cv.

덴파레

Dendrobium phalaenopsis

도라지

Platycodon grandiflorus

디기탈리스

Digitalis purpurea cv.

라넌쿨러스
Ranunculus asiaticus cv.

란타나
Lantana camara

루드베키아
Rudbeckia hirta

루피너스, 루핀
Lupinus hybridus

리빙스톤데이지
Dorotheanthus bellidiformis

(아프리칸) **매리골드**
Tagetes erecta

(프렌치) **매리골드**

Tagetes patula

매발톱꽃

Aquilegia cv.

맨드라미

Celosia cristata

무스카리

Muscari armeriacum

물망초

Myosotis scorpioides

미모사, 신경초

Mimosa pudica

바위취
Saxifraga stolonifera

백량금
Ardisia crenata

백일홍
Zinnia elegans cv.

버베나
Verbena hybrida

봉선화
Impatiens balsamina

부겐빌레아
Bougainvillea glabra

분꽃

Mirabilis jalapa

비비추

Hosta logipes

산호수

Ardisia pusilla

색비름

Amaranthus tricolor

샐비어

Salvia splendens

수국

Hydrangea macrophylla cv.

수선화

Narcissus tazetta

숙근플록스

Phlox paniculata

시네라리아

Senecio cruentus

시클라멘

Cyclamen persicum

아데니움

Adenium obesum

아마릴리스

Hippeastrum hybridum

아부틸론

Abutilon hybridum

아스터

Aster novi-belgii

아일랜드포피

Papaver nudicaule

아프리칸바이올렛

Saintpaulia ionantha

안스리움

Anthurium andraeanum

양란심비디움

Cymbidium cv.

오스테오스퍼멈

Osteospermum spp.

옥살리스, 사랑초

Oxalis triangularis

옥잠화

Hosta plantaginea

왕맥문동

Liriope platyphylla

원추리

Hemerocallis cv.

익소라

Ixora chinensis

일일초

Catharanthus roseus

임파치엔스, 아프리칸봉선화

Impatiens walleriana

자금우

Ardisia japonica

자스민

Jasminum polyanthum

작약

Paeonia lactiflora

장미

Rosa cv.

접시꽃

Alcea(Althaea) rosea

제라니움

Pelargonium cv.

채송화

Portulaca grandiflora

천일홍

Gomphrena globosa

철쭉류

Rhododendron cv.

춘란

Cymbidium goeringii

카네이션
Dianthus caryophyllus

칸나, 홍초
Canna x *generalis*

칼라
Zantedeschia cv.

칼랑코에
Kalanchoe blossfeldiana

캄파눌라, 종꽃
Campanula medium

코스모스
Cosmos bipinnatus

콜레우스
Coleus cv.

클레마티스
Clematis cv.

튤립
Tulipa cv.

팔레놉시스, 호접란
Phalaenopsis cv.

패랭이꽃
Dianthus chinensis

팬지
Viola tricolor cv.

페튜니아

Petunia cv.

포인세티아

Euphorbia pulcherrima

풍란, 소엽풍란

Neofinetia falcata

프리뮬러

Primula polyantha

피라칸사

Pyracantha cv.

한란

Cymbidium kanran

한련화

Tropaeolum majus

해바라기

Helianthus annuus

후크시아

Fuchsia x *hybrida*

히야신스

Hyacinthus cv.

개운죽

Dracaena sanderiana

골드크레스트

Cupressus macrocarpa 'Gold Crest'

공작야자

Caryota mitis

관엽베고니아

Begonia cv.

관음죽

Rhapis excelsa

구즈마니아

Guzmania 'Rana'

글레코마, 무늬병꽃풀
Glechoma hederacea 'Variegata'

금식나무
Aucuba japonica 'Variegata'

기누라
Gynura aurantiaca 'Sarmentosa'

네오레겔리아 플란드리아
Neoregelia carolinae 'Flandria'

녹영, 방울선인장
Senecio rowleyanus

대만고무나무
Ficus retusa

데코라인도고무나무

Ficus elastica 'Decora'

듀란타

Duranta repens 'Lime'

드라세나 레인보우

Dracaena concinna 'Tricolor Rainbow'

드라세나 맛상게아나

Dracaena fragrans 'Massangeana Compacta'

드라세나 산데리아나

Dracaena sanderiana cv.

드라세나 송오브인디아

Dracaena reflexa 'Song of India'

드라세나 수클로사
Dracaena surculosa

드라세나 와네키
Dracaena deremensis 'Warneckii'

드라세나 콘시나
Dracaena concinna

디지고데카
Dizygotheca elegantissima

디펜바키아 마리안느
Dieffenbachia x 'Marrianne'

디펜바키아 카밀리
Dieffenbachia x 'Camille'

떡갈잎고무나무

Ficus lyrata

러브체인

Ceropegia woodii

루모라고사리

Rumohra adiantiformis

마란타

Maranta leuconeura var.*erythroneura*

멕시코소철

Zamia pumila

몬스테라

Monstera deliciosa

무늬부겐빌레아

Bougainvillea glabra 'Variegata'

무늬산세베리아

Sansevieria trifasciata 'Laurentii'

무늬왕모람

Ficus pumila 'Variegata'

무늬트라데스칸티아

Tradescantia fluminensis 'Variegata'

박쥐란

Platycerium bifurcatum

방동사니시페루스

Cyperus alternifolius

백정화

Serissa foetida

벤자민고무나무

Ficus benjamina

보스톤고사리

Nephrolepis exaltata 'Bostoniensis'

브리시아

Vriesea splendens

비로야자

Livistona chinensis

비젯티접란

Chlorophytum bichetii

산세베리아
Sansevieria trifasciata

삼색무늬바위취
Saxifraga stolonifera var.*tricolor*

세네시오 라디칸스
Senecio radicans

소 철
Cycas revoluta

수박페페로미아
Peperomia argyreia

쉐플레라, 홍콩야자
Schefflera arboricola 'Hong Kong'

스킨답서스

Epipremnum aureum

스파티필룸

Spathiphyllum cv.

시서스

Cissus antarctica

싱고니움 픽시

Syngonium podophyllum ‘Pixie’

아글라오네마

Aglaonema x ‘Silver King’

아디안텀

Adiantum raddianum

아라우카리아

Araucaria heterophylla

아레카야자

Chrysalidocarpus lutescens

아스파라거스 플루모서스

Asparagus plumosus

아스플레니움 아비스

Asplenium nidus ‘Avis’

아이비

Hedera helix cv.

아펠란드라

Aphelandra squarrosa

알로카시아

Alocasia x *amazonica*

알피니아

Alpinia zerumbet 'Variegata'

에크메아

Aechmea fasciata

엽 란

Aspidistra elatior

왕모람

Ficus pumila

유 카

Yucca elephantipes

유포르비아 트리고나

Euphorbia trigona

이레시네

Iresine herbstii

접 란

Chlorophytum comosum 'Vittatum'

제브리나

Zebrina pendula

종려죽

Rhapis humilis

청자목

Excoecaria cochinchinensis

카나리아이비

Hedera canariensis 'Variegata'

칼라데아 마코야나

Calathea makoyana

칼라데아 인시그니스

Calathea insignis

칼라데아 제브리나

Calathea zebrina

칼라데아 크로카타

Calathea crocata

칼라디움

Caladium 'Fred Bause'

커피나무

Coffea arabica

켄챠야자

Howea forsterana

코르딜리네 레드에지

Cordyline terminali 'Red Edge'

크라슐라

Crassula argentea

크로톤

Codiaeum variegatum cv.

테이블야자

Chamaedorea elegans

파키라

Pachira aquatica

팔손이

Fatsia japonica

팻츠헤데라

Fatshedea lizei

페페로미아 오브투시폴리아

Peperomia obtusifolia

페페로미아 클루시폴리아

Peperomia clusiifolia

페페로미아 푸테올라타

Peperomia puteolata

프테리스

Pteris cretica 'Albolineata'

피토니아

Fittonia verschaffeltii var. *argyroneura* 'Compacta'

필레아 문벨리

Pilea mollis 'Moon Valley'

필레아 카디에레이

Pilea cadierei

필로덴드론 셀로움

Philodendron selloum

필로덴드론 제나두

Philodendron 'Xanadu'

해마리아

Haemaria discolor

호 야

Hoya carnosa 'Variegata'

호야 엑소티카

Hoya carnosa 'Exotica'

히포에스테스

Hypoestes phyllostachys

1. 학명은 기본적으로 도입된 원예식물의 경우에는 「Hortus Ⅲ」(Liberty Hyde Bailey Hortorium, Macmillan Publishing Company)에 따랐고, 우리나라에 자생하거나 야생하는 식물은「대한식물도감」(이창복)과「한국식물도감」(이영노)을 따랐다.
2. 최근에 육성된 원예식물의 경우, 학명은「園藝植物」(鈴木基夫 등)을 참고하였다.
3. 식물의 학명을 기술할 때 사용된 약자는 다음과 같다.
   spp. : 種(species)의 복수를 뜻하는 약자로 그 속(屬)에 속한 모든 식물을 총칭한다.
   var. : 變種(variety)의 약자
   cv. : 品種(cultivated variety)의 약자

참고문헌

I. 원예치료의 정의와 역사

- 국립원예특작과학원. 2016. 치유농업의 이해. 한국 · 네덜란드 치유농업 총서.
- 강길전, 이기환, 홍달수. 2008. 대체의학의 이론과 실제. 가본의학.
- 김경미, 문지혜, 정순진, 이상미. 2013. 한국 치유농업의 현황 및 특성분석. 농촌지도와 개발 20(4).
- 김은진. 2017. 보완 대체의학으로서의 원예치료 연구방법 현황 분석. 고려대학교 생명환경과학대학원 석사논문.
- 마쓰오 에이스께 저. 손기철, 서정근, 소인섭 역. 2009. 사회원예학의 권장. 쿠북.
- 박석근 외. 1998. 원예치료의 현황과 전망. 제1회 원예치료연구회 심포지엄.
- 변재면. 2011. 도시민의 원예활동 분석에 의한 우리나라 도시원예의 발전 방안. 고려대학교 대학원 박사학위 논문.
- 손기철, 조문경, 송종은, 김수연, 이손선. 2006. 전문적인 원예치료의 실제. 쿠북.
- 심우경. 2014. 식물의 공익적 가치. 인간식물환경학회 춘계학술대회 특강자료.
- 이원석. 2017. 도시농업의 다원적 가치평가와 활성화 방안 연구. 서울대학교대학원 박사학위논문.
- 오대민, 최영애. 2006. 도시농업. 학지사.
- 오홍근. 2008. 보완 대체의학. 아카데미아.
- 유나연. 2016. 원예치료사의 직업전문화를 위한 직무실태 분석. 건국대학교 농축대학원 석사학위 논문.
- 조원근 외. 2007. 원예치료사 활동실태 및 위상 제고 방안에 관한 연구. 한국인간식물환경학회 10(2).
- 한국원예치료복지협회 소식지 151호. 2015. 겨울호 웹진.
- 홍지영. 2016. 치유농업 전문가 양성의 효율성 제고를 위한 연구. 강원대학교 석사학위논문.

II. 원예치료의 운영 방법

- 김홍열. 2003. 원예치료학: 이론과 실제. 한국원예치료연구센터.
- 서정근, 이상미. 2004. (원예치료사를 위한) 원예치료과정의 적용과 실제. 단국대학교출판부.
- 손기철 외. 2006. 전문적 원예치료의 실제. 쿠북.
- 이은희 외. 2003. (노인 중심으로 엮은) 원예치료의 이론과 실제. 서울여자대학교 출판부.
- 윤숙영. 2002. 원예치료가 치매노인의 인지능력 향상과 우울감소에 미치는 영향: 꽃장식과 식물 기르기의 비교. 대구가톨릭대학교 석사학위논문.
- 윤숙영. 2007. Pincus의 재활실천이론에 근거한 원예치료적용이 치매노인의 일상 활동 기능 및 생리적 변화에 미치는 영향. 대구가톨릭대학교 박사학위논문.
- 최영애. 2003. 원예치료. 학지사.
- 近藤, 1998. 園藝療法の すすめ. Modified from 吉長元孝 · 塩谷哲夫 · 近藤龍良. 株式會社 創森社.
- 국가생물종지식정보시스템 .nature.go.kr

III. 원예치료 효과 및 평가방법

- 강상은. 2004. 원예치료가 아동의 게임중독과 공격성 완화에 미치는 영향. 대구카톨릭대학교 석사학위 논문.
- 강수연 외. 2012. 원예치료가 인문계 고등학생의 자아 존중, 사회적 지지 및 스트레스에 미치는 영향. 인간식물환경학회지 15(1): 9–14.
- 권희진. 2012. 다문화 가정 아동의 부모– 자녀 의사소통 및 자기표현에 미치는 원예치료의 지속적 효과. 단국대학교 석사학위 논문.
- 김경희. 2008. 말기 암환자를 위한 꽃 색채조화 원예치료 프로그램 개발 및 적용. 배재대학교 박사학위 논문.

- 김명식 외. 2005. 원예치료 프로그램이 정신지체학생의 직업재활을 위한 신체 민첩성 및 적응행동에 미치는 영향. 인간식물환경학회지 8(4):99-105.
- 김성실. 2013. 초등학생의 또래관계 및 또래지위 향상을 위한 학교 텃밭활동 프로그램. 건국대학교 석사학위 논문.
- 김지연. 2011. 유치원 환경교육과정에 기초한 원예복지 프로그램이 유아의 환경친화적 태도 향상에 미치는 영향. 건국대학교 석사학위 논문.
- 김지현. 2007. 사회적 기술을 적용한 원예치료가 성인여성 정신지체인의 대인관계와 사회성 향상에 미치는 효과. 건국대학교 석사학위 논문.
- 김형득 외. 2005. 초등학교 방과 후 프로그램으로 도입한 원예치료가 아동들의 정서 및 행동발달에 미치는 효과. 인간식물환경학회지 8(3): 65-72.
- 김홍열 · 안재연. 2008. 원예치료가 지체 장애인의 손기능과 감정균형에 미치는 영향. 인간식물환경학회지 11(3):83-89.
- 김효원 외. 2013. 원예활동 여가프로그램이 농촌노인의 정신건강과 생활만족도에 미치는 영향. 인간식물환경학회지 16(3):125-132.
- 박숙양. 2010. 원예치료 프로그램이 진로성숙도와 내외통제성에 미치는 영향: 기독 중학생의 진로탐색을 중심으로. 단국대학교 석사학위 논문.
- 배선희. 2015. 원예치료가 돌봄 교실 아동의 호기심 유발과 주의 집중력에 미치는 영향. 부산대학교 석사학위 논문.
- 석운영. 2012. 중학부 정신지체 아동의 사회적응력 증진을 위한 원예치료 프로그램 효과. 대구대학교 석사학위 논문.
- 손정자. 2013. 원예활동이 저소득층 아동의 상태불안 및 자기조절능력에 미치는 영향. 대구카톨릭대학교 석사학위 논문.
- 송미나. 2018. 자유학기제 진로탐색 원예치료활동이 진로성숙도에 미치는 영향. 전북대학교 석사학위 논문.
- 송윤진. 2011. 유아원예활동이 유아의 과학적 태도와 탐구능력 및 정서지능에 미치는 효과. 중앙대학교 석사학위논문.
- 송진희. 2004. Gestalt를 적용한 원예치료가 실업계 정신지체 고등학생의 자기인식과 자기주장 및 문제행동에 미치는 효과. 단국대학교 석사학위 논문.
- 엄은영. 2013. 원예치료 프로그램이 조현병 환자의 자기효능감, 스트레스 반응 및 정신증상에 미치는 영향. 경북대학교 석사학위 논문.
- 오경옥 외. 2012. 원예요법프로그램이 여성 암생존자의 상태불안과 피로 및 삶의 질에 미치는 효과. 종양간호학회지 12(2):125-131.
- 오현자 · 유용권. 2010. 원예활동이 독거노인의 사회적 지지와 자아존중감에 미치는 영향. 인간식물환경학회 13(4):45-52.
- 우정애. 2009. 해결중심원예치료가 우울과 자아존중감에 미치는 영향: 우울증 환자 중심으로. 제주대학교 석사학위 논문.
- 윤미숙. 2009. 원예치료가 저소득층 한부모 가정 아동의 우울과 불안 감소 및 뇌파 변화에 미치는 영향. 고려대학교 석사학위 논문.
- 윤숙영 외. 2010. 원예치료가 시설노인의 선택반응 및 인지기능에 미치는 영향. 인간식물환경학회 13(4):23-28.
- 이경근. 2010. 재배프로그램을 이용한 원예치료가 노인의 자아통합감에 미치는 영향. 단국대학교 석사학위 논문.
- 이민정 외. 2013. 실내 원예활동이 초등학생의 주의집중력 향상에 미치는 영향. 원예과학기술지 31(6):821-827.
- 이민정 · 김홍열. 2010. 촉구법을 적용한 원예치료 프로그램이 지적장애인의 손기능에 미치는 영향. 원예과학기술지 28(1):132-137.

참고문헌

- 이선자 외. 2010. 원예치료 프로그램이 국제결혼 이주여성의 문화적응스트레스와 우울에 미치는 영향. 인간식물환경학회지 13(4):15-22.
- 이순요 · 나가마치. 1996. 정보화시대의 감성인간공학. 양영각.
- 이아영. 2017. 원예치료활동의 운동학 및 운동역학적 특성 분석과 재활치료적 효과 검증. 건국대학교 박사학위 논문.
- 이예지. 2010. 청소년기 지적장애 학생들의 행동특성 개선을 위한 원예치료 적용. 고려대학교 석사학위 논문.
- 이종희. 2016. 회상스토리텔링을 적용한 원예활동과 꽃차마시기가 치매노인의 인지와 정서기능에 미치는 영향. 대구카톨릭대학원 석사학위 논문.
- 전종현. 2018. 대학생 및 성인의 인터넷게임 과몰입 대상자에 대한 원예치료 프로그램의 효과. 경상대학교 석사학위논문.
- 정관숙. 2011. 원예활동이 암환자의 스트레스, 불안, 우울, 자아존중감 및 삶의 질에 미치는 영향. 충남대학교 박사학위 논문.
- 정봉임. 2012. 생활원예 중심 재량 활동과 교수법이 아동의 자아존중감에 미치는 영향. 서울시립대학교 석사학위 논문.
- 정수진 외. 2017. 학령전기 유아의 원예활동이 정서지능, 또래 유능감 및 자기존중감에 미치는 영향. 한국생태유아교육학회 16(4):127-149.
- 정순진 외. 2009. 유아원예프로그램이 유아의 자연친화적 환경 태도, 과학적 태도와 탐구능력, 그리고 정서지능에 미치는 영향. 인간식물환경학회지 12(6):37-43.
- 정순진 외. 2011. 초등 원예-과학 통합 프로그램이 초등학교 6학년의 과학능력, 정서조절에 미치는 영향. 인간식물환경학회 14(6):337-346.
- 정은석. 2010. 원예치료활동이 중학생의 가상공간 자기효능감의 감소와 인터넷 중독 예방에 미치는 영향. 건국대학교 석사학위 논문.
- 조남희. 2006. 원예치료가 저소득층 아동의 자아존중감과 사회성 향상에 미치는 영향. 건국대학교 석사학위 논문.
- 조문경. 2008. 치매환자의 인지기능 및 행동심리증상 향상을 위한 비약물적 치료로서의 원예치료. 건국대학교 박사학위 논문.
- 조현철. 2004. 운동생리학 실험법. 홍경.
- 조혜진. 2013. 화훼장식 원예치료 프로그램이 대학생의 자아정체감, 대인관계 및 스트레스에 미치는 영향. 고려대학교 석사학위 논문.
- 주병식. 2013. 지적장애학생의 직업적응력 증진을 위한 수경재배 프로그램의 적용. 건국대학교 석사학위 논문.
- 최수영. 2011. 원예치료가 의료직원의 타액 코티졸 농도변화와 혈압에 미치는 영향. 고려대학교 석사학위 논문.
- 한민희. 2014. 토요 방과 후 원예활동 프로그램이 초등학생의 정서지능과 사회성 발달 및 학교적응력 향상에 미치는 영향. 목포대학교 석사학위 논문.
- 한아름. 2018. 원예치료 프로그램이 정신건강센터 노인의 스트레스와 신체기능에 미치는 효과 분석. 건국대학교 석사학위 논문.
- 황성동. 2006. 알기 쉬운 사회복지조사방법론. 학지사.
- 황희정 외. 2011. 창의성 기법을 적용한 원예활동 프로그램이 유아의 창의성에 미치는 효과. 인간식물환경학회지 14(3):155-162.
- Hermann J.R. et al. 2006. After-school gardening improves children's reported vegetable intake and physical activity. Journal of Nutrition Education and Behavior 38(3):201-202.
- Kaplan, R. · S. Kaplan. 1989. The experience of nature: Apsychological perspective. Cambridge, UK: Cambridge University Press.

- Kim, S.S. et al. 2014. Improving peer relations of elementary school students through a school gardening program. HortTechnology 24(2):181–187.
- Lee, A.Y. et al. 2016. Kinematic and kinetic analysis of upper limb motions during horticultural activities. Horticultural Science Technology 34:940–958.
- Lee, A.Y. et al. 2018. Determining the effects of a horticultural therapy program for improving the upper limb function and balance ability of stroke patients. HortScience 53:110–119.
- Lee, A.Y. et al. 2018. Kinematic and kinetic analysis of horticultural activities for postural control and balance training. HortScience, 53:1541–1552.
- Lee, J.Y. et al. 2016. Horticultural therapy program based on the self-expression model for improving adjustment to military life. Journal People Plants Environment 19(6):567–575.
- O'Brien, S.A. · C.A. Shoemaker. 2006. An after-school gardening club to promote fruit and vegetable consumption among fourth grade students: The assessment of social cognitive theory constructs. HortTechnology 16(1):24–29.
- Orians, G.H. 1986. An ecological and evolutionary approach to landscape aesthetics. In E.C. Penning-Rowsell · D.Lowenthal Eds., Meanings and Values in Landscape. London: Allen & Unwin.
- Park, S.A. et al. 2008. A preliminary investigation on exercise intensities of gardening tasks in older adults. Perceptual Motor Skills 107:974–980.
- Park, S.A. et al. 2008. Can older gardeners meet the physical activity recommendation through gardening?. HortTechnology 18:639–643.
- Park, S.A. et al. 2009. Physical and psychological health conditions of older adults classified as gardeners or nongardeners. HortScience 44:206–210.
- Park, S.A. et al. 2011. Determining exercise intensities of gardening tasks as a physical activity using metabolic equivalents in older adults. HortScience 46:1706–1710.
- Park, S.A. et al. 2013. Electromyographic analysis of upper limb and hand muscles during horticultural activity motions. HortTechnology 23:51–56.
- Park, S.A. et al. 2013. The metabolic costs of gardening tasks in children. HortTechnology 23:589–594.
- Park, S.A. et al. 2014. Electromyographic analysis of upper and lower limbs muscles during gardening tasks. Horticultural Science Technology 32:710–720.
- Park, S.A. et al. 2014. Gardening tasks performed by adults are moderate- to high-intensity physical activities. HortTechnology 24:1–6.
- Park, S.A. et al. 2015. Horticultural therapy program based on the stress immunization training for reducing depression symptom in the patients. Journal People Plants Environment 18(3):159–167.
- Park, S.A. et al. 2016. Foliage plants cause physiological and psychological relaxation as evidenced by measurements of prefrontal cortex activity and profile of mood states. HortScience 51(10):1308–1312.
- Park, S.A. et al. 2016. Gardening intervention for physical and psychological health benefits in elderly women at community centers. HortTechnology 26:474–483.
- Park, S.A. et al. 2016. Horticultural activity interventions and outcomes: A review. Horticultural Science Technology 34(4):513–527.
- Park, S.A. et al. 2017. Comparison of physiological and psychological relaxation using measurements of heart rate variability, prefrontal cortex activity,

참고문헌

and subjective indexes after completing tasks with and without foliage plants. International Journal of Environmental Research and Public Health 14:1087.

- Park, S.A. et al. 2017. Gardening intervention as a low-to moderate-intensity physical activity for improving blood lipid profiles, blood pressure, inflammation, and oxidative stress in women over the age of 70: a pilot study. HortScience 52: 200-205.
- Shefor and Horejsi. 2008. Techniques and guidelines for social work Practice. Pearson.
- Ulrich, R.S. et al. 1991. Stress recovery during exposure to natural and urban environments. Journal of Environmental Psychology 11:201 - 230.
- Wilson, E.O. 1984. Biophilia. Harvard University Press.

IV. 대상자별 원예치료

- 곽혜란 외. 2012. 다문화 통합교육용 원예활동 매뉴얼. 농촌진흥청.
- 김동애, 권중동. 2003. 인간행동과 사회복지 실천. 학지사.
- 김미영 외. 2012. 원예작업치료의 이론과 적용. ㈜한국학술정보.
- 김진호, 한태륜. 2006. 제활의학. 군자출판사.
- 김형득 외. 2006. 농촌건강장수마을 세대간 원예프로그램. 농촌진흥청.
- 김형득 외. 2007. 다문화그룹원예치료프로그램. 농촌진흥청.
- 김혜지 외. 2010. Reasoner's Building Self-esteem에 근거한 원예치료 프로그램이 청소년의 자아존중감에 미치는 영향. 원예과학기술지 28:877-883.
- 박돈규. 2007. 장애노인의 생애주기 특성에 따른 복지정책개선에 관한 연구. 경북대학교 석사학위 논문.
- 박미라 외. 2012. 원예치료가 시설 치매노인의 일상생활수행능력과 손기능에 미치는 영향. 인간식물환경학회지 15:227-233.
- 박신애 외. 2015. 뇌졸중 환자의 우울감 감소를 위한 스트레스 면역훈련을 기반으로 한 원예치료프로그램. 인간식물환경학회지 18:159-167.
- 박은지. 2018. 원예치료가 장애인의 자아존중감과 우울에 미치는 영향. 목포대학교 대학원 박사학위 논문.
- 박차상 외. 2006. 케어복지론. 학지사.
- 변용찬 외. 2006. 생애주기별 장애인의 복지 욕구 분석연구. 한국보건사회연구원.
- 서정근, 이상미. 2004. 원예치료사를 위한 원예치료과정의 적용과 실제. 단국대학교출판부.
- 손기철 외. 2006. 전문적인 원예치료의 실제. 쿠북.
- 이다은. 2014. 발달장애 자녀에 대한 사회복지서비스가 부모효능감에 미치는 영향 : 장애자녀 생애주기를 중심으로. 대구대학교 석사학위 논문.
- 이상미 외. 2013. 사회복귀예정자를 위한 심리사회적결과 원예치료프로그램 매뉴얼. 농촌진흥청 국립원예특작과학원.
- 이상미 외. 2016. 암암 괜찮아 괜찮고 말고. 농촌진흥청 국립원예특작과학원.
- 이은희 외. 2003. 노인 중심으로 엮은 원예치료의 이론과 실제. 서울여자대학교 출판부.
- 장휘숙. 2013. 전생애 발달심리학. ㈜박영사.
- 전인수 외. 2016. 자기성장 집단 상담을 적용한 원예활동이 교육복지 대상 청소년의 자아존중감, 자아탄력성 및 스트레스 변화에 미치는 영향. 인간식물환경학회지 19:269-275.
- 조문경. 2008. 치매환자의 인지기능 및 행동심리증상 향상을 위한 비약물적 치료로서의 원예치료. 건국대학교 박사학위 논문.
- 주병진 외. 2012. 수경재배 프로그램을 통한 지적

장애학생의 직업적응력 증진. 원예과학기술지 30:586-595.

- 정순진 외. 2011. 초등 원예-과학 통합 프로그램이 초등학교 6학년의 과학능력, 정서조절에 미치는 영향. 인간식물환경학회 14(6):337-346.
- 최덕경 외. 2013. 인간행동과 사회환경. 양서원.
- 최영애. 2003. 원예치료. 학지사.
- 최영애 역. 2010. 원예치료방법. 학지사.
- Kim, B.Y. et al. 2012. Horticultural therapy program for the improvement of attention and sociality in children with intellectual disabilities. HortTechnology 22:320-324.
- Kim, K.H. et al. 2018. Horticultural therapy program for middle-aged women's depression, anxiety, and self-identify. Complementary Therapies in Medicine 39:154-159.
- Kim, S.O. et al. 2020. Garden-based integrated Intervention for improving children's eating behavior for vegetables. International Journal of Environmental Research and Public Health 17:1257.
- Kim, S.S. et al. 2014. Improving peer relations of elementary school students through a school gardening program. HortTechnology 24:181-187.
- Lee, A.Y. et al. 2018. Determining the effects of a horticultural therapy program for improving the upper limb function and balance ability of stroke patients. HortScience 53:110-119.
- Lee, A.Y. et al. 2020. Care farming program for family health: A pilot study with mothers and children. International Journal of Environmental Research and Public Health 17:27.
- Lee, J.Y. et al. 2016. Horticultural therapy program based on the self-expression model for improving adjustment to military life. Journal of People Plants and Environment 9:567-575.
- Oh, Y.A. et al. 2018. Assessment of the psychopathological effects of a horticultural therapy program in patients with schizophrenia. Complementary therapies in medicine 36:54-58.
- Oh, Y.A. et al. 2020. Horticultural therapy program for improving emotional well-being of elementary school students: an observational study. Integrative Medicine Research 9:37-41.
- Park, S.A. et al. 2016. Gardening intervention for physical and psychological health benefits in elderly women at community centers. HortTechnology 26:474-483.
- Park, S.A. et al. 2016. Horticultural activity program for improving emotional intelligence, prosocial behavior, and scientific investigation abilities and attitudes in kindergarteners. HortTechnology 26:754-761.

V. 원예치료 결과보고서 작성법

- 마쓰오 에이스께. 2009. 사회 원예학의 권장. 쿠북.
- 손기철. 2006. 전문적 원예치료의 실제. 쿠북.

원예치료사를 위한

원예치료와 복지원예

2024년 1월 20일 개정증보판 3쇄 발행

지은이 (사)한국원예치료복지협회
만든이 정민영
디자인 hsum company

펴낸 곳 부민문화사
출판 등록 1955년 1월 12일 제1955-000001호
주소 (04304) 서울 용산구 청파로73길 89(부민 B/D)
전화 (02) 714-0521~3
팩스 (02) 715-0521
http://www.bumin33.co.kr E-mail: bumin1@bumin33.co.kr

정가 22,000원
공급 한국출판협동조합
ISBN 978-89-385-0342-8 93520

복지원예사 자격 제도

우리나라 복지원예사 자격제도는 (사)한국원예치료복지협회에서 수여하는 민간자격으로 자격기본법에 근거하여 한국직업능력개발원에 등록된 자격이다. – 등록번호 제2008-0243호

복지원예사 자격등급별 구비요건을 요약하면 아래 표와 같으며 자세한 내용은 협회 소개 > 관련 규정 > 자격 수여 규정에 명시되어 있다. – www.khta.or.kr

복지원예사 등급별 자격요건 (요약)

구분	복지원예사 3급	복지원예사 2급	복지원예사 1급	복지원예 슈퍼바이저
학력 요건	① 협회인정 양성교육 수료 ② 학력 제한없음	① 전문학사 이상 (전공 무관) ② 협회인정 양성교육 수료 ③ 3급 취득 후 2년 경과 심화과정 이수 (의학분야 2과목) **①② 모두 충족 또는 ③ 충족**	① 대학(원) 이상 (원예치료전공) ② 2급 취득 후 3년 경과 심화과정 이수 (의학분야 3과목) **① 또는 ② 충족**	① 1급 취득 후 3년 경과 또는 양성과정 주임교수 ② 슈퍼바이저 교육 수료 **①② 모두 충족**
자격 시험	3급 시험 70점 이상	2급 시험 70점 이상	1급 시험 70점 이상	–
임상 실습	① 임상 60회 ② 워크숍 40시간 (주관 6시간 이상) ③ 임상 30회 + 워크숍 20시간 (주관 6시간 이상) **①②③ 중 택1**	60회 이상	200회 이상	1,000회 이상
워크숍		20시간 이상 (주관 6시간 이상)	40시간 이상 (주관 9시간 이상)	100시간 이상 (주관 15시간 이상)
관련 논문	해당없음	학회(협회) 발표 1건	① 학회(협회) 발표 1건 ② 학위(게재) 논문 1건 또는 구두발표 논문 2건 **①② 모두 충족**	① 학회(협회) 발표 2건 ② 학위(게재) 논문 2건 **①② 모두 충족**
슈퍼 비전	(선택)	(선택)	1단위(2회) = 임상활동 10회	2단위(4회) = 임상활동 20회
검정 위원	4/5 이상 찬성	4/5 이상 찬성	만장일치	만장일치
심사료	12만원 (재심 6만원)	15만원 (재심 7만5천원)	30만원 (재심 15만원)	50만원 (재심 25만원)
공통 사항	협회 정회원 이상, 자격갱신(2년 단위)			

※ 기타 세부요건은 자격 수여 규정에 따름